Der Naturwissenschaftler Jean-Henri Fabre (1823-1915) gehört zu den großen Insektenforschern Europas im 19. Jahrhundert. Sein zehnbändiges Lebenswerk »Souvenirs entomologiques« (Erinnerungen eines Insektenforschers), geschrieben und publiziert im Zeitraum von 1879 bis 1907, ist zugleich Autobiographie und Ausweis über seine Forschungen, an denen uns Fabre teilnehmen läßt. Fabre ist zugleich ein glänzender Stilist, so daß er heute sowohl einen Platz als Naturwissenschaftler als auch als Schriftsteller in der französischen Literatur einnimmt. André Gide schreibt in seinem Tagebuch am 19. Juni 1910: »Jeden Sommer nehme ich die Bände von Fabre immer wieder vor, die ich jeden Herbst mit Bedauern zurücklasse ... Ich komme so weit, diese Bücher sogar einschließlich ihrer Schreibweise zu lieben ... Für das, was Fabre auf zwanzig Seiten sagt, genügten oft zehn Zeilen, aber auf diese Weise nimmt man am langsamen Fortschreiten seiner Entdeckungen teil; es scheint, als fordere er vom Leser ein wenig von der Geduld, die er für seine Forschungen brauchte.«

»Das offenbare Geheimnis« ist eine von Kurt Guggenheim und Adolf Portmann – einem der bedeutendsten Biologen unserer Tage, der auch die Kommentare schrieb – getroffene Auswahl aus den »Souvenirs entomologiques«.

insel taschenbuch 269

J.-H. Fabre

Das offenbare Geheimnis

JEAN-HENRI
FABRE

DAS OFFENBARE GEHEIMNIS

Aus dem Lebenswerk des
Insektenforschers
Herausgegeben
von Kurt Guggenheim
und Adolf Portmann

Insel Verlag

Aus dem Französischen von
Kurt Guggenheim.
Mit einem Kommentar von
Adolf Portmann
Umschlagabbildung: J. H. Fabre in seinem
87. Lebensjahr

insel taschenbuch 269
Erste Auflage 1977
Berechtigte Lizenzausgabe

Vertrieb durch den Suhrkamp Taschenbuch Verlag
Umschlag nach Entwürfen von Willy Fleckhaus
Satz: LibriSatz, Kriftel
Druck: Ebner, Ulm
Printed in Germany

INHALT

VORWORT

»Für jeden Menschen gibt es Bücher, die Epoche machen«. Mit diesen Worten begann Jean-Henri Fabre das sich auch in diesem Sammelband vorfindende Kapitel über den Cerceris. Die »Souvenirs entomologiques« waren für mich ein solches auf geheimnisvolle Weise schicksalsträchtiges Buch. Als ich vor nahezu fünf Jahrzehnten den ersten der zehn Bände dieses Werkes in meinen Händen hielt, konnte ich den stillen und seltsamen Weg nicht ahnen, den es und das Bild des Meisters, der es geschrieben hatte, in mir, in meinem Unbewußten, zurücklegen würde. Er mündete in mein Buch »Sandkorn für Sandkorn – Die Begegnung mit J.-H. Fabre«.
Aus den zahlreichen Briefen, die ich aus dem Leserkreis erhielt, ging vor allem hervor, daß die »Souvenirs entomologiques«, Fabres Lebenswerk, im deutschsprachigen Teil der Welt so unbekannt waren wie Fabre selbst. Im Gegensatz zum französischen Sprachraum, wo die Kenntnis seiner Persönlichkeit und Teile der »Souvenirs« seit einem halben Jahrhundert zum Patrimonium des Gebildeten gehören, sind es unter den Deutschsprechenden eigentlich nur die Naturwissenschaftler, die um Fabres Platz in der entomologischen Wissenschaft wissen. Manche aber von ihnen bekennen, daß dieses Werk für sie wegleitend in der Wahl ihres Berufes und für ihre wissenschaftliche Haltung geworden ist.
Mit der wissenschaftlichen Tat, die für sich allein genügen würde, Fabres Platz im Geistesleben zu rechtfertigen, ist jedoch der ausgedehnte Raum, den er im französischen Kulturkreis einnimmt, weder zu erklären noch zu begreifen. Es fügt sich etwas hinzu, das über die wissenschaftliche Spezialität hinausgeht, etwas Allgemeines, das sowohl den naturoffenen als auch den naturabgewandten, urbanisierten Menschen anspricht. Wollte man nur auf die Art seiner Darstellung, auf die An-

schaulichkeit und die Kraft seiner Sprache, auf ihre Durchsichtigkeit abstellen, müßte man es das Künstlerische nennen. Doch die Kunst in Fabres Werk ist sozusagen ein Nebenprodukt. So wie über allen seinen Schilderungen der Duft von Thymian und Lavendel ruht, die Sonne der Provence gleißt und der Mistral weht, auch wenn er sie nicht erwähnt, so hat sich in vielen seiner Kapitel eine unnennbare Poesie ausgebreitet, von der der Leser angerührt wird. Dieses An- und Herüberwehen, das man beim Lesen von Fabres Schilderungen spürt, es kommt aus Fabres Persönlichkeit. Schlicht, mutig, nicht ohne Humor, wahrheitsliebend, ein bißchen eigensinnig, rechthaberisch auch zuweilen, ohne Firlefanz, geduldig, beharrlich, unbeirrbar – wir sind schon aus den literarischen und künstlerischen Eigenschaftswörtern heraus, wenn wir das Ingenogramm des eigenartigen Mannes nachzuzeichnen versuchen, und stoßen auf das Eigentliche, Maßgebende, Ausschlaggebende, auf den Schlüssel der Faszination, die er auf den Leser ausübt: auf das Menschliche schlechthin.
Der größte Nachteil, der einem Sammelband wie dem vorliegenden anhaftet, ist natürlich der, daß er vom wahren Umfang des Werkes keinen Begriff vermittelt. Unsere Auswahl aus einem Werk, das in einem Zeitraum von etwa vierzig Jahren entstanden ist, zehn Bände von zusammen etwa viertausend Seiten mit über zweihundert Kapiteln umfaßt, konnte von der »Edition définitive illustrée« der »Souvenirs« wirklich nicht mehr geben als ein Aperçu, einen flüchtigen Überblick. Mit dem leibhaften Innewerden des gewaltigen Werkes dieses wissenschaftlichen Einsiedlers läßt sich die Lektüre der verschiedenen Kapitel unserer Auswahl keineswegs vergleichen. Sie vermittelt den Eindruck des Monumentalen nicht. Aber sie gibt immerhin eine Ahnung von der großen Niederschrift, die ein Bericht ist von in Beobachtung, Vergleichung, Versuchen, Betrachtung und Meditation hingebrachten vierzig Lebensjahren. Das Forschungsprotokoll betrifft so gut das Insekt als Objekt wie auch den Forscher selbst, weil immer wieder durch die

limpide Prosa Fabres sein langsam alterndes Gesicht hindurchschimmert und so sein Forschungsbericht zu einem Lebenswerk wird.

Die autobiographischen Kapitel nehmen in unserer Auswahl einen verhältnismäßig großen Platz ein. Fabre pflegte solche Kapitel in sein Werk einzustreuen; aber auch in anderen Kapiteln findet man immer wieder Abschnitte, die von ihm und den Lebensumständen erzählen, wie beispielsweise in *»Der Harmas«*, *»Eine Besteigung des Mont Ventoux«*, *»Der Mutterinstinkt«*, *»Eine unvergeßliche Lektion«*. Es besteht sozusagen keines, in dem nicht die Örtlichkeit und ihre Bewohner präsent wären.

Was wir dem Leser nicht verschweigen möchten, ist das Bedauern, das wir bei der Auswahl der Kapitel zu diesem Sammelband empfunden haben. Wir standen vor einem Reichtum, den freigebig zu verteilen uns aufgetragen war; doch nur ein kleines Körbchen stand zu unserer Verfügung. Wir mußten wählen, auswählen.

Fabre hat sein Werk auf seinem berühmten Tischchen geschrieben, »ma petite table«. »Groß wie ein Schnupftuch – auf der rechten Seite stand das Tintenfäßchen, wie man es für fünf Centimes kaufen kann, und die linke Seite war bedeckt vom offenen Heft –, gewährte mein Tisch gerade so viel Raum, daß ich die Feder zu führen vermochte.« Die Zeilen bilden denn auch einen flachen Bogen, der Ziffernreihe seiner Lebensuhr gleich, der entlang unermüdlich und still der Uhrzeiger von Fabres Feder wanderte.

Geduldig, gelassen, beharrlich wie eines der Insekten, die er beschrieben hat, die wie von einem außerhalb ihnen liegenden Willen getrieben werden, so hat J.-H. Fabre sein Werk geschrieben, als ihr Chronist, ihr Homer, wie er genannt wurde. Aber der Wille zu diesem Tun, dieser Tat, er kam aus ihm selbst heraus. Fabre bietet das Beispiel eines Menschen, der aus dem Flüstern der Verheißung sein Schicksal machte, der im Wagnis seine Berufung und seine Erfüllung fand. In seinem Werk ist das Rezept eines tiefen Glücks enthalten, das uns allen offen

steht, wenn wir zu dem Wagnis bereit sind, uns so zu verwirklichen, wie es uns das Schicksal anbietet.
Dies wäre wohl die größte Freude der Herausgeber: wenn der Leser hinter der präzisen Aussage seiner bewundernswürdigen Darstellungen der Insekten die noch weiter reichende Aussage des Menschen J.-H. Fabre erfahren könnte.

Kurt Guggenheim

I
DER HARMAS

Das ist es, was ich mir wünschte, hoc erat in votis: eine kleine ländliche Besitzung, oh, nicht sehr groß, aber abgeschlossen und den Unzuträglichkeiten der Landstraße entzogen, ein verlassenes Stück unfruchtbares Land, ausgedörrt von der Sonne, günstig für die Disteln und die Hautflügler. Hier, ohne befürchten zu müssen, von Vorübergehenden gestört zu werden, würde ich die Sandwespe (Ammophila) und die Grabwespe (Sphex) befragen und mich dem beschwerlichen Gespräch hingeben können, bei dem sowohl die Frage als auch die Antwort sich im Experiment ausdrücken. Hier würde ich, ohne langwierige Entdeckungsfahrten, ohne mühsame Gänge, die die Aufmerksamkeit schwächen, meine Kriegspläne ausbrüten, meine Fallen stellen und jeden Tag und zu jeder Stunde die Dinge verfolgen können. Hoc erat in votis: ja, das war mein Wunsch, mein alter Traum, der sich stets im Nebel der Zukunft verflüchtigt hatte.

Es ist nämlich nicht sehr einfach, sich ein solches Laboratorium auf freiem Felde zu leisten, solange einem die furchtbare Sorge um das tägliche Brot würgt. Vierzig Jahre lang habe ich mit unerschüttertem Mut gegen die kleinlichen Schwierigkeiten des Lebens angekämpft, und schließlich ist das so ersehnte Laboratorium endlich gekommen. Was es mich an Beharrlichkeit, hartnäckiger Arbeit gekostet hat, bis es so weit war, das versuche ich gar nicht zu sagen. Es kam, und mit ihm, was noch wichtiger ist, vielleicht ein wenig Muße. Ich sage vielleicht, denn immer noch schleppe ich einige eiserne Ringe der Sträflingskette am Bein mit mir herum. Der Wunsch hat sich erfüllt. Ein wenig spät, meine schönen Insekten! Fast fürchte ich, der Pfirsich sei mir angeboten worden, als es mir an Zähnen mangelte, hineinzubeißen. Gewiß, es ist ein bißchen spät: die weiten Horizonte der Jugend sind zu niederen, bedrückenden Gewölben geworden, die sich von Tag zu Tag mehr senken. Nach nichts in meiner Vergangenheit sehne ich mich zurück, ausgenommen zu den Menschen, die ich verloren habe, selbst nach meiner Jugend nicht, und aber auch nichts erhoffe ich mehr, denn die Erfahrung hat mich dorthin gebracht, wo man sich fragt, ob zu leben die Mühe noch lohne.

Doch inmitten der Ruinen, die mich umgeben, ist ein Mauerstück aufrecht geblieben, fest und unerschütterlich auf seinem Fundament: meine Liebe zur wissenschaftlichen Wahrheit. Genügt dies, ihr geschickten Hautflügler, um den Versuch zu wagen, euerer Geschichte auf würdige Weise noch ein paar Blätter hinzuzufügen? Werden die Kräfte nicht den guten Willen im Stich lassen? Warum nur habe ich euch so lange vernachlässigt? Gute Freunde haben mir das vorgeworfen. Ach, sagt es diesen Freunden; die auch die euern sind, sagt es ihnen, daß es nicht meine Vergeßlichkeit war, nicht Überdruß und kein Verzicht; ich dachte an euch; ich war davon überzeugt, daß die Höhle des Cerceris noch wunderbare Geheimnisse berge und daß die Jagdzüge des Sphex uns noch neue Überraschungen vorbehalte. Aber die Zeit mangelte mir; ich war allein, verlassen, im Kampf gegen das Unglück. Vor der Philosophie kam das Leben. Sagt ihnen das, und sie werden mich entschuldigen.

Andere haben mir vorgeworfen, daß meine Sprache akademischer Feierlichkeit, ich würde sagen der Trockenheit, entbehre. Sie befürchten, eine Seite, die sich ohne Ermüdung lese, könne nicht die Wahrheit enthalten. Würde ich ihnen Glauben schenken, so wäre also nur das Dunkle und Unverständliche der Ausdruck wahrer Gedankentiefe. Ach, kommt her, all ihr Stachelträger, und ihr mit eueren gepanzerten Flügeldecken, verteidigt mich und zeugt für mich! Sagt ihnen, in welch inniger Vertrautheit ich mit euch lebe, mit welcher Geduld ich euch beobachte, mit welcher Gewissenhaftigkeit ich eine jede eurer

2 Der Harmas in Sérignan

Handlungen aufzeichne. Euer Zeugnis wird einhellig meine Seiten, ohne leere Formeln, keine gelahrte Nach sind genaue Erzählungen von Tatsachen, die ich selbst beobachtet habe, nicht mehr, nicht weniger. Wer immer – nach mir – euch befragen wird, er wird die selben Antworten erhalten.
Und wenn ihr, meine lieben Insekten, diese braven Leute nicht zu überzeugen vermögt, weil euch die Gewichtigkeit des Langweiligen abgeht, so laßt es mich ihnen sagen: Ihr weidet das Tier aus, und ich studiere es lebend; ihr macht aus ihm ein Ding des Schreckens und des Mitleids, ich mache, daß man es liebgewinnt; ihr arbeitet in der Werkstatt der Folter und der Zerstückelung, ich arbeite unter dem blauen Himmel, beim Gesang der Zikaden; ihr unterwerft die Zelle und das Protoplasma den Reagenzien, ich beobachte den Instinkt in seinem erhabensten Ausdruck; ihr erforscht den Tod, ich erforsche das Leben. Und warum soll ich nicht alles sagen: die Wildschweine haben das reine Wasser der Quellen getrübt. Die Naturgeschichte, dieses wunderbare Studienfach für junge Menschen, ist infolge ihrer fortwährenden Vervollkommnung zu einer widerlichen, abstoßenden Sache geworden. Wenn ich zwar für die Gelehrten schreibe, die Philosophen, die einst versuchen werden, in das schwere Problem des Instinkts ein wenig Licht zu bringen, so schreibe ich auch, schreibe ich besonders für die jungen Menschen, die ich jene Naturgeschichte wieder lieben lehren möchte, die man ihnen verhaßt gemacht hat. Und deshalb, wenn ich auch mit peinlicher Gewissenhaftigkeit bei der Wahrheit bleibe, verzichte ich auf die sogenannte wissenschaftliche Schreibweise, die leider allzuoft einem Kauderwelsch gleicht.
Doch darum geht es ja jetzt nicht. Ich will von dem Stücklein Land erzählen, das zu einem Versuchsgarten lebendiger Insektenforschung zu gestalten ich so oft geträumt habe, und das ich nun wirklich draußen bei einem abgelegenen Dorfe mir erwerben konnte. Es ist dies ein Harmas. So bezeichnet man hierzulande ein unbebautes, steiniges Stück Boden. den der Thymian

überwuchert. Die magere Erde lohnt die Arbeit des Pfluges nicht. Wenn es im Frühjahr zufällig ein wenig geregnet hat und ein paar Pflanzen wachsen, weiden Schafe darauf. Mein Harmas, einem bißchen roter Erde wegen in seinem Gestein, ist einmal ein wenig bearbeitet worden; es soll Weinreben darauf gehabt haben, sagt man. Und in der Tat stieß man beim Aushub von Gruben zum Anpflanzen einiger Bäume hie und da auf die halbverkohlten Reste jener kostbaren Stümpfe. Der dreizinkige Karst, das einzige Gerät, das in einen solchen Grund eindringen kann, ist also über dieses Stück Land hinweggegangen, und das bedaure ich sehr, denn der ursprüngliche Pflanzenwuchs ist dadurch verschwunden. Kein Thymian, kein Lavendel, keine Büsche von Kermeseichen, jener Zwergeichen, die ganze Wäldchen bilden, und über die man mit großen Schritten hinwegschreiten kann. Wie nützlich könnten mir diese Pflanzen sein, die beiden erstgenannten besonders, die den Hautflüglern ihren Honig darbieten. Ich war deshalb genötigt, sie dort wieder einzusetzen, wo die Hacke sie ausgerodet hatte.

Ohne mein Dazutun aber, und im Überfluß sind jene Pflanzen gekommen, die jeden umgegrabenen Boden überwuchern, den man dann lange Zeit sich selbst überlassen hat. Zuvorderst steht natürlich die Quecke, diese abscheuliche Grasart, die ein erbitterter dreijähriger Krieg noch nicht völlig auszurotten vermochte. Dann folgen, der Zahl nach, die Centaureen, die Flockenblumen, die störrischen, von Stacheln umstarrt oder Hellebardensternen, die Sonnwend-Flockenblume, die Berg- oder distelartige Flockenblume, die Fußangel-Flockenblume, die rauhe Flockenblume; die zuerstgenannte herrscht vor. Da und dort erhebt sich über die unentwirrbare Wildnis der Centaureen wie ein Kandelaber die spanische Golddistel mit der Flamme ihrer orangefarbenen Blüten und ihren Stacheln, die so stark wie Nägel sind. Noch höher als sie steigt die illyrische Krebsdistel, deren zwei bis drei Meter hoher Schaft in einem dicken rosaroten Knauf endet. Ihre Bewaffnung steht jener der spanischen Golddistel nicht nach. Vergessen wir die Sippe der übrigen Disteln nicht: die wilde Kratzdistel, die so bewehrt ist, daß der arme Botaniker nicht weiß, wo er sie anfassen soll, die lanzettliche Kratzdistel, reich belaubt mit Blättern, deren Rippen in Lanzenspitzen enden, und die vielen anderen.

Am Boden hin, in den Zwischenräumen, kriechen die stacheligen Ranken der Brombeere mit ihren schwarzblauen Früchten. Wer dieses dornige Dickicht, in dem die Hautflügler ihren Honig sammeln, betreten will, der muß hohe Stiefel anziehen, die den halben Oberschenkel bedecken, will er nicht blutende Waden in Kauf nehmen. Solange die Erde noch Spuren des Frühlingsregens bewahrt und sich über dem aus den gelben Köpfen der Sonnwend-Flockenblume gebildeten Teppich die Pyramiden der Golddistel und die schlanken Schößlinge der Krebsdistel erheben, entbehrt diese wilde Vegetation eines gewissen Reizes nicht. Sobald aber die Hitze des Sommers einsetzt, ist das alles nicht mehr als eine trostlose Dürre, und es genügte der Flamme eines Streichholzes, um sie vom einen Ende zum andern in Brand zu setzen. Dies ist oder besser dies war, als ich davon Besitz ergriff, das liebliche Eden, in dem ich künftig im Zwiegespräch mit den Insekten mein Leben zu verbringen gedenke. Es ist der Preis eines vierzigjährigen Ringens.

Ich nannte es Eden, und im Hinblick auf das Ziel, das ich verfolge, ist der Ausdruck gerechtfertigt. Dieses verwunschene Stück Land, dem keiner auch nur eine Handvoll Rübensamen anvertrauen möchte, ist ein irdisches Paradies für die Hymenopteren. Seine mächtige Vegetation von Disteln und Flokkenblumen lockt sie weit aus der Runde herbei. Nie auf meinen entomologischen Streifzügen sah ich eine derartige Völkerversammlung auf so engem Raume. Alles, was zu ihrer Sippe gehört, gibt sich hier ein Stelldichein: die Jäger, die dem verschiedenartigsten Wild nachstellen, die Erdstampfer, die Baumwollweber, die Zusammenfüger von Stücken, die sie aus Blättern oder Blütenblättern geschnitten haben, die Pappekonstrukteure, die Maurer, die Mörtel zubereiten, die Zimmerleute, die Holz durchbohren, die Mineure, die Gänge unter der Erde anlegen, die Arbeiter, die hauchdünne Häutchen herstellen, und was weiß ich mehr.

Was ist dies für ein Insekt? Es ist eine Wollbiene (Anthidium). Sie kratzt den wie mit Spinnweben bedeckten Stengel der Sonnwend-Flockenblume ab und bringt so ein Bällchen Wolle zusammen, das sie zwischen ihren Kiefern stolz davonträgt. Unter der Erde wird sie daraus Säcklein von verfilzter Watte herstellen, in die sie mit einem Vorrat von Honig ein Ei einschließt.

Und was sind das für welche, die so hitzig auf Beute ausgehen? Das sind die Blattschneider (Megachile), die unter dem Bauche ein Haarbürstchen tragen, schwarz, weiß oder feuerrot gefärbt, an dem der Honig klebt. Verlassen sie die Disteln, so schneiden sie aus den Blättern der benachbarten Sträucher ovale Stücke, die sie zu kleinen Behältern zusammendrehen, einer Art von Tüten, geeignet zur Aufbewahrung des Honigs.

Und jene dort, die in schwarzen Samt gekleidet sind? Das sind die Mörtelbienen (Chalicodoma), die mit Kies und Pflaster, mit Mörtel umzugehen wissen. Auf den Steinen des Harmas werden wir unschwer ihre Maurerarbeiten erkennen. Und jene dort, die mit lautem Summen plötzlich auffliegen? Das sind die Pelzbienen (Anthophora), die in den alten Mauern und in den sonnigen Böschungen hausen.

Hier sehen wir jetzt die Mauerbienen (Osmia). Eine von ihnen ist eben dabei, ihre Zellen im Spiralgang eines leeren Schneckengehäuses übereinanderzuschichten. Eine andere bohrt sich in das Mark einer dürren Brombeerranke ein und schafft dadurch für ihre Larven eine zylinderförmige Wohnstätte, die sie durch eingefügte Zwischenwände in Stockwerke einteilt. Eine dritte macht sich den natürlichen Hohlraum eines abgeschnittenen Schilfrohrs zunutze. Eine vierte mietet sich unentgeltlich in den verlassenen Gängen einer anderen Mörtelbiene ein. Dort sind Hornbienen oder Langhörner genannte Bienen (Macrocera und Eucera longicornis L.), deren Männchen stattliche

Hörner tragen, und hier rauhfüßige Bürsten- oder Hosenbienen (Dasypoda plumipes), die große Haarpinsel an den Hinterbeinen tragen – ihre Sammelwerkzeuge –, die Sandbienen (Andrena), so reich an Arten, die Schmalbienen (Halictus quadricinctus) mit ihrem schmächtigen Körper. Ich übergehe eine große Menge; denn wollte ich alle Gäste meiner Disteln aufzählen, so müßte ich nahezu die ganze Sippe der Honigsammler Revue passieren lassen. Ein gelehrter Entomologe, Professor Perez in Bordeaux, dem ich meine Funde zur Bestimmung vorzulegen pflegte, fragte mich, ob ich auf meiner Jagd unbekannte Mittel verwende, daß ich ihm so viele Seltenheiten, selbst Unbekanntes vorlegen könne. Nun bin ich aber gar kein besonders gewandter Jäger, denn das Insekt, das in Freiheit seiner Tätigkeit nachgeht, interessiert mich viel mehr als aufgespießt auf den Boden einer Kartonschachtel. Meine dichte Pflanzschule aus Disteln und Centaureen, das ist mein ganzes Jagdgeheimnis.

Ein besonders glücklicher Zufall hat nun dieser volkreichen Familie der Honigsammler die Sippe der Jäger beigesellt. Im Hinblick auf die geplante Umfassungsmauer hatten die Maurer auf dem Harmas da und dort große Sand- und Steinhaufen abgelagert. Da sich die Arbeit in die Länge zog, nahmen die Insekten schon vom ersten Jahr an von diesen Baumaterialien Besitz. Die Mörtelbienen wählten die Räume zwischen den Steinen als Schlafgemach und verbrachten dort in dicht gedrängten Gruppen die Nacht. Die kräftige Mauereidechse, die, wenn sie bedrängt wird, mit aufgerissenem Maul sowohl auf den Menschen als auch auf den Hund losgeht, lauert in einem Loch dem vorbeikommenden Mistkäfer auf, während der graue Steinschmätzer, in der Tracht der Dominikaner – weiß der Rock und schwarz die Flügel –, auf dem höchsten Stein sitzend, sein kurzes ländliches Liedchen singt. Irgendwo in dem Steinhaufen mußte sein Nest mit den himmelblauen Eiern verborgen sein. Als die Steinhaufen verschwanden, verschwand auch der kleine Dominikaner. Ich bedaure das sehr, er war ein reizender

Nachbar. Die gefleckte Mauereidechse hingegen vermisse ich nicht.
Der Sand gewährte auch noch einer anderen Bevölkerung Zuflucht. Die Wirbelwespen (Bembex) fegten die Schwelle ihres Baues rein, indem sie eine kleine Staubwolke hinter sich scharrten; die Grabwespe des Languedoc (Sphex) schleppte an den Fühlern eine Heuschrecke herbei; eine Lehmwespe (Stigus) kellerte dort ihre Zikadellen ein. Diese ganze Jägersippe verschwand zu meinem Bedauern, als die Maurer den Sand aufgebraucht hatten; will ich sie aber eines Tages zurückrufen, so brauche ich nur von neuem die Sandhaufen hinschütten zu lassen, und bald werden alle wieder da sein.
Nicht verschwunden sind jedoch, da ihre Wohnung von anderer Art ist, die Sandwespen (Ammophila), die ich, die einen im Frühjahr, die andern im Herbst, über den Gartenweg und zwischen den Rasenflächen herumfliegen sehe auf der Suche nach einer gewissen Raupe. Und auch die Wegwespen (Pompilus) sind geblieben, die so flink mit den Flügeln schlagen und die Schlupfwinkel nach Spinnen durchstöbern. Die größte unter ihnen belauert die Tarantel (Lycosa narbonensis Latr.), deren Baue nicht selten sind in meinem Harmas. Dieser Bau ist ein senkrechter Schacht, dessen erhöhter Rand aus untereinander durch Spinnseide verwobenen Grashalmen besteht. Auf dem Grund des Schlupfwinkels sieht man wie zwei Diamanten die Augen der großen Spinne funkeln, die den meisten Schrecken einflößt. Welch ein Wild und welch eine gefahrvolle Jagd für die Wegwespe! An einem heißen Sommernachmittag verlassen die langen Bataillone der Amazonenameisen (Polyergus rufescens Latr.) die Schlafsäle ihrer Kasernen und ziehen aus auf Sklavenraub. Wenn wir Zeit haben, werden wir sie auf einer dieser Razzien begleiten. Hier umfliegen die vier Zentimeter langen Dolchwespen (Scolia) langsam einen Komposthaufen und stürzen sich dann plötzlich in das Gewühl, angelockt durch reichliche Beute, die Larven der Blatthörner (Lamellicornia), der Nashornkäfer (Oryctes nasicornis L.) und Rosenkäfer (Cetonia).

3 Die gestreifte Wegwespe (Calicurgus annulatus) lauert der Schwarzbäuchigen Tarantel (Lycosa narbonensis (Walck) auf.

Wie zahlreich sind die Gegenstände des Studiums, und das ist bei weitem nicht alles! Das Wohnhaus war lange sich so selbst überlassen wie das Gelände. Ist der Mensch fort, die Ungestörtheit gesichert, dann kommt sogleich das Tier und nimmt von allem Besitz. Die Grasmücke richtet sich in den Fliederbüschen ein, der Grünling unter dem dichten Schutzdach der Zypressen, der Sperling stopft unter jeden Ziegel Lümpchen und Stroh, im Wipfel der Platanen zwitschert der Zeisig des Südens, dessen molliges Nest nicht größer ist als eine halbe Aprikose. Am Abend erschallt der hohe einförmige Ruf der Zwergohreule; der Vogel Athens, der Steinkauz girrt und miaut. Vor dem Haus liegt ein Teich, durch den selben Aquädukt gespeist, der den Brunnen des Dorfes das Wasser liefert. Hier finden sich aus einem Umkreis von einem Kilometer in der Runde die Batrachier, die froschähnlichen Tiere, zur Zeit ihrer Liebessehnsucht ein. Kreuzkröten, so groß manchmal wie ein kleiner Teller, mit hellgelben Längsstreifen auf dem Rücken geben sich beim Bad ein Stelldichein. In der Abenddämmerung sieht man am Ufer des Teiches die Geburtshelferkröte herumhüpfen, deren Männchen an den Hinterbeinen eine Dolde von pfefferkorngroßen Eiern tragen. Er kommt von weit her, der gutmütige Familienvater, um sein kostbares Paket ins Wasser zu bringen, und dann schlüpft er unter irgendeinen Stein, wo er seine Stimme erklingen läßt, hell wie das Klingeln eines Glöckleins. Und da sind auch die Laubfrösche; wenn sie nicht im Gezweig der Bäume quaken, tauchen sie mit anmutigen Sprüngen ins Wasser. Im Mai, sobald die Nacht anbricht, verwandelt sich der ganze Teich in ein ohrenbetäubendes Orchester. Man versteht das eigene Wort nicht mehr bei Tische, und unmöglich wird es, zu schlafen. Man mußte da einschreiten mit Mitteln, die vielleicht ein bißchen gar zu streng waren. Aber was blieb uns anderes übrig? Wer schlafen will und nicht kann, wird grimmig und wütend.

Noch dreister sind die Hautflügler, die sich des Wohnhauses bemächtigt haben. Fast auf meiner Türschwelle, in einem

Schutthaufen, nistet die weißgegürtete Grabwespe (Sphex albisectus Lep. et Serv.); wenn ich heimkomme, muß ich achtgeben, daß ich seine Erdhöhlen nicht beschädige und den ganz in seine Arbeit vertieften Häuer nicht zertrete. Ein volles Vierteljahrhundert ist es wohl her, seit ich diesem ungestümen Grillenjäger nicht mehr begegnet bin. Als ich damals seine Bekanntschaft machte, mußte ich einige Kilometer weit gehen, um ihn zu sehen; es war jedesmal eine richtige Expedition unter glühender Augustsonne. Heute finde ich ihn vor meiner Türe, wir sind Nachbarn. Die Fensternische dient dem Spinnentöter (Pelopoeus) als wohltemperierte Wohnung. Er befestigt sein aus Erde gemachtes Nest an den Quadersteinen; durch ein kleines, zufällig dort befindliches Loch im Fensterladen kann er es jederzeit erreichen. Auf dem Gesimse der Jalousien bauen einige vereinzelte Mörtelbienen (Chalicodoma) ihre Zellgruppen, während auf der Innenseite des halb offen stehenden Ladens eine Pillenwespe (Eumenes) ihren kleinen Erddom errichtet, der oben mit einem kurzen weiten Hals endet. Die Gemeine Wespe (Vespa vulgaris L.) und die Papierwespe (Polistes gallicus L.) sind meine Tischgenossen; sie kommen zur Mahlzeit, um festzustellen, ob die aufgetragenen Trauben auch wirklich reif sind.

Das ist doch gewiß eine ebenso zahlreiche wie ausgesuchte Gesellschaft – und die Aufzählung ist unvollkommen –, deren Gespräch meine Einsamkeit entzückend beleben wird, wenn es mir gelingt, sie zum Sprechen zu bringen. Meine lieben Tiere, jene, die ich von früher her kenne, meine alten Freunde, und andere, jüngere Bekanntschaften, alle sind sie da, in nächster Nähe, jagend, Honig sammelnd und bauend. Und wenn es nötig werden sollte, die Beobachtungsorte zu wechseln, so erhebt sich, nur wenige hundert Schritte von meiner Behausung entfernt, der Berg mit seinem Dickicht von Erdbeerbäumen, Zistrosensträuchern und Baumheide, mit den sandigen Hängen, wie sie die Wirbelwespe liebt, und den Mergelböschungen, wie sie viele andere Hautflügler für ihre Bauten benötigen.

Und deshalb also, weil ich diese Reichtümer voraussah, habe ich die Stadt mit dem Dorfe vertauscht, bin ich nach Sérignan gezogen, um meine Rübenbeete zu jäten und meinen Salat zu begießen.

Mit großen Kosten gründet man an unseren atlantischen und Mittelmeerküsten Laboratorien zum Studium der Meeresfauna, in denen man die kleinen Meertiere seziert, die doch für uns nur von beschränktem Interesse sind. Man spart nicht an starken Mikroskopen, feinen Apparaturen, um Schnitte herzustellen, Fanggeräten, Schiffen, Fischereipersonal, Aquarien, um schließlich herauszufinden, wie der Eidotter eines Ringelwurmes sich unterteilt, etwas, dessen Wichtigkeit mir offenbar noch entgeht, und man verschmäht die kleinen Landtiere, die mit uns in einer ununterbrochenen Gemeinschaft leben, die der allgemeinen Psychologie Material von unschätzbarem Werte liefern, die aber auch oft solche Verheerungen anrichten können, daß sie zu einem Schaden für das ganze Land werden. Wann endlich werden wir ein entomologisches Laboratorium erhalten, wo man nicht das tote, im Alkohol aufgeweichte, sondern das lebende Insekt studiert, ein Laboratorium, dessen Forschungsgegenstand die Instinkte, die Gewohnheiten, die Lebensweise, die Arbeit, die Kämpfe und die Fortpflanzung dieser kleinen Gesellschaft sind, mit der sich jedoch sowohl die Landwirtschaft als auch die Philosophie ernstlich auseinanderzusetzen haben? Gründlich die Geschichte des Verwüstens unserer Weinberge zu kennen, wäre sicherlich notwendiger, als zu wissen, wie diese oder jene Nervenfaser eines Rankenfüßlers endigt. Durch Versuche, die Grenze zwischen Instinkt und Intelligenz festzustellen, durch Vergleiche von Tatsachen in der zoologischen Reihenfolge herauszufinden und darzutun, ob die menschliche Vernunft ein völlig eigenständiges Merkmal ist oder nicht, all das scheint mir wichtiger als die Zahl der Ringe am Fühler eines Krebstieres. Um diese großen Fragen zu beantworten, bedürfte es einer Armee von Arbeitern, und niemand ist da. Die Mollusken und die Zoophyten, das ist die große Mode. Mit Hilfe von großen Baggern werden die Tiefen des Meeres erforscht, das Land aber unter unseren Füßen bleibt unbekannt. Inzwischen, solange es dauert, bis die Mode wechselt, eröffne ich mein Laboratorium des Harmas für lebendige Insektenkunde, und dieses Laboratorium kostet dem Beutel des Steuerzahlers keinen Centime.

Es muß vielleicht doch ein Wort zu der grimmigen Kritik gesagt werden, die Fabre hier an der zoologischen Forschung seiner Zeit übt und die vielen Stellen seiner »Souvenirs« einen besonderen Ton gibt. Denn dieses bissige Herausheben seiner Eigenart ist ja nicht allein Mißstimmung eines Verkannten; Fabres Auflehnung gegen die »Werkstatt der Folter und der Zerstückelung« ist das Bekenntnis zu einer Naturforschung, die aus innersten Gründen im Gegensatz zu der heute dominierenden Naturwissenschaft steht.
Wer dächte nicht an die Haltung Goethes, an seinen Zwist mit Newton, an seine Scheu vor dem Eingriff in das Geschehen. Es ist dem Geiste Fabres zuwider, etwa Monstrositäten und Chimären zusammenzusetzen, wie sie die experimentelle Biologie heute erzeugt, um in das verborgenere Kräftespiel des Lebendigen einzudringen.
Die ganze moderne Arbeitsweise, auch die Biotechnik der Chemiker, die große Möglichkeit des heilenden Eingriffs beruhen auf einer Einstellung, welcher die Macht über die Vorgänge das Ziel der Forschung ist, Macht – beim einen um des reinen Wissens willen –, beim andern um des helfenden Eingriffs, beim Dritten um der puren Ausübung von Herrschaft willen.
Wir dürfen den Gegensatz, an den Fabres heftiger Ausfall rührt, nicht etwa als harmlos ansehen und verwischen – die ganze Dämonie des menschlichen Seins wird in dieser Gegenüberstellung wirksam. Wir dürfen auch nicht den einen Forschertyp als rein und gut, den andern als böse bezeichnen.
Wenn wir aber von den großen Männern der experimentellen Forschung mit Ehrfurcht sprechen, zu ihnen als zu begnadeten Geistern aufblicken, so müssen wir auch in der Haltung eines Fabre das Außerordentliche und Große erfassen: die Haltung, die dem intakten Ganzen des lebendigen Wesens in höchstem Respekt begegnet, die in der lebendigen Natur dieses Heile, Ganze sichtbar zu machen trachtet.
Die Äußerungen Fabres gegen die Bevorzugung der marinen For-

schung stimmen uns heiter mitten in den ernsten Problemen, an die Fabres Grundhaltung uns mahnt – ist es nicht tröstlich, daß der Zoologe, der sich hier mit dem Dichter zum Lobe J.-H. Fabres vereint hat, sein Leben lang mit besonderer Begeisterung die Tiere des Meeres erforscht hat und trotzdem in Verehrung und Liebe der Welt des großen Insektenforschers von Herzen zugetan geblieben ist?

II
DER EXODUS DER SPINNEN

Wenn die Samen in den Fruchthüllen reif geworden sind, werden sie verstreut, was sagen will, sie werden auf der Erdoberfläche verteilt, um an noch freien Stellen zu keimen und an jenen Örtlichkeiten sich fortzupflanzen, wo sie günstige Lebensbedingungen vorfinden.

Im Schutt der Wegränder gedeiht die Spritzgurke, Ecballium elaterium, im Volksmund Eselsgurke genannt, deren Früchte, rauhe und kleine Gurken von außerordentlich bitterem Geschmack, ungefähr so groß wie Datteln sind. Zur Zeit der Reife löst sich das innerste Fruchtfleisch in eine Flüssigkeit auf, in der die Samen schwimmen. Zusammengepreßt durch die elastische Hülle der Frucht, drückt diese Flüssigkeit auf den Boden des Blütenstiels, der immer mehr und mehr nach außen gedrängt wird und schließlich nach der Art eines Pfropfens sich löst und eine Öffnung freigibt, durch die ein Strahl von Samen und flüssigem Fruchtmark herausspritzt. Wenn ein Unerfahrener die mit den gelben, von der heißen Sonne ausgereiften Früchten behangene Pflanze berührt, so geht es nicht ohne einen kleinen Schrecken ab, wenn er es in den Blättern rauschen hört und ins Gesicht die Kugelspritze der Gurkensamen empfängt.

Wenn man die reifen Kapseln der Gartenbalsamine berührt, teilen sie sich plötzlich in fünf fleischige, sich einrollende Klappern und schleudern ihre Samen weg. Ihre botanische Bezeichnung, Impatiens balsamina, bezieht sich auf dieses plötzliche Aufspringen dieser Kapseln, die keine Berührung mehr ertragen, ohne zu platzen.

An feuchten und sonnenlosen Plätzen des Waldes findet man eine Pflanze aus der selben Familie, die, aus dem gleichen

Grunde, den noch ausdrucksvolleren Namen »Rührmichnichtan« (Impatiens noli tangere) trägt.
Die Kapsel des Stiefmütterchens breitet drei Klappen aus, die die Form eines Schiffchens haben, das in seiner Mitte zwei Reihen von Samen trägt. Infolge der Austrocknung schrumpfen die Ränder der Klappen zusammen, drücken auf die Samenkörner und stoßen sie dadurch aus.
Die leichten Samen, jene der Kompositen im besonderen, besitzen Flugvorrichtungen, Federkronen, Federbälle, Federbüsche, die sie in der Luft schwebend erhalten und ihnen auf diese Weise lange Reisen ermöglichen. Die Samenkörner des Löwenzahns mit ihrer reich gefiederten Federkrone verlassen beim leisesten Windhauch den ausgetrockneten Fruchtboden und schweben lässig davon.
Nach der Federkrone sind es die Flügel, die zur Verbreitung des Samens durch den Wind dienen. Die Samen des Goldlacks besitzen eine häutige Einfassung, so daß sie dünnen Schuppen gleichen, die es ihnen ermöglicht, sich auf den Kranzgesimsen hoher Gebäude, in den Spalten unzugänglicher Felsen, in den Ritzen alter Mauern niederzulassen und in dem bißchen Erde zu keimen, das ihnen die Moospflanzen hinterlassen haben. Die Flügelfrüchte der Ulme, die aus einem breiten und leichten Segel bestehen, in dessen Mitte das Samenkorn eingelassen ist, jene des Ahorns, die, zu zweit aneinandergewachsen, den ausgebreiteten Flügeln eines Vogels gleichen, jene der Esche, die wie ein Ruderblatt geformt sind, unternehmen, vom Sturmwind getragen, weite Reisen.
Gleich der Pflanze sind auch die Insekten oft mit solchen Reisevorrichtungen ausgestattet, die es kinderreichen Familien ermöglichen, sich schnell über das ganze Land hin zu zerstreuen, damit ein jedes, ohne andere zu beeinträchtigen, seinen Platz an der Sonne findet. Ihre Einrichtungen und Verfahren wetteifern an Scharfsinnigkeit mit der Flügelfrucht der Ulme, der Federkrone des Löwenzahn, dem Katapult der Spritzgurke.

Betrachten wir einmal daraufhin die prächtigen Kreuzspinnen, die, um ihre Beute zu fangen, von einem Gebüsch zum anderen senkrechte Netze ausspannen, welche an jene der Vogelsteller erinnern. Die ansehnlichste in meiner Gegend ist die Gebänderte Spinne (Epeira fasciata Walck.), hübsch gelb, schwarz und silberweiß umgürtet. Ihr Nest, ein anmutiges Wunderwerk, ist ein Seidenbeutel von der Form einer zierlichen Birne. Der Hals des Nestes endet in einem ausgehöhlten Mundstück, in das ein ebenfalls aus Seide verfertigter Deckel eingelassen ist. Braune Bänder laufen wie unregelmäßige Meridiane vom oberen zum unteren Pol des Beutels.

Öffnen wir dieses Nest. Was finden wir?

Unter der äußeren Hülle, die ebenso zäh ist wie unsere Webereien und außerdem vollkommen wasserdicht, befindet sich ein rötliches Daunenkissen von auserlesener Feinheit, ein Flöcklein Seide, zart wie ein Räuchlein. Nie wohl hat mütterliche Zärtlichkeit ein weicheres Bettchen bereitet.

Inmitten dieses sanften Lagers hängt ein feines Beutelchen von der Form eines Fingerhutes, das mit einem beweglichen Deckel abgeschlossen ist. Hier sind die Eier eingeschlossen, ein halbes Tausend etwa, schön orangegelb gefärbt.

Wenn man es recht erwägt, stellt dieses zierliche Bauwerk nicht einen animalischen Fruchtstand dar, ein Behältnis voller Keime, den Samenkapseln der Pflanzen vergleichbar? Nur daß das Säcklein der Spinne statt der Samen Eier enthält. Der Unterschied ist übrigens mehr äußerlicher als wirklicher Art, denn Ei und Same sind ja dasselbe.

Wie nun aber wird das Aufspringen der belebten Frucht vonstatten gehen, die bei einer Hitze, wie sie die Zikaden lieben, der Reife entgegengehen? Wie, vor allem, wird sich deren Verstreuung vollziehen? Es sind ihrer Hunderte und aber Hunderte. Die jungen Spinnen müssen sich trennen, sie müssen hinaus in die Ferne, und eine jede von ihnen muß sich an einer Stelle niederlassen, wo nachbarliche Konkurrenz nicht gar zu befürchten ist. Wie werden sie es wohl anstellen, um diesen Aus-

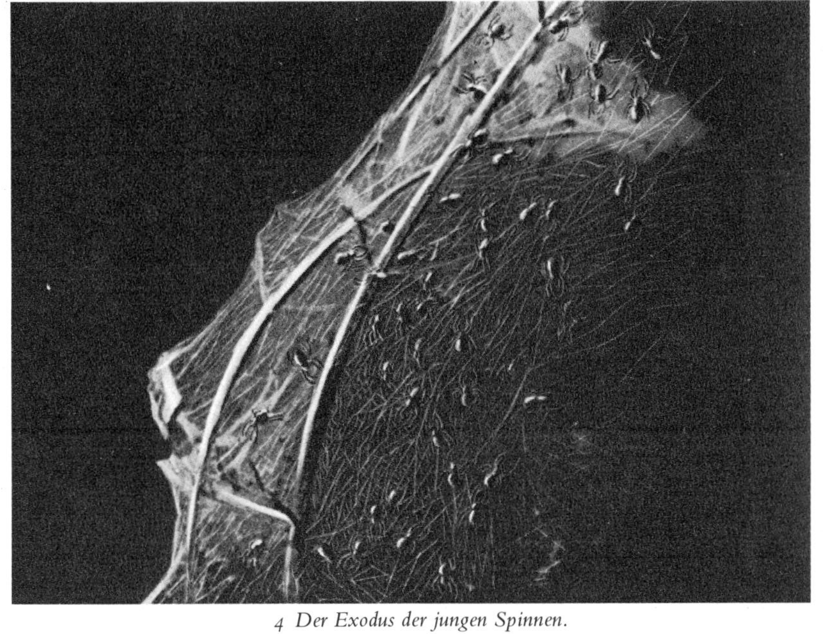

4 Der Exodus der jungen Spinnen.

zug in die weite Ferne zu vollziehen, diese winzigen Wesen mit ihren winzigen Beinchen?
Die erste Antwort gibt mir die Gattung einer anderen Kreuzspinne, die viel frühzeitiger erscheint und deren Familie ich Anfang Mai auf einer Yucca des Harmas finde. Die Pflanze hat letztes Jahr geblüht. Der meterhohe, vielverzweigte Blütenschaft befindet sich, ganz vertrocknet, noch an seinem Platz. Auf den grünen, einem Degen ähnelnden Blättern wimmeln zwei frisch ausgeschlüpfte Familien herum. Die winzigen Tierchen sind mattgelb gefärbt und tragen einen dreieckigen schwarzen Fleck auf dem Hinterleib. Nicht lange hernach wird mir das dreifache weiße Kreuz, mit dem der Rücken geschmückt ist, verraten, daß es sich um die Gemeine Kreuzspinne (Epeira diademata) handelt.
Sobald die Sonne diese Stelle in meinem Garten erreicht hat, gerät die eine der beiden Gruppen in große Aufregung. Gewandte Akrobaten, die sie sind, beginnen die kleinen Spinnen, eine nach der anderen, zu klettern, bis sie die Spitze des Schaftes erreicht haben. Dort gibt es dann Märsche und Gegenmärsche, Tumult und Verwirrung, denn der Wind bläst ein wenig und bringt die Schar in Unordnung. Ich kann die sich hintereinander abwickelnden Phasen nicht genau sehen. Von der Spitze des Schaftes weg reisen sie aus, jeden Augenblick, eine nach der andern; mit einem plötzlichen Schwung schnellen sie vorwärts; und dann fliegen sie davon, würde man sagen. Es ist, als seien sie mit Mückenflügeln ausgestattet.
Sogleich entschwinden sie meinen Blicken. Nichts erklärt dieses seltsame Davonfliegen, denn bei dem Aufruhr der Lüfte im Freien ist eine genaue Beobachtung nicht möglich. Dazu bedarf es der unbewegten Atmosphäre und der Ruhe meines Arbeitszimmers.
Mit einer großen Schachtel, die ich sofort schließe, sammle ich die andere Familie ein und stelle sie in meinem Tierlaboratorium auf ein Tischchen, zwei Schritte vom offenen Fenster entfernt. Durch das, was ich gesehen habe, vom Drang der jungen

Spinnen nach der Höhe unterrichtet, stelle ich meinem Völklein als Kletterast ein Reisigbündel zur Verfügung, etwa von der Länge einer Elle. Sogleich beeilt die ganze Gesellschaft sich, an ihm emporzuklettern und den Gipfel zu erreichen. In wenigen Augenblicken sind alle oben versammelt, und keiner fehlt. Die Zukunft wird uns die Ursache dieser Ansammlung auf dem höchsten Punkt des Gestrüpps erkennen lassen.

Jetzt spinnen die kleinen Spinnen ihre Fäden, hier und dort, wie aufs Geratewohl; sie steigen empor, klettern herab, kehren wieder um. Auf diese Weise wird ein leichter Schleier von auseinanderlaufenden Fäden gewoben, ein dreiseitiges Netz, dessen Spitze die äußersten Enden des Reisigbündels und dessen Basis zwei Handbreiten des Tischrandes darstellen. Dieser Schleier bildet das Manöverfeld, den Werkplatz, auf dem die Reisevorbereitungen getroffen werden.

In und unter diesem Schleier eilen die winzigen Kreaturen eilig herum, unermüdlich, hin und her. Wenn sie ein Sonnenstrahl trifft, leuchten sie als glänzende Punkte auf und bilden auf dem milchigen Hintergrund ihres Schleiers eine Art Sternbild, das Abbild tiefster Himmelsfernen, in denen das Fernrohr ein Gewimmel von Sternen entdeckt. Das unendlich Kleine und das unendlich Große sehen gleich aus. Alles hängt von der Entfernung ab.

Aber unser lebender Nebelfleck wird nicht von Fixsternen gebildet; die leuchtenden Punkte befinden sich im Gegenteil in unaufhörlicher Bewegung. Die jungen Spinnen verharren nie still auf ihrem Garn. Viele lassen sich fallen, am Ende eines Fadens, der eben durch den Sturz aus den Spinndrüsen hervorgezogen wird. Noch rascher steigen sie demselben Faden entlang wieder empor; sie raffen ihn dabei vorweg zu einem Knäuel zusammen, um ihn dann durch neue Stürze weiter zu verlängern. Andere begnügen sich damit, auf dem Netz hin und her zu eilen, und ich habe den Eindruck, als arbeiteten sie an Knäueln von Seilwerk.

Tatsächlich fließt der Faden nicht von selbst aus den Spinnwar-

zen; er muß mit einer gewissen Anstrengung aus ihnen herausgezogen werden. Es handelt sich um den Vorgang des Ausziehens und nicht des Ausstoßens. Um ihr Schnürchen zu erhalten, muß die Spinne sich von der Stelle bewegen und es an sich ziehen, sei es durch einen Fall, sei es durch einen Fußmarsch, so wie der Seiler beim Verarbeiten des Flachses rückwärts schreitet.
Die von den Tierchen auf dem Manöverplatz, dem Netz, entfaltete Tätigkeit ist nichts anderes als die Vorbereitung zu ihrer bevorstehenden Abreise und Verstreuung. Die Reisenden sind im Begriff, ihre Bündel zu schnüren.
Bald trippeln einzelne von ihnen zwischen dem Tisch und dem Fenster hin und her. Sie wandern in der Luft, im freien Raum. Aber worauf? Ist der Einfallswinkel des Tageslichts günstig, kann ich manchmal hinter dem Tierchen einen Faden wahrnehmen, einen Lichtblitz, der kurz aufleuchtet und wieder verschwindet. Nach rückwärts also besteht ein Verbindungsseil, ein Ankertau, das man bei angespannter Aufmerksamkeit gerade noch wahrnehmen kann; aber nach vorwärts, gegen das Fenster hin, gibt es nichts Sichtbares.
Vergeblich suche ich oben, unten, auf der Seite; vergeblich verändere ich fortwährend meinen Gesichtswinkel, es gelingt mir nicht, irgendeine Unterlage zu entdecken, auf der das Tierchen sich fortbewegen könnte. Man würde meinen, das Tierchen rudere im Leeren. Es vermittelt die Vorstellung eines kleinen Vogels, der, an einem Fuß festgebunden, in die Luft fliegt.
Aber hier nun trügt der Schein; ein Flug ist nicht möglich; die Spinne bedarf notwendigerweise einer Brücke, um den Zwischenraum zu überqueren. Wenn ich also diese Brücke auch nicht sehen kann, so kann ich sie doch sicherlich zerstören. Mit einem Rutenhieb teile ich die Luft vor der Spinne, die im Begriffe ist, gegen das Fenster zu wandern. Eines weiteren bedarf es nicht: sogleich hört das Tierchen auf, vorzurücken, und fällt. Der unsichtbare Übergang ist unterbrochen. Mein Söhnchen, der kleine Paul, mein Gehilfe, ist ganz verdutzt ob der Wirkung

meines Zauberstabs, denn auch er mit seinen jungen, unverbrauchten Augen kann vor der Spinne nichts wahrnehmen, das geeignet wäre, sie zu tragen.
Nach hinten jedoch ist ein Faden sichtbar. Dieser Unterschied erklärt sich leicht. Jede Spinne, die sich fortbewegt, spinnt gleichzeitig ein Sicherungsseil, das die Seiltänzerin vor einem immer möglichen Absturz bewahrt. Nach hinten ist dieser Faden doppelt, und dadurch wird er sichtbar; nach vorn ist er noch einfach, und deshalb kann man ihn noch nicht sehen.
Dieser unsichtbare Steg wird nicht von den Tierchen über den Abgrund geworfen; der Faden wird von einem Lufthauch mitgenommen und abgewickelt. Ausgerüstet mit einem solchen Faden, braucht ihn die Spinne nur in der Luft wehen zu lassen, und der Wind, so schwach er auch sein mag, trägt ihn davon und haspelt ihn ab. So steigt und entrollt sich mein Pfeifenräuchlein.
Sobald dieser wehende Faden irgendeinen nahen Gegenstand berührt, haftet er an. Die Hängebrücke ist gespannt, und die Spinne kann sich in Marsch setzen. Die Indianer Südamerikas, erzählt man, überschreiten die Abgründe der Kordilleren auf Lianenschaukeln; die kleine Spinne überwindet den leeren Raum auf etwas Unsichtbarem und Unwägbarem.
Um aber das Ende des treibenden Fadens irgendwohin zu bringen, muß eine Luftströmung vorhanden sein. Augenblicklich besteht also eine solche zwischen der Türe meines Arbeitszimmers und dem Fenster, die beide offen sind. Ich selbst spüre ihn nicht, so schwach ist er; aber der Rauch meiner Pfeife, der leise in dieser Richtung davonwirbelt, zeigt ihn mir an. Kalte Luft dringt durch die Türe ein und warme strömt aus der Wohnung durch das Fenster ins Freie. Das ist der Luftstrom, der die Fäden trägt und den Spinnen die Ausreise ermöglicht.
Ich stelle ihn ab, indem ich die beiden Öffnungen schließe, und ich unterbreche mit meiner Rute jede Verbindung zwischen dem Fenster und dem Tisch. In der unbewegten Atmosphäre gibt es nun keine Abreisenden mehr. Sobald der Lufthauch

fehlt, entrollen sich auch die Strähnen nicht, und die Auswanderung hört auf.
Aber bald beginnt sie von neuem, jedoch in einer Richtung, an die ich nie gedacht hätte. Auf eine Stelle des Parkettbodens fällt heiß die Sonne. Hier, wo es wärmer ist als in der Umgebung, entwickelt sich eine Säule aufsteigender, leichterer Luft. Wenn diese Luftsäule die Fäden erfaßt, sollten meine Spinnen zur Zimmerdecke emporsteigen.
Diese merkwürdige Himmelfahrt findet auch tatsächlich statt, doch da die Ausreißer durch das Fenster meine Herde stark vermindert haben, kann ich damit keine langen Versuche mehr anstellen. Ich muß nochmals beginnen damit.
Am andern Tag fange ich auf derselben Yucca eine weitere Familie ein, die ebenso kopfreich ist wie die erste. Die Vorbereitungen von gestern wiederholen sich. Zuerst webt meine Horde wieder ein auseinanderstrebendes Netz, das, auf der Spitze des Gestrüpps beginnend, an der Tischkante endet und den Auswanderern zur Verfügung gestellt wird. Fünf- oder sechshundert Tierchen wimmeln auf diesem Werkplatz umher.
Während diese kleinen Leute arbeiten und sehr wichtigtuerisch ihre Vorbereitungen zur Abreise treffen, treffe ich meinerseits die meinigen. Alle Ein- und Ausgänge zur Wohnung werden geschlossen, damit die Luft so bewegungslos wie möglich bleibt. Am Boden, vor dem Tisch, entzünde ich einen kleinen Petrolofen. Auf der Höhe des Netzes, das die Spinnen anzufertigen im Begriffe sind, spüre ich mit meinen Händen von seiner Wärme nichts mehr. Das ist der bescheidene Herd, dessen aufsteigende Luftsäule die Spinnfäden abhaspeln und in die Höhe tragen soll.
Zuerst wollen wir uns jedoch über die Richtung und über die Stärke dieser Strömung unterrichten. Federkronen des Löwenzahns, durch Abschneiden der Samen noch leichter gemacht, dienen mir als Anzeiger. Über dem Petrolherd auf Tischhöhe losgelassen, steigen sie sachte aufwärts, und fast alle erreichen

die Zimmerdecke. Auf gleiche Weise und besser noch sogar müssen die Stricklein meiner Auswanderer in die Höhe schweben.
So ist es auch: ohne daß für einen der drei Beobachter, die wir sind, irgend etwas Sichtbares wahrnehmbar würde, vollzieht eine Spinne ihren Aufstieg. Mit ihren acht Beinen trippelt sie in der Luft und steigt mit leichtem Schwanken in die Höhe. Immer zahlreicher folgen ihr andere, sei es auf neuen Bahnen, sei es auf der gleichen. Wer des Rätsels Lösung nicht kennt, muß verblüfft dastehen ob dieser zauberhaften Auffahrt ohne Leiter. In einigen Minuten sind die meisten schon oben und kleben an der Decke.
Aber nicht alle kommen hinauf. Ich sehe welche, die, wenn sie eine gewisse Höhe erreicht haben, aufhören zu steigen und sogar wieder zu sinken beginnen, obgleich sie in größter Schnelligkeit mit ihren Beinchen vorwärts schreiten. Aber je mehr sie nach oben zappeln, um so mehr sinken sie. Diese Abtrift, die den zurückgelegten Weg aufhebt und ihn sogar ins Gegenteil verkehrt, ist leicht zu erklären.
Der Faden hat die Zimmerdecke nicht erreicht; er schwebt, nur an einem Ende festgehalten. Solange er eine gewisse Länge hat, kann er auch so das Gewicht des Tierchens noch tragen. Je mehr aber die Spinne steigt, um so mehr verkürzt sich der schwebende Faden, und der Augenblick kommt, da zwischen der Auftriebskraft und der Last ein Gleichgewicht besteht. Dann kommt das Tierchen nicht mehr vom Fleck, obwohl es fortwährend klettert.
Wird aber die Last größer als der Auftrieb des Schwimmers, dann fällt die Spinne zurück, trotz ihres Vorwärtsschreitens. Durch den sinkenden Faden wird sie schließlich wieder auf das Reis zurückgebracht. Von hier aus wird der Aufstieg bald hernach von neuem begonnen, sei es auf einem neuen Faden, sofern die Spinndrüsen noch nicht erschöpft sind, sei es auf einem fremden, dem Werk einer Vorgängerin.
Gewöhnlich wird die Zimmerdecke erreicht. Sie befindet sich

in vier Meter Höhe. Die kleine Kreuzspinne kann also als erstes Erzeugnis ihres Spinnapparates, ohne irgendwelche Nahrung zu sich genommen zu haben, einen mindestens vier Meter langen Faden herstellen. Und all das, der Seiler und das Seil, war bereits im Ei, dem winzigen Kügelchen, enthalten. Bis zu welchem Grad der Feinheit läßt sich doch das Seidenmaterial der jungen Spinne verarbeiten! Unsere Industrie erzeugt Platinfäden, die so fein sind, daß man sie nur in rotglühendem Zustand erblicken kann. Auf einfachere Weise bringt die winzige Kreuzspinne in ihrer Drahtzieherei Fäden hervor, die nicht einmal im grellsten Sonnenlicht wahrgenommen werden können.

Doch wir wollen nicht alle diese Luftschifferinnen an der ungastlichen Küste der Zimmerdecke stranden lassen, wo die meisten von ihnen wahrscheinlich zugrunde gehen müssen, weil sie, bevor sie Nahrung zu sich genommen haben, keinen neuen Faden spinnen können. Ich öffne das Fenster. Der laue Luftstrom, der von dem kleinen Petrolofen herkommt, fließt durch den obern Teil der Öffnung ab. Die Federkronen des Löwenzahns zeigen mir die Richtung an. Es kann nicht ausbleiben, daß die frei schwebenden Fäden von dieser Strömung ergriffen und fortgetragen werden, um sich dann draußen im lauen Windhauch zu zerstreuen.

Mit einer feinen Schere durchschneide ich sorgsam, ohne sie zu erschüttern, einige dieser Fäden an ihrem Ende, dort, wo sie wegen ihrer Verdoppelung durch einen zweiten Faden sichtbar werden. Die Folgen dieses Schnittes sind wunderbar. An der aeronautischen Faser hängend, in der Strömung des Windes wird die Spinne plötzlich durch das geöffnete Fenster davongetragen und entschwindet meinen Blicken. Was für eine praktische Art zu reisen wäre dies, hätte das Luftfahrzeug ein Steuer, so daß man landen könnte, wo man wollte. Aber ein Spielzeug des Windes, das sie sind, wo werden sie Fuß fassen, die Kleinen? In hundert, in tausend Schritten Entfernung vielleicht. Wünschen wir ihnen eine glückliche Überfahrt.

Das Problem der Ausstreuung ist nun gelöst. Wie wohl wären die Dinge im Freien vor sich gegangen, ohne meine künstliche Anordnung? Das ist leicht zu begreifen: Buchstäblich von Geburt auf Seiltänzer, streben die jungen Kreuzspinnen sogleich dem Gipfel eines Zweiges zu, wo sie unter sich genügend Raum finden, um ihre Apparaturen zu entfalten. Dort zieht eine jede aus ihrer Seilerei einen Faden, den sie dem Luftzug überläßt. Sanft von den Aufwinden des sonnendurchwärmten Bodens emporgehoben, steigt, schwebt, zittert dieser Faden und zerrt an seiner Verankerung. Schließlich reißt er und verschwindet in der Ferne mitsamt der Spinnerin, die an ihm hängt.
Die Epeira diademata (Gemeine Kreuzspinne), die uns soeben diese ersten Grundlagen der Verbreitung enthüllt hat, sorgt eher mittelmäßig für ihre Jungen. Als Gefäß für die Eier webt sie eine einfache Kugel aus Seide. Wie bescheiden wirkt diese Arbeit im Vergleich zu den Ballonen, Ballonhüllen der Gebänderten Spinne! Eben diese waren es denn auch, von denen ich mir die besten Aufklärungen versprach. Ich hatte mir von ihren Eiern einen Vorrat angelegt, von Müttern, die ich im Herbst aufgezogen hatte. Und damit mir nichts Wichtiges entgehe, teilte ich meinen Bestand von Ballonen, die alle unter meinen Augen geflochten worden waren, in zwei Teile. Die eine Hälfte blieb in meinem Arbeitszimmer, unter einer Drahtglocke, auf kleine Reisigbündelchen gelagert; die andere Hälfte wurde im Freien den Wechselfällen der Witterung ausgesetzt, auf Rosmarinsträuchern des Gartens.
Aber alle diese scheinbar so vielversprechenden Vorbereitungen haben mir nicht das Schauspiel gebracht, das ich erwartete, nämlich einen herrlichen, dem Wohnsitz und dem Tabernakel würdigen Auszug. Trotzdem bleiben einige Ergebnisse erwähnenswert. Wir wollen sie kurz darlegen.
Das Ausschlüpfen erfolgt Anfang März. Um diese Zeit herum öffne ich mit einer Schere das ampullenförmige Nest der Gebänderten Spinne. Ich finde darin Junge, die bereits den mittle-

ren Raum verlassen und sich in der angrenzenden Zone der Daunen ausgebreitet haben, während der restliche Teil des Geleges noch aus einem dicht zusammengepreßten Haufen von orangefarbenen Eiern besteht. Die Jungen erscheinen nicht alle gleichzeitig, sondern in Schüben; es kann zwei Wochen dauern, bis alle ausgeschlüpft sind.

Nichts an ihnen läßt ihre künftige, reich gestreifte Gewandung ahnen. Die vordere Hälfte des Bauches ist mehligweiß, die andere schwarzbraun. Der übrige Teil des Körpers hat eine hellblonde Färbung, ausgenommen vorn, wo die Augen eine schwarze Kante bilden. Wenn ich sie nicht störe, verhalten sich die kleinen, jungen Tierchen regungslos im molligen, rötlich gefärbten Daunen; in Unordnung gebracht, strampeln sie träge an Ort oder gehen zögernd und unsicher umher. Man sieht, daß sie noch reifen müssen, bevor sie sich ins Freie wagen dürfen.

Die Reife vollendet sich in der auserlesenen Flockseide, die den Geburtssack umschließt und den Ballon bläht. Dies ist der Warte- und Aufenthaltsort der jungen Spinnen, wo sie erstarken. Sobald sie durch den Schlauch in der Mitte des Nestes herauskommen, stürzen sie alle geradewegs in den Sack. Erst vier Monate später, zur Zeit der großen Hitze, werden sie ihn wieder verlassen.

Ihre Zahl ist bedeutend. Eine Zählung, die ich mir als Geduldsprobe auferlegte, ergab beinahe sechshundert Stück. Und all das kommt aus einem Säcklein, das kaum größer als eine Erbse ist. Welches Wunder an Sparsamkeit ermöglicht den Platz für eine solch große Familie? Wie können sich hier so viele Spinnenbeine ohne Verrenkung entwickeln?

Der Eierbehälter, der Eiersack, ist – wir haben es bereits früher erfahren – ein kurzer, an seinem unteren Ende abgerundeter Zylinder. Er ist aus weißem, eng gewobenem Seidenatlas gefertigt, vollkommen undurchlässig. Oben befindet sich eine runde Öffnung, in die sich ein Deckel aus demselben Material einfügt, und die schwächlichen Tiere können ihn nicht durchdringen. Er besteht nicht etwa aus einem durchlässigen Filz, sondern aus einem genau so dichten Gewebe wie der Sack selbst. Durch welche Anordnungen wird nun die Befreiung ermöglicht?

Wir bemerken, daß die kleine runde Deckelscheibe sich mit einer kleinen Auswölbung am Rande in die Verschlußöffnung des Sackes einfügt, ähnlich etwa wie sich der Deckel eines Topfes vermittels eines kleinen hervorstehenden Wulstes dem Gefäß anpaßt, mit dem Unterschied, daß dabei dieses Verschlußstück wegnehmbar ist, während beim Spinnennest dieser Deckel fest eingefügt ist. Zur Zeit des Ausschlüpfens löst sich der kleine Runddeckel, hebt sich und gibt den Neugeborenen den Weg frei.

Wenn dieser Deckel beweglich wäre, einfach eingefügt, und sich anderseits die Geburt der Familie zum gleichen Zeitpunkt vollzöge, könnte man annehmen, die Türe werde durch eine gemeinsame Anstrengung, durch die lebende Welle der Neugeborenen aufgestoßen, wie etwa der Deckel eines überschäumenden Kochtopfes.

Aber zwischen dem Stoff des Sackes und dem des Deckels besteht eine feste Verbindung, sie sind wie miteinander verlötet; ferner vollzieht sich das Ausschlüpfen in so kleinen Rotten, daß diese der kleinsten Kraftleistung unfähig sind. Es muß also ein selbsttätiges Aufspringen stattfinden, ähnlich wie bei pflanzlichen Samenkapseln und unabhängig von der Hilfe der Neugeborenen.

Wenn die trockene Frucht des Löwenmauls voll ausgereift ist, öffnen sich in ihrer Wandung drei Fenster; die Kapsel der Schlüsselblume teilt sich in zwei halbkugelförmige Käppchen, die an die zwei Hälften einer Seifenschale erinnern; die Nelke entsiegelt einen Teil ihrer Fruchtklappen und bildet so an ihrer Spitze einen offenen Stern. Jeder Samenbehälter hat sein eigenes Schloßsystem, das auf das feinste auf die Berührung durch den Sonnenstrahl abgestimmt ist.

Nun, die andere getrocknete Frucht, die Samenschachtel, der

Samenbehälter der Gebänderten Kreuzspinne, besitzt ebenfalls ihren Aufspringmechanismus. Solange die Eier geschlossen sind, hält die Türe fest in ihrer Türöffnung; aber sobald die jungen Spinnen herumkrabbeln und heraus wollen, öffnet sie sich von selbst.
Juni und Juli lieben die Grillen, nicht weniger aber auch die jungen Spinnen, die fort wollen. Groß ist die Schwierigkeit, sich durch die soliden Wände des Ballons einen Weg ins Freie zu bahnen. Auch hier scheint ein selbsttätiger Aufspringmechanismus notwendig zu werden. Wie vollzieht sich der Vorgang und wo?
Sofort denkt man natürlich an die Ränder des Verschlußdeckels. Der Hals des Ballons erweitert sich zu einem weiten Krater, den ein becherförmiger Deckel verschließt. Die Widerstandskraft seines Gewebes ist so groß wie jene der übrigen Teile. Aber da dieser Deckel zuletzt verfertigt wurde, vermutet man unwillkürlich an dessen Rändern unvollständige Lötstellen, die eine Entsiegelung ermöglichen.
Aber diese Bauart trügt; der Deckel ist unverrückbar; zu keiner Jahreszeit gelingt es meinen Pinzetten, ihn zu entfernen, es sei denn, ich zerstöre das ganze Werk. Die Befreiung, der Vorgang des Aufspringens, findet anderswo statt, nämlich an irgendeiner Stelle der Seitenwände des Balls. Nichts hat ihn angekündigt, nichts ließ voraussehen, ob er an dieser oder jener Stelle stattfinden würde.
Doch um es richtig zu sagen: ein durch einen feinen Mechanismus vorbereitetes Aufspringen hat überhaupt nicht stattgefunden; dieses Aufspringen erfolgt ohne Plan und Regel. Unter der starken Bestrahlung durch die Sonne zerreißt das Atlasgewebe ziemlich unvermutet und plötzlich, ähnlich etwa wie die Haut eines überreifen Granatapfels. So wie es aussieht, denkt man sogleich an eine Ausdehnung der durch die Sonne überhitzten Luft im Innern des Balls. Die Zeichen eines von innen her erfolgten Druckes sind auch unverkennbar; Teile des zerrissenen Gewebes wurden nach außen gezerrt; außerdem hängt

in der Bresche stets eine Strähne der rötlichen Daunen, die den Sack ausfüllen. Im Innern dieser ausgetretenen Flockseide findet man immer kleine Spinnchen, die infolge der Explosion, die sie aus dem Beutel herausgejagt hat, ganz außer sich scheinen.

Die Ballone der Gebänderten Spinnen sind Bomben, die, um ihre Bewohner freizulassen, unter den Strahlen einer glühenden Sonne platzen. Damit das möglich wird, bedarf es der Gluthitze der Hundstage. Bewahre ich sie in der gemäßigten Atmosphäre meines Arbeitszimmers auf, öffnen sich die meisten von ihnen nicht, und der Auszug der jungen Spinnen unterbleibt, es sei denn, ich greife selbst ein. Ganz selten kommt es vor, daß einige von ihnen sich einen runden Ausgang bohren, der wie mit einem Durchschlag bewerkstelligt zu sein scheint, so sauber ist er. Diese Öffnung ist das Werk der Eingeschlossenen, die, sich ablösend, mit geduldigen Zähnen den Stoff durchbissen haben, an irgendeiner Stelle der Blase.

Hingegen auf den Rosmarinsträuchern, der brennenden Sonne ausgesetzt, platzen die Ballone von selbst und schleudern rötliche Watte und Tierchen heraus. So gehen die Dinge im Freien, bei Sonnenschein vor sich. Ungeschützt, im Gestrüpp, wird die Tasche der Gebänderten Spinne in der Julihitze vom Druck der eingeschlossenen Luft zerrissen. Die Befreiung ist nichts anderes als die Explosion der Wohnung.

Ein kleiner Teil der Familie wird mit einem Bausch Flockseide ausgestoßen; der größere Teil bleibt im Sack, der nun, obwohl aufgeschlitzt, immer noch mit Daunen gefüllt ist. Jetzt, da die Bresche geschlagen ist, geht jeder, wann er will, ohne sich zu beeilen. Übrigens muß vor der Emigration noch eine wichtige, erste Handlung vollzogen werden. Sie müssen sich in ein neues Kleid stecken, und die Häutung findet nicht für alle zur gleichen Zeit statt. Es dauert deshalb mehrere Tage, bis der Ort geräumt ist. Der Auszug erfolgt in kleinen Rotten, in dem Maße, wie die alte Haut abgeworfen wird.

Die Reisefertigen erklettern die nächsten kleinen Zweige, und

da, in der Sonne gebadet, beginnen sie ihre Verstreuung. Auf welche Weise dies geschieht, hat uns die Gemeine Kreuzspinne gelehrt. Die Spinnwarzen lassen ein Seilchen in den Wind hinaus wehen, das dann reißt und den Seiler mit sich fortträgt. Aber die kleine Zahl der Abreisenden während eines Vormittags nimmt dem Schauspiel einen großen Teil des Reizes. Ohne die große Masse entbehrt der Vorgang der Eindrücklichkeit.
Zu meiner großen Enttäuschung kennt auch die Epeira sericata den stürmisch hinreißenden Exodus nicht. Bringen wir uns ihr Bauwerk in Erinnerung: ein stumpfer Kegel, der von einer bestirnten Scheibe abgeschlossen ist. Der Stoff ist zäher und namentlich dicker als jener, aus dem die Ballone der Gebänderten Spinne angefertigt sind. Mehr als bei den anderen ist hier ein selbsttätig sich vollziehender Bruch, ein selbsttätiges Reißen der Hülle vonnöten.
Dieses Aufreißen geschieht an den Seiten des Sackes, nicht weit vom Rande des Deckels entfernt. Wie beim Aufschlitzen des Ballons der Gebänderten Spinne ist dabei die Hilfe der Julihitze vonnöten. Auch dieser Mechanismus wird offenbar durch die Ausdehnung der überhitzten Luft ausgelöst; denn wiederum wird ein Teil des Seidenflaums, mit dem der Sack angefüllt ist, herausgeschleudert.
Die Familie schlüpft auf einmal, in einer einzigen Gruppe, aus, und zwar vor der Häutung, vielleicht weil es für das heikle Geschäft der Häutung an Raum fehlt, denn der konische Sack hat lange nicht die Weite der Ballone. Die in ihm zusammengepreßten Spinnchen würden sich die Beine verstauchen, sobald sie sie aus der alten Haut herauszögen. Die Familie verläßt also gemeinsam das Nest und richtet sich in der Nähe auf irgendeinem Zweige ein.
Das ist ein provisorisches Lager, wo die Jungen bald miteinander ein durchsichtiges Zelt zu spinnen beginnen, das ihnen während einer Woche als Aufenthaltsort dient. An diesem Ruheplatz, unter den in jeder Richtung sich kreuzenden Fäden, vollzieht sich die Häutung. Die abgeworfenen Häute sammeln

sich auf dem Boden der Wohnstatt an, während sich die jungen Enthäuteten oben auf den Strickschaukeln üben und stärken. Schließlich reisen sie ab, in der Reihenfolge der erreichten Reife, einmal die, einmal jene, nach und nach, und immer ohne Aufhebens. Kühne Flüge auf dem Luftfahrzeug eines Fadens gibt es da nicht. Die Reise vollzieht sich in kurzen Etappen.
An einem Faden hängend, läßt sich die Spinne senkrecht etwa eine Handspanne weit fallen. Ein Windhauch schwingt sie nach der Art eines Pendels hin und her und trägt sie so zu einem benachbarten Zweig. Das ist bereits der erste Schritt auf dem Wege der Verstreuung. Es folgt dort ein neuer Sturz, ein neues Pendeln, beendet von einer Landung an einer neuen Küste. Mit Hilfe solch kurzer Segelstrecken – denn der Faden ist nie sehr lang – kommt die kleine Kreuzspinne noch ganz ordentlich vorwärts, bis sie endlich einen Ort gefunden hat, der ihr zusagt.
Weht der Wind stärker, kürzt sich das Unternehmen ab: der Pendelfaden reißt, und dann wird das an ihm hängende Tierchen eine Strecke weit fortgetragen.
Wenn also, alles in allem genommen, das Verfahren beim Auszug der Spinnen immer das gleiche bleibt, so haben die beiden Parzen meiner Gegend, die in der Kunst der Herstellung der mütterlichen Säcke so bewandert sind, meine Erwartungen nicht erfüllt. Um einer sehr mageren Aufklärung willen habe ich mich in große Unkosten gestürzt. Wo doch werde ich das herrliche Schauspiel wiederfinden, das mir zufällig die Gemeine Kreuzspinne gewährt hat? Ich werde es – noch eindrucksvoller – bei Bescheidensten wiederfinden, bei solchen, die ich nicht beachtete.

In der Originalausgabe der »Souvenirs« heißt die Gebänderte Spinne, von der hier in erster Linie berichtet wird, Epeira fasciata. Sie wird heute wieder mit dem älteren Namen als Argiope bruennichi benannt und ist mit unserer Kreuzspinne, Aranaeus (Epeira) diadematus, nahe verwandt.

Die ersten Lebensphasen, denen Fabres Schilderung mit so viel Liebe nachgeht, sind nicht nur durch das seltsame Fahrzeug der Luftreise merkwürdig, das wir als Herbstfäden des Altweibersommers alle kennen. Die Frühzeit des Spinnenlebens ist auch in anderer Hinsicht wunderbar.
Wir beobachteten in unseren Aufzuchten, daß ein reifes Weibchen von Argiope im Abstand von je etwa zweiundzwanzig Tagen einen Kokon baut und daß eine Mutter bis sechs solcher Brutstätten formt. Im Kokon entwickeln sich die Embryonen bei zwanzig Grad in etwa dreiundzwanzig Tagen; dann sprengt der Embryo seine Eihülle mit Hilfe von zwei besonderen Chitinzähnchen, die an der Basis seiner Palpen liegen. Dieses Schlüpfen geschieht am Tag, an dem der Kokon gesprengt wird. Das Spinnchen häutet sich bei diesem Akt ein erstes Mal, bleibt aber noch fast eine Woche im Kokon, und sein Körper ist in dieser Zeit noch farblos. Unter dieser Haut formt sich eine neue, die Haare trägt. Am siebten Tag nach dem Verlassen der Eihülle häutet sich die Jungspinne zum zweiten Mal, und erst zu dieser Zeit verläßt sie die von der Mutter zubereitete Brutstätte.
Die schlüpfenden Spinnchen werden für ihre ersten Vorbereitungen zum freien Leben durch die Mutter von allen Nahrungssorgen freigehalten, sie hat ihnen im Ei bereits einen großen Dottervorrat mitgegeben, der in den embryonalen Darm aufgenommen wird und die kleinen Luftschiffer für ein Weilchen von der Suche nach Futter befreit. Die mütterliche Dottergabe ist als goldgelber Schimmer durch die halbtransparente Haut der Jungspinne sichtbar. Dieser Wegvorrat wird langsam verbraucht, und erst spät nach der erwähnten zweiten Häutung beginnt das Spinnlein seine eigene Jagd.
Der abschließende Satz dieses Kapitels weist auf Beobachtungen an der Krabbenspinne (Thomisus onustus) hin, von der Fabre bereits berichtet hat, als er ihre Jagdmethode mit der von Mantis religiosa verglich. Die Schilderung des ersten Ausfliegens der jungen Krabbenspinnlein ist so anschaulich, daß sie hier noch folgen soll:

»Jetzt aber hat die große Masse ihre Vorbereitungen beendet; die Stunde ist da, wo in Scharen ausgeschwärmt wird. Nun stiebt von der Spitze des Geästs ein fortwährender Strom von Abreisenden, die losfahren wie Atomgeschosse und aufsteigen, als Garbe sich verteilend. Am Ende ist es das Schlußbukett eines Feuerwerks, ein Bündel gleichzeitig aufsteigender Raketen. Der Vergleich trifft selbst für den Glanz zu. In der Sonne wie strahlende Punkte funkelnd, sind die Spinnlein wahrlich die Funken einer lebendigen Pyrotechnik. Welch ein wundervoller Beginn, welch ein Eintritt in die Welt! An seinem Luftschifferfaden aufgehängt, steigt das Tierchen wie in eine Apotheose.« (Souv. entom., Bd. IX, Kap. 5.)

III
DER HEILIGE PILLENDREHER

So gingen die Dinge vor sich. Wir waren unser fünf oder sechs: ich, der Älteste, ihr Lehrer wohl, aber mehr noch ihr Gefährte und Freund, sie, junge, warmblütige Burschen, voll fröhlicher Einfälle, überbordend vor Lebensfreude und Wißbegierde. Gemütlich von diesem und jenem plaudernd, stiegen wir den von Weißdorn und Heckenröschen gesäumten Fußweg hinan, wo sich der Goldkäfer schon an den bitteren Düften der eben entfalteten Goldtrauben berauschte, um nachzusehen, ob auf der staubigen, sandigen Hochebene von Angles der Heilige Pillendreher schon aufgetaucht sei und seine Mistkugel davonrolle, die für die alten Ägypter bekanntlich das Abbild der Erde darstellte. Wir wollten erkunden, ob die Gewässer am Fuße des Hügels unter den Wasserlinsen nicht schon die jungen Wassermolche beherbergten, deren Kiemen winzigen Korallenschnüren gleichen. Wir wollten sehen, ob der Stichling, der elegante kleine Fisch der Bäche, schon seine blau und purpur gefärbte Hochzeitskrawatte trage, ob die eben angekommenen Schwalben mit ihren spitzen Flügeln schon über die Wiesen sausten, auf der Jagd nach der Mücke, die während ihres Tanzes ihre Eier verstreut, ob die Perleidechse auf der Schwelle ihrer Sandsteinhöhle schon ihren blaugetupften Rücken sonne, ob die Schwärme von Lachmöwen, vom Meer herauf den Legionen von Fischen folgend, die rhoneaufwärts wandern, um zu laichen, schon über dem Flusse schwebten und von Zeit zu Zeit einen jener Schreie ausstießen, die dem schrillen Gelächter eines Verrückten gleichen, ob . . . aber lassen wir es genug sein. Um es kurz zu machen, sagen wir ganz einfach, simple und unbefangene Leute, die wir waren, und die wir die größte Freude empfanden, mit den Tieren zu leben: wir wollten einen Mor-

gen lang am unbeschreiblichen Feste des erwachenden Frühlings teilnehmen.
Die Ereignisse entsprachen unseren Erwartungen. Der Stichling trug sein Hochzeitskleid, seine Schuppen glänzten heller als jedes Silber, seine Kehle war tief zinnoberrot. Als der Pferdeegel, der dicke schwarze Blutsauger, sich ihm mit bösen Absichten näherte, richteten sich seine Rücken- und Seitenstacheln auf, wie von einer Sprungfeder getrieben, und angesichts dieser entschlossenen Haltung läßt sich der Räuber wieder schamhaft zwischen den Wasserpflanzen auf den Grund niedersinken. Das friedliche Volk der Mollusken – Posthornschnecken, Wasserschnecken und Schlammschnecken – schöpfte Luft an der Oberfläche des Wassers. Der große Wasserkäfer und seine scheußliche Larve, die Piraten der Tümpel, machten, so im Vorübergehen, mal dem, mal jenem von ihnen den Garaus, und die dumme Herde schien das nicht einmal zu bemerken. Aber lassen wir die Gewässer da unten und klettern wir den Felshang zur Hochebene empor. Hier oben weiden die Schafe und trainieren die Pferde auf das nächste Rennen, und alle hinterlassen dem erfreuten Mistkäfer das begehrte Manna.
Hier also sind diese Hartflügler am Werke, denen die wichtige Aufgabe überbunden wurde, den Boden von Unrat zu reinigen. Bewundernswert vielfältig sind die Werkzeuge, mit denen sie ausgerüstet sind, sei es, um den Mist abzubauen, zu zerkleinern und neu zu formen, sei es, um die tiefen Höhlen zu graben, in denen sie ihre Beute vermauern. Ihre Ausrüstung gleicht einem Gewerbemuseum, in dem alle Grabwerkzeuge vertreten sind. Viele scheinen menschlichen Instrumenten nachgeahmt; andere sind so eigenartig und originell, daß sie uns als Vorbild dienen könnten.
Der Spanische Pillenkäfer (Copris hispanus L.) trägt auf der Stirne ein kräftiges, spitzes, aufwärts gebogenes Horn, das der Zinke einer Hacke gleicht. Der Mondkäfer (Copris lunaris L.) fügt diesem Horn noch zwei starke Spitzen bei, die dem Brust-

5 Spanischer Pillenkäfer (Copris hispanus) beendet seine letzte Pille im Bau. Pillenkäfer, in seinem Bau, behandelt seinen Mistvorrat.

teil entwachsen sind und dem Sporn einer Pflugschar gleichen; sie sind verbunden durch einen scharfkantigen Höcker, der als Schabeisen dient. Der Bubas bubalis und der Bubas bison, beide an den Ufern des Mittelmeeres heimisch, bewehren ihre Stirne mit zwei kräftigen, auseinanderstrebenden Hörnern, zwischen denen horizontal ein am Brustschild angewachsener Sporn sich einfügt. Der Minotaurus trägt auf der Vorderseite des Brustteils drei parallele, nach vorn gerichtete Sporne, von denen die beiden seitlichen länger sind als jener der Mitte. Der Ontophagus taurus benützt als Werkzeug zwei lange, gebogene Auswüchse, die an die Hörner eines Stieres erinnern, der Ontophagus furcatus verfügt über eine zweizinkige Gabel, die senkrecht aus dem flachen Kopf herauswächst. Auch die am spärlichsten ausgerüsteten unter den Mistkäfern besitzen noch, sei es auf dem Kopf, sei es auf dem Brustschild, harte Höcker, stumpfe Geräte, die das geduldige Insekt noch sehr gut zu verwenden weiß. Alle sind sie jedenfalls mit einer Schaufel ausgerüstet, das heißt sie haben einen breiten, platten Kopf mit scharfem Rand; alle benützen sie einen Rechen, will sagen, alle benützen sie ihre gezähnten Vorderbeine zum Einsammeln der Ernte.

Als Entgelt für ihre schmutzige Arbeit sind einige von ihnen mit starkem Moschusduft und einer Bauchdecke, die wie geschliffenes Metall glänzt, bedacht worden. Der Unterteil des Geotrupes hypocritus leuchtet wie Kupfer und Gold, der Bauch des Geotrupes stercorarius ist violett wie ein Amethyst. Gewöhnlich jedoch herrscht die schwarze Farbe vor. Die wunderbarsten Erscheinungen unter den Mistkäfern, eigentliche lebende Schmuckstücke, stammen aus den tropischen Regionen. Oberägypten birgt unter dem Kamelmist einen Scarabäus, dessen Glanz mit dem des Smaragds wetteifert; Guyana, Brasilien, Senegal könnten uns Coprisarten zeigen, die metallisch rot gefärbt sind wie glänzendes Kupfer und feurig wie Rubine. Fehlen uns auch solche Kleinodien, so sind die Sitten unserer Mistkäfer deshalb nicht weniger bemerkenswert.

Welch eine Geschäftigkeit herrscht um so ein Häufchen Mist! Abenteurer, aus allen vier Himmelsrichtungen herbeigeeilt und an einer kalifornischen Goldfundstelle versammelt, könnten sich nicht leidenschaftlicher gebärden. Zu Hunderten sind sie gekommen, bevor die Sonne zu heiß brannte, große und kleine, alle Arten bunt durcheinander, von verschiedenartiger Gestalt und Größe, und alle beeilen sich, ihren Anteil aus dem gemeinsamen Kuchen herauszuschneiden. Einige von ihnen betreiben den Tagabbau und schaben die Oberfläche, andere treiben Gänge in den Haufen, auf der Suche nach einer besonders begehrenswerten Ader. Andere wiederum nehmen die unteren Partien in Angriff, damit sie ihre Beute sogleich in dem darunterliegenden Erdreich vergraben können. Die Kleinsten zerstückeln abseits einen abgefallenen Happen, der von den Ausgrabungen ihrer kräftigeren Kollegen herrührt. Einige, die zuletzt Gekommenen und die Hungrigsten wahrscheinlich, verzehren die Beute auf der Stelle. Die meisten jedoch trachten darnach, sich einen Vorrat anzulegen, der es ihnen erlaubt, in einer sicheren Zufluchtsstätte glückliche Tage an reich gedeckter Tafel zu verbringen. So ein frischer Mistfladen inmitten der unfruchtbaren Thymianfelder findet sich nicht, wann man will; ein solcher Fund ist ein wahrer Segen des Himmels; nur Auserwählten wird er zuteil. So werden denn die Reichtümer eines glücklichen Tages sorgfältig eingelagert. Der Kotgeruch hat die frohe Botschaft einen Kilometer weit in die Runde getragen, und alle sind sie herbeigeeilt, um sich einen Mundvorrat anzulegen. Einige Nachzügler stoßen immer noch zu ihnen, zu Fuß oder per Flug.

Was ist denn das für einer, der da so eilig dem Haufen zutrippelt, zweifellos befürchtend, er komme zu spät? Seine langen Beine bewegen sich rasch und ruckartig, als würden sie von einer Mechanik angetrieben, die das Insekt in seinem Bauche verbirgt; die kleinen, fuchsroten Fühler spreizen ihren Fächer, ein Zeichen seiner aufgeregten Begehrlichkeit. Er kommt, er ist ans Ziel gelangt, nicht ohne einige seiner Tischgenossen

über den Haufen geworfen zu haben. Das ist der Heilige Pille
dreher, ganz in Schwarz gekleidet, der größte und der berühm
teste unserer Mistkäfer. Nun nimmt er Platz am Tisch, inmitten seiner Brüder, die gerade daran sind, mit dem flachen Teil der langen Hinterbeine ihrer Kugel die letzte Formung zu geben, oder sie mit einer letzten Schicht Materials zu bereichern, bevor sie sich mit ihr zurückziehen, um in Frieden die Früchte ihrer Arbeit zu genießen. Verfolgen wir doch einmal alle Phasen der Herstellung der berühmten Kugel.

Der Kopfschild des Scarabäus, das heißt der Rand des breiten, platten Kopfes, ist halbkreisförmig von sechs eckigen Zähnchen bestanden. Dies ist das zum Graben und Zerstückeln dienende Werkzeug, der Rechen, der die ungenießbaren Pflanzenfasern aussondert und fortwirft, das Brauchbare abschabt und zusammenrecht. So wird bereits eine Auswahl getroffen, denn für diese gewiegten Kenner ist nicht alles von gleicher Güte. Allerdings nimmt es der Scarabäus nicht so genau, solange es sich um seine eigene Nahrung handelt; peinlich streng jedoch verfährt er, wenn es darum geht, die Mutterkugel herzustellen, die das Nest beherbergt, in dem das Ei reifen soll. Da wird jedes Fäserchen sorgfältig ausgeschieden und nur das reine Kotmaterial zum inneren Ausbau der Brutzelle verwendet. Wenn die junge Larve dann ausschlüpft, findet sie so gerade in der Wand ihrer Behausung das verfeinerte Nahrungsmittel, das ihren Magen kräftigt und sie in den Stand setzt, später die äußeren, gröberen Schichten zu verzehren.

Wie gesagt, für die eigenen Bedürfnisse ist der Heilige Pillendreher weniger heikel und begnügt sich mit gröberer Kost. Der gezähnte Kopfschild wühlt und gräbt, wirft weg und recht zusammen, aber nicht sehr planmäßig. Die Vorderbeine helfen kräftig mit; sie sind abgeplattet, bogenförmig, mit starken Rippen versehen und auf der Außenseite mit fünf kräftigen Zähnen bewehrt. Gilt es Gewalt anzuwenden, ein Hindernis zu beseitigen, sich einen Weg zum besten Bissen zu bahnen, gebraucht der Mistkäfer seine Ellbogen, was heißen will, er wirft seine gezähnten Vorderbeine nach rechts und nach links und fegt so mit einem kräftigen Schwung einen Halbkreis frei. Ist das geschehen, verrichten die selben Beine eine andere Arbeit: armvoll ergreifen sie das vom Kopfschild zusammengeschabte Material und befördern es unter die Hinterbeine. Diese sind für den Beruf des Drechslers ausgebildet. Ihre Schenkel, besonders jene des letzten Paares, sind lang und zart, leicht bogenförmig und enden mit einer spitzen Klaue. Man muß sie nur sehen, um sie sofort als einen Hohlzirkel zu erkennen, der zwischen seinen gebogenen Schenkeln einen kugelförmigen Körper hält, um ihn zu prüfen und zu verbessern. Ihre Rolle besteht in der Tat darin, die Kugel zu formen.

Schub um Schub häuft sich das Material unter dem Bauch zwischen den vier Hinterbeinen an, die ihm durch ihren Druck Rundung und damit die erste Form verleihen. Dann wird die Kugel zeitweise durch die vier Schenkel des doppelten Zirkels in Schwung gebracht, sie dreht sich unter dem Bauch des Mistkäfers und vervollkommnet auf diese Weise ihre Form. Mangelt es der Oberfläche an Plastizität und droht sie zu zerbröckeln, oder widersetzt sich ein zu faseriges Stück der Arbeit, dann überholen die Vorderbeine die schadhaften Stellen. Durch leichte Schläge mit der breiten Kelle bepflastern sie die Pille mit einer neuen Schicht, bis die widerspenstigen Hälmchen eins mit der Masse geworden sind.

Wenn die Sonne brennt und infolgedessen sehr rasch gearbeitet werden muß, erregt die fieberhafte Behendigkeit unseres Drechslers die größte Bewunderung. Das Werk wächst rasch; was vorhin noch eine kleine Pille war, ist nun bereits eine Kugel von der Größe einer Nuß, und nicht lange wird es dauern und sie hat bereits den Umfang eines Apfels. Ich bin Vielfraßen begegnet, die sich eine Kugel von der Größe einer Faust hergestellt hatten. Auf alle Fälle haben sie für einige Tage Brot auf der Lade.

Die Einkäufe sind nun besorgt; jetzt geht es darum, sich aus dem Getümmel zurückzuziehen und die Lebensmittel an einem geeigneten Orte einzulagern. Hier beginnen sich die auffälligsten Züge im Wesen des Pillendrehers abzuzeichnen. Ohne Säumen macht der Mistkäfer sich auf den Weg; mit den langen Hinterbeinen umfaßt er die Kugel, wobei sich die Endkrallen in die Masse bohren und so als Angelzapfen dienen. Er stützt sich auf das mittlere Beinpaar; indem er die gezähnten Armschienen der Vorderbeine als Hebel benützt, die sich abwechslungsweise auf den Boden pressen, rollt er, rückwärts gehend, den Kopf nach unten und den Hinterteil in der Höhe, seine Last fort. Die Hinterbeine, Hauptorgan dieser Mechanik, befinden sich in fortwährender Bewegung; hin und her tasten sie, verändern in einem fort die Lage der Krallen und verlagern so die Drehachse, um die Last im Gleichgewicht zu halten und sie durch abwechslungsweise Stöße von rechts und links weiter zu rollen. So kommt die Kugel schließlich mit allen Stellen ihrer Oberfläche mit dem Boden in Berührung, was zur Vervollkommnung ihrer Form und, infolge des gleichmäßig verteilten Druckes, zu einer durchgehenden Festigkeit der Oberfläche führt.

Und nun, frisch voran! Es klappt, es rollt, man wird ans Ziel gelangen, wenn auch nicht ohne Schwierigkeiten. Schon zeigt sich das erste Hindernis. Der Mistkäfer will einen Hang überqueren, und die schwere Last zeigt natürlich Neigung, abwärts zu rollen. Aber das Insekt, aus Gründen, die nur ihm allein bekannt sind, will unbedingt seinen Weg wie bisher fortsetzen, was in Tat und Wahrheit ein sehr kühnes Unternehmen darstellt, dessen Erfolg von einem Fehltritt, einem Sandkorn abhängt, die das Gleichgewicht stören. Und schon ist der Fehltritt getan! Die Kugel rollt abwärts, der Käfer, von der Wucht seiner Last erdrückt, fällt zu Boden, auf den Rücken, strampelt, kommt wieder auf die Beine, rennt seiner Kugel nach, um sich von neuem davorzuspannen. Aber gib doch acht, Dummkopf, folge dem Tale, das dir Mühe und Mißgeschick ersparen wird, hier ist der Weg gut und glatt, und deine Kugel rollt ohne Anstrengung. Aber nein, das Insekt schickt sich von neuem an, den verhängnisvollen Hang emporzuklettern. Vielleicht muß es so sein, daß es die Höhe sucht. Dazu habe ich nichts zu sagen; der Heilige Pillendreher ist in bezug auf die Zweckmäßigkeit, sich in höheren Regionen aufzuhalten, sicherlich klüger als ich. Aber dann benütze doch wenigstens diesen Pfad, der dich in sanfter Steigung auf die Höhe bringt! Keine Rede davon. Wenn sich der Pillendreher in der Nähe eines steilen Abhangs befindet, den zu erklimmen ihm unmöglich ist, so wählt der Starrkopf ausgerechnet diesen. Damit beginnt die Sisyphusarbeit von neuem. Schritt für Schritt, unter tausend Vorsichtsmaßregeln, wird die mächtige Kugel, immer von rückwärts geschoben, auf eine gewisse Höhe hinaufgebracht. Man fragt sich, durch welch ein Wunder der Statik eine solche Masse sich auf der schiefen Ebene zu halten vermöge. Wirklich macht auch schon irgendeine unbedachte Bewegung die ganze Mühe wieder zunichte: die Kugel rollt bergab und reißt den Pillendreher mit sich. Die Erklimmung wird von neuem begonnen, doch diesmal an den schwierigen Stellen mit mehr Umsicht durchgeführt; die verwünschte Graswurzel, Ursache der vorangegangenen Purzelbäume, wird vorsichtig umgangen. Noch ein bißchen, und wir haben's geschafft, sachte, ganz sachte! Diese Rampe ist gefährlich, und ein Nichts kann alles wieder in Frage stellen. Jetzt rutscht das Bein des Käfers wirklich über einen glatten Kiesel, und schon purzeln Kugel und Mistkäfer Hals über Kopf von neuem in die Tiefe. Mit unermüdlicher Hartnäckigkeit beginnt er von neuem sein Werk. Zehn-, zwanzigmal wird er die unmögliche Erklimmung der Höhe versuchen, bis seine Beharrlichkeit das Hindernis überwunden hat, oder er sich, endlich eines Bessern belehrt, dazu entschließt, den Talweg zu wählen.

Der Scarabäus arbeitet jedoch nicht immer allein an der Fortschaffung der kostbaren Pille: häufig zieht er noch einen Genossen bei oder, besser gesagt, gesellt sich ihm ein Genosse zu. Gewöhnlich vollzieht sich das folgendermaßen: Nach der Vollendung seiner Kugel verläßt der Pillendreher das allgemeine Gewimmel der Arbeitsstätte, indem er seine Beute

rückwärts fortschiebt. Sein Nachbar, einer der zuletzt Angerückten, dessen Werk kaum angefangen ist, läßt plötzlich seine Arbeit liegen und rennt der vollen Kugel nach, um ihrem glücklichen Besitzer zu helfen, der sich diese freiwillige Unterstützung gerne gefallen zu lassen scheint. Von nun an arbeiten die beiden Genossen als Verbündete, und um die Wette scheinen sie sich zu bemühen, die Kugel an einen sicheren Ort zu bringen. Wurde auf dem Arbeitsplatz eine stillschweigende Vereinbarung getroffen, die Beute zu teilen? Hat, während der eine die Kugel knetete und formte, der andere einen Stollen zu einer besonders reichhaltigen Ader getrieben und deren Ertrag der gemeinsamen Beute beigefügt? Ich konnte eine solche Zusammenarbeit nie feststellen; immer war jeder Mistkäfer auf dem Arbeitsplatz ausschließlich mit seinen eigenen Angelegenheiten beschäftigt. Der zuletzt Gekommene hatte also kein erworbenes Recht geltend zu machen.
Oder haben wir es vielleicht mit einer Arbeitsgemeinschaft zwischen einem Männchen und einem Weibchen zu tun, einem Pärchen, das im Begriff ist, eine Heimstätte zu gründen? Die beiden Mistkäfer, der eine vorn, der andere hinten, die mit gemeinsamem Eifer den schweren Ball davonstoßen, erinnerten mich an gewisse Liedchen, die seinerzeit Drehorgeln herunterleierten. »Ach, um zu heiraten, wie stellen wir das an?« – »Du vorn, ich hinten, so stoßen wir unser Faß.« Das Seziermesser zwang mich, auf das Bild dieses Familienidylls zu verzichten. Beim Scarabäus besteht äußerlich zwischen den beiden Geschlechtern kein Unterschied. Ich mußte deshalb zwei Mistkäfer, die mit der Fuhre derselben Kugel beschäftigt waren, der Obduktion unterziehen, und sehr oft stellte es sich dabei heraus, daß sie dem gleichen Geschlecht angehörten.
Weder Familien- noch Arbeitsgemeinschaft also. Was aber ist dann der Grund zu der scheinbaren Vergesellschaftung? Raubversuch, ganz einfach. Der diensteifrige Genosse verbirgt nämlich unter dem trügerischen Vorwand, er wolle helfen, die Absicht, bei der ersten besten sich bietenden Gelegenheit die Ku-

gel für sich auf die Seite zu bringen. Am Haufen eine Pille herzustellen, dazu bedarf es der Mühe und der Geduld; sie zu stehlen, wenn sie hergestellt ist, oder zum mindesten als Tischgenosse sich aufzudrängen, ist viel bequemer. Wenn die Wachsamkeit des Eigentümers nachläßt, wird man mit dem Schatz die Flucht ergreifen. Ist jedoch die Überwachung strikt, so nimmt man eben ganz einfach als zweiter an der Mahlzeit teil, indem man sich auf die geleisteten Dienste beruft. Alles bei einem solchen Vorgehen gereicht zum reinen Vorteil; so wird denn auch der Raub der Kugel als eine sehr einträgliche Tätigkeit gepflegt. Die einen tun es tückisch, wie ich es eben erzählte, sie eilen einem Genossen zu Hilfe, der ihrer Hilfe gar nicht bedarf, und unter dem Mantel der Mildtätigkeit verbergen sie eine sehr unfeine Begehrlichkeit. Andere, Frechere und mehr ihrer Kraft Vertrauende, gehen direkt auf ihr Ziel los und plündern mit Gewalt.

Jeden Augenblick sozusagen ereignen sich Vorfälle nach der Art des folgenden: Gemütlich rollt da so ein Scarabäus seine Kugel vor sich her, sein durch gewissenhafte Arbeit wohlerworbenes Eigentum. Da kommt ein anderer, man weiß nicht woher, angeflogen, läßt sich fallen, versorgt unter den Flügeldecken seine rauchfarbenen Hautflügel und wirft mit der Rückseite seiner gezähnten Armschiene den Besitzer, der, eingespannt, wie er ist, sich gegen diesen Angriff gar nicht wehren kann, kurzerhand über den Haufen. Während der also Enteignete sich abmüht, wieder auf die Beine zu kommen, setzt der andere sich auf der Höhe der Kugel fest, die vorteilhafteste Stellung zweifellos, um einen Angreifer abzuweisen. Die Armschienen unter die Brust zurückgezogen und zur Parade bereit, erwartet er das Kommende. Der Bestohlene kreist um die Kugel und sucht nach der für den Angriff günstigen Stelle. Der Dieb auf der Kuppel der Festung dreht sich um die eigene Achse und bietet die Stirne. Wenn der Untere nun sich anschickt, die Festung zu erklimmen, versetzt ihm der Obere einen Hieb, der ihn auf den Rücken wirft. Unvertreibbar auf der

Höhe seines Forts, könnte der Belagerte alle Anstrengungen des Gegners immer wieder zunichte machen, würde dieser nicht seine Taktik ändern, um wieder in den Besitz seines Eigentums zu gelangen. Eine Sappe wird angelegt, um die Zitadelle samt ihrer Besatzung einstürzen zu lassen. Die Kugel, unten angehöhlt, wankt, beginnt zu rollen und reißt den räuberischen Mistkäfer mit sich, der sich nach Kräften abmüht, oben zu bleiben. Es gelingt ihm, wenn auch nicht immer, indem er durch eine beschleunigte Bewegung der Beine den Höhenverlust der rollenden Unterlage wieder auszugleichen versucht. Aber wenn er schließlich durch einen Fehltritt wieder auf den Boden gelangt, sind die Chancen für beide wieder gleich, und nun wandelt sich der Streit zu einem Boxkampf. Der Dieb und der Bestohlene packen sich, Brust gegen Brust, die Beine greifen ineinander, lösen sich wieder, die hornigen Panzer schlagen gegeneinander oder knirschen wie Metall unter der Feile. Jener, dem es gelingt, den Gegner auf den Rücken zu werfen und sich von ihm zu lösen, hat nichts Eiligeres zu tun, als sich wieder auf die Kugel zu setzen, und dann beginnt die Belagerung von neuem, sei es durch den Räuber, sei es durch den Beraubten, je nachdem, wie der Ringkampf geendet hat. Der erstere, Freibeuter und Abenteurer zugleich, gewinnt nicht selten die Oberhand. Nach zwei oder drei Niederlagen gibt es der Bestohlene auf und kehrt gelassen zum Mist zurück, um sich eine neue Kugel zu formen. Was den anderen anbelangt, so macht er sich ans Werk und stößt, nachdem er keine Angst vor einer Überraschung mehr haben muß, die Kugel hin, wo er will. Manchmal allerdings sah ich einen dritten Spitzbuben auftauchen, der seinerseits den Räuber wiederum bestahl. Ich muß offen bekennen, ich war darüber nicht böse. Vergeblich frage ich mich, welches wohl der Proudhon gewesen sei, der unter den Scarabäen das vermessene Paradoxon »Eigentum ist Diebstahl« verwirklichte, welches der Staatsmann, der unter den Mistkäfern den barbarischen Grundsatz »Kraft geht vor Recht« zu Ehren brachte? Mir fehlen die Grundlagen, um die

Ursache dieser zum Gewohnheitsrecht gewordenen Raubsitten zu erkennen, diesen Mißbrauch der Kraft beim Diebstahl der Mistkugel. Alles, was ich behaupten kann, ist dies: unter den Scarabäen ist der Raub gang und gäbe. Diese Mistroller bestehlen sich gegenseitig mit einer Ungeniertheit, wie ich sie anderswo in solch schamloser Form noch nie angetroffen habe. Ich überlasse künftigen Beobachtern, dieses eigenartige tierpsychologische Problem abzuklären, und wende mich wieder den beiden Genossen zu, die gemeinsam ihre Kugel davonrollen.

Zuvor aber müssen wir einen in allen Büchern sich vorfindenden Irrtum berichtigen. Ich lese in dem prächtigen Werk von Emile Blanchard, »Metamorphose, Sitten, Instinkte der Insekten«, folgenden Passus: »Manchmal wird unser Insekt von einem unüberwindlichen Hindernis aufgehalten; die Kugel ist in ein Loch gefallen. Hier nun legt der Ateuchus (Scarabäus) ein erstaunliches Zeugnis für seine Einsicht ab und der überraschenden Leichtigkeit der Verständigung mit Individuen seiner Art. Nachdem er die Unmöglichkeit, das Hindernis mit seiner Kugel überwinden zu können, erkannt hat, scheint der Scarabäus die Sache aufzugeben und fliegt davon. Wenn Sie mit der großen und edlen Tugend, die sich Geduld nennt, ausgerüstet sind, bleiben Sie bei der verlassenen Kugel. Nach einer gewissen Zeit nämlich wird der Scarabäus zurückkehren, und zwar nicht allein; zwei, drei, vier, fünf Genossen sind ihm gefolgt, die sich alle am bezeichneten Orte niederlassen, um in gemeinsamer Anstrengung die Last zu heben. Der Scarabäus ging Hilfe holen, und darum kann man, inmitten dieser dürren Felder, oft einige Scarabäen antreffen, die gemeinsam mit dem Abtransport einer einzigen Mistkugel beschäftigt sind.«

Im »Magasin d'entomologie« von Illiger lese ich ferner: »Ein Gymnopleurus pilularius (ein naher Verwandter des Scarabäus), damit beschäftigt, die Mistkugel herzustellen, die dazu bestimmt ist, seine Eier zu beherbergen, ließ sie in ein Loch hineinfallen, aus dem sie wieder herauszuziehen er sich lange

abmühte. Als er einsah, daß er seine Zeit mit fruchtlosen Versuchen verlor, holte er von einem benachbarten Misthaufen zwei oder drei Artgenossen herbei, denen es gemeinsam mit ihm gelang, die Kugel aus dem Loch zu heben; hierauf kehrten sie wieder zu ihrer Arbeit zurück.«
Ich bitte meinen berühmten Lehrer M. Blanchard um Verzeihung, aber die Dinge haben sich keineswegs auf diese Weise zugetragen. Vor allem gleichen sich diese beiden Erzählungen so sehr, daß sie zweifellos derselben Quelle entspringen. Illiger, auf Grund einer zu oberflächlichen Beobachtung, als daß sie blindes Vertrauen verdiente, hat das Abenteuer seines Gymnopleurus hervorgehoben; und die gleiche Geschichte wurde von den Scarabäen erzählt, weil es in der Tat sehr häufig ist, daß man zwei dieser Insekten antrifft, die entweder gemeinsam eine Pille davonrollen oder sich abmühen, sie von einem schwierigen Orte wegzubringen. Aber die gemeinsame Arbeit ist kein Beweis dafür, daß der eine Mistkäfer seinen Kameraden zu Hilfe gerufen hat. Ich habe in sehr hohem Maße jene Geduld geübt, die Blanchard empfiehlt. Während langer Tage lebte ich, darf ich behaupten, mit dem Heiligen Pillendreher in innigster Freundschaft. Ich habe mich auf alle Arten bemüht, seine Sitten und Gewohnheiten kennenzulernen und sie am lebenden Tier zu studieren, aber nie habe ich auch nur annähernd etwas feststellen können, das auf zu Hilfe gerufene Genossen hätte schließen lassen. Wie ich es nachher darlegen werde, habe ich den Mistkäfer noch ganz anderen Prüfungen unterworfen als ein Loch, in das die Kugel hineingefallen war; ich habe ihn noch viel größere Hindernisse überwinden lassen, als nur einen Hang hinaufzuklettern, was übrigens für diesen starrköpfigen Sisyphus ein Spiel zu sein scheint, der an den Beschwerlichkeiten dieser abschüssigen Stellen geradezu Gefallen zu finden scheint, so als ob die Kugel, weil sie dabei immer fester wird, noch an Wert gewänne. Ich habe auf künstliche Weise Situationen geschaffen, in denen das Insekt mehr denn je einer Hilfe bedurft hätte, aber nie haben meine Augen den leisesten Beweis

für eine Dienstleistung unter Kameraden wahrgenommen. Ich habe Beraubte und Räuber gesehen, und sonst nichts. Umstanden verschiedene Mistkäfer dieselbe Kugel, so bedeutete dies, daß ein Kampf stattfand. Nach meiner ganz bescheidenen Meinung also sind einige Scarabäen, die sich um eine Pille herumbalgten und die ein jeder von ihnen zu rauben beabsichtigte, der Anstoß für diese Geschichte von den zur Unterstützung herbeigerufenen Kameraden. Unvollständige Beobachtung hat aus einem frechen Straßenräuber einen dienstfertigen Genossen gemacht, der seine eigene Arbeit im Stiche läßt, um für einen anderen Hand anzulegen.

Es bedeutet keine Kleinigkeit, einem Insekt ein solches Verständnis für eine Situation und eine noch erstaunlichere Leichtigkeit der Verständigung unter seinesgleichen zuzuschreiben. Ich beharre deshalb auf diesem Punkt. Wie ist das also? Ein Scarabäus in der Not kommt auf den Gedanken, Hilfe anzufordern? Er fliegt auf, erkundet das Land in der Runde, um Genossen bei einem Misthaufen an der Arbeit zu finden, und hat er sie gefunden, redet er, sei es durch irgendeine Pantomime, sei es durch eine Gestik der Antennen, etwa ungefähr wie folgt zu ihnen: »He, ihr dort, meine Last da drüben ist in ein Loch hinuntergefallen, kommt mir helfen, sie herauszuziehen. Ich bin gegebenenfalls zu Gegendiensten gerne bereit!« Und die Kollegen sollen ihn verstehen. Und, was nicht minder eindrucksvoll ist, sie lassen sogleich ihre Arbeit, ihre begonnene Kugel, im Stich – die geliebte Pille, die so nun allen Begehrlichkeiten ausgesetzt ist und die in ihrer Abwesenheit bestimmt gestohlen werden wird –, um dem Hilfesuchenden beizustehen. An eine solche Selbstverleugnung kann ich einfach nicht glauben, und dieser Unglaube wird noch bestärkt durch alles, was ich Jahre und Jahre hindurch gesehen habe, und nicht etwa in Sammelschachteln, sondern auf dem Arbeitsplatz des Scarabäus selbst. Abgesehen von seinen Mutterpflichten, die er auf eine besonders bewunderungswürdige Weise erfüllt, kennt das Insekt – es lebe denn vergesellschaftet wie die Bienen oder die Ameisen und andere – keine andere Sorge als jene für sich selbst. Aber beenden wir hier diese Abschweifung, die die Wichtigkeit des Gegenstandes allein rechtfertigt. Ich sagte, daß meinem Scarabäus, dem rechtmäßigen Besitzer einer Kugel, die er rückwärts schreitend fortrollt, fast regelmäßig von einem von eigennützigen Absichten beseelten Artgenossen beigestanden wird, dessen einziges Trachten jedoch nur darnach geht, diese Kugel zu rauben, sobald sich eine Gelegenheit bietet. Nennen wir diese beiden Arbeiter Partner, wenn der Ausdruck auch nicht einer echten Partnerschaft entspricht, weil der eine der beiden sich aufdrängt und der andere sich die Dienste des Fremden nur deshalb gefallen läßt, um eventuell Schlimmerem zu entgehen. Die Begegnung erfolgt auf die friedlichste Weise. Der Besitzer läßt sich durch den herbeigeeilten Helfershelfer nicht einen Augenblick von seiner Arbeit ablenken; der Herbeigeeilte scheint von den besten Absichten beseelt zu sein und macht sich sofort ans Werk. Die Art, wie sie sich einspannen, ist verschieden für jeden der beiden Partner. Der Besitzer hat den wichtigsten, den Ehrenplatz inne: er stößt die Last von hinten, die Hinterbeine in der Höhe, den Kopf unten. Der Helfer befindet sich auf der Vorderseite, in umgekehrter Stellung, den Kopf oben, die gezähnten Arme an der Kugel, die langen Hinterbeine auf dem Boden. Zwischen beiden bewegt sich die Kugel vorwärts, gestoßen vom erstern und an sich gezogen vom zweiten.

Die Bewegungen der zwei sind nicht immer gut aufeinander abgestimmt, schon deshalb nicht, weil der Helfer dem zu gehenden Weg den Rücken zukehrt, während dem Besitzer der Ausblick nach vorn durch die Kugel verwehrt ist. Daraus ergeben sich immer wieder die gleichen Unfälle, groteske Purzelbäume, mit denen man sich fröhlich abfindet: jeder der Partner richtet sich wieder hastig auf und begibt sich an seinen alten Platz. In der Ebene entspricht diese Art der Fortbewegung, eben infolge des Mangels an Übereinstimmung der beiden Anstrengungen, nicht der aufgewendeten Kraft; ein einziger Scarabäus würde dieselbe Arbeit ebenso rasch vollbringen. So geschieht es denn oft, daß der Helfer, nachdem er seinen guten Willen bewiesen hat, sich einfach still verhält, selbst auf die Gefahr hin, daß dadurch die Funktion der ganzen Maschinerie gestört wird. Selbstverständlich verläßt er aber die kostbare Pille wohlweislich nicht, es wäre eine Unvorsichtigkeit, der andere ließe ihn einfach stehen.

Vielmehr zieht er seine Beine unter den Bauch, macht sich platt, fügt sich in die Mistkugel ein, bildet sozusagen einen Teil von ihr. Das Ganze, die Kugel und der darauf eingekrallte Mistkäfer, rollt nun, vom rechtmäßigen Besitzer gestoßen, dahin. Ob die Last ihm dabei über den Körper rollt, ob er sich oben, unten oder auf der Seite der rollenden Bürde befindet, das kümmert den Helfer wenig, er hält sich fest und bewegt sich nicht. Wahrhaftig, eine seltsame Hilfskraft, die sich herumkutschieren läßt, um dann ihren Anteil an der Lebensmittelration einzuheimsen. Sobald jedoch ein steiler Abhang zu überwinden ist, fällt ihm wieder die schöne Rolle zu. Dann stellt er sich vor die Last und hält mit den gezähnten Vorderarmen die schwere Masse, derweil der Partner die Last um ein weniges in die Höhe stemmt. So, durch eine gemeinsame und gut verteilte Anstrengung, der unten Stehende fortwährend stoßend, habe ich die beiden steile Hänge hinaufkraxeln sehen, an denen sich einer allein trotz aller Beharrlichkeit nutzlos erschöpft hätte. Doch nicht alle Helfer zeigen in solch schwierigen Augenblicken denselben Eifer, es gibt welche, die an solchen Abhängen, wo ihr Beistand mehr als nötig wäre, den Eindruck machen, als wüßten sie überhaupt nichts von den Schwierigkeiten. Während sich der unglückselige Sisyphus damit abrackert, das Hindernis zu überwinden, läßt der andere, gemütlich auf der Mistkugel verankert, die Sache gehen, wie sie will, fährt mit ihr zu Tale und wird mit ihr wieder emporgestemmt.

Um die erfinderischen Fähigkeiten der Mistkäfer in einer schwierigen Lage zu erkunden, habe ich die beiden Partner sehr oft folgender Prüfung unterworfen. Sie waren also auf flacher Ebene, der Helfer bewegungslos auf der Kugel hockend, der andere stieß sie vor sich her. Ohne das Gespann zu stören, nagelte ich mit einer langen starken Nadel die Pille auf den Boden, so daß sie also plötzlich völlig bewegungslos stand. Der Scarabäus, der nichts von meiner Hinterhältigkeit weiß, glaubt wahrscheinlich an irgendein natürliches Hindernis, eine Wagenspur, die Wurzel einer Quecke oder einen Stein, der den Weg versperrt. Er verdoppelt seine Anstrengungen, müht sich ab, aber vergebens. »Was geht hier vor? Gehen wir einmal nachsehen.« Zwei- oder dreimal umkreist das Insekt die Kugel. Da der Mistkäfer keine Ursache für die plötzliche Bewegungslosigkeit der Pille entdecken kann, kehrt er wieder an die alte Stelle zurück und beginnt von neuem zu stoßen. Umsonst, die Kugel rührt sich nicht. »Schauen wir mal, was oben los ist.« Das Insekt erklimmt die Pille und findet dort nichts als den regungslosen Gefährten, denn ich achtete darauf, die Nadel tief in die Masse hineinzustoßen. Der Mistkäfer kundschaftet die ganze obere Fläche der Kugel aus und kommt wieder herab. Von neuem versucht er, die Kugel nach vorn, nach der Seite hin fortzustoßen, stets natürlich mit dem gleichen Mißerfolg. Nie wahrscheinlich hat je ein Mistkäfer vor einem derartigen Problem der Massenträgheit gestanden.

Das wäre nun der Augenblick, die gegebene Situation, Hilfe anzufordern, um so mehr als der Partner ja da ist, ganz nah, auf der Kuppel hockend. Wird nun der Scarabäus ihn ein bißchen schütteln und ihm etwas von der folgenden Art zurufen: »Was tust du da, Faulenzer? Komm doch einmal herunter, die Maschine läuft nicht mehr.« Doch dafür fehlt der Beweis. Ich sehe nur immer, wie der Scarabäus sich abmüht, die reglose Masse vom Platze zu bewegen, wie er die streikende Maschinerie untersucht, hier und dort, unten, oben, auf der Seite, während der Helfer weiter in seiner Ruhe verharrt. Mit der Zeit jedoch fällt es auch diesem auf, daß etwas nicht stimmt; das Hin- und Herrennen seines Gefährten, die Bewegungslosigkeit der Kugel sind etwas Ungewohntes. Er steigt also herunter und untersucht seinerseits die Sache. Aber zu zweit bringen sie die Kugel so wenig zum Rollen wie vorher der eine. Das wird immer seltsamer. Der kleine Fächer ihrer Fühler entfaltet sich, schließt sich, öffnet sich wieder, zittert und verrät ihre Unruhe. Ein Geistesblitz macht ihrer Ratlosigkeit ein Ende. »Vielleicht stimmt da unten etwas nicht.« Die Kugel wird also in ihrem Fundament untersucht; eine flüchtige Untersuchung schon läßt sie die Nadel entdecken. Und sogleich wird sie auch als der Knoten der ganzen Schwierigkeit erkannt. Hätte ich eine Stimme im Rate gehabt, so hätte ich gesagt: »Man muß in die Masse eine Aushöhlung graben, um auf diese Weise den Pfahl, der die Kugel festhält, zu entfernen.« Dieses Verfahren, das nächstliegende und leichteste für so erfahrene Schatzgräber, wurde jedoch nicht angewandt, nicht einmal versucht. Der Mistkäfer fand etwas Besseres als der Mensch. Die beiden Genossen, die sich einmal hier, einmal dort unter die Kugel drängen, bringen diese zum Steigen, zum Aufwärtsgleiten längs der Nadel, in dem Maße, in dem die beiden als lebende Keile sich zwischen sie und den Boden rammen. Die weiche Masse, die nachgibt, indem sie den Kopf des Pfahls, der Nadel, in einem Kanal versinken läßt, gestattet diesen geschickten Kunstgriff. Bald schwebt die Kugel in einer Höhe, die der Körperdicke des Scarabäus entspricht. Doch das, was noch zu tun bleibt, ist schwieriger. Die Mistkäfer, die zuerst flach lagen, beginnen nun, sich auf ihren Beinen aufzurichten und stoßen mit ihren Rücken gegen die Kugel. Das wird immer schwerer, je mehr die Beine sich strecken und von ihrer Stemmkraft einbüßen, aber es geht schließlich. Dann aber kommt der Punkt, wo das Stemmen mit dem Rücken nicht mehr weitergetrieben werden kann, weil die letzte mögliche Höhe erreicht ist. Es bleibt noch ein letzter Ausweg, allerdings ist dabei die Auswertung der Kraft sehr beschränkt. Abwechslungsweise einmal in dieser, dann wieder in jener Art des Vorspanns, das heißt den Kopf unten oder den Kopf aufgerichtet, stößt und lüpft das Insekt mit

den Hinter- oder den Vorderbeinen die Kugel noch weiter in die Höhe. Und schließlich fällt die Mistpille tatsächlich zur Erde, vorausgesetzt, daß die Nadel nicht zu lang war. Die Verletzung der Kugeloberfläche wird so gut als möglich ausgebessert, und sogleich beginnt der Abtransport von neuem.
Ist jedoch die Nadel zu lang, bleibt die immer noch festgenagelte Kugel in einer Höhe schweben, die das Insekt, auch wenn es sich aufrichtet, nicht mehr überbieten kann. In diesem Falle geben die Mistkäfer – nach einigen nutzlosen Tänzen um den unerreichbaren Klettermast herum – die Sache auf, es sei denn, man bringe selbst die Herzensgüte auf, ihre Bemühungen zu Ende zu führen und ihnen den Schatz zurückzuerstatten. Aber man kann ihnen auch auf folgende Weise beistehen: Man erhöht den Boden unter der Pille durch einen kleinen flachen Stein, von welchem Sockel aus es dem Insekt dann möglich wird, seine Arbeit fortzusetzen. Allerdings scheint es, als werde der Nutzen einer solchen Hilfe nicht sogleich begriffen, denn keiner der beiden beeilt sich, davon Gebrauch zu machen. Endlich aber befindet sich doch einer auf dem Stein, mit Absicht oder aus Zufall, das bleibe dahingestellt. Welch ein Glück aber, wenn der Mistkäfer dabei mit dem Rücken die Kugel streift! Bei dieser Berührung faßt er sogleich Mut und beginnt von neuem mit seinen Versuchen. Auf der Plattform stehend, spannt der Mistkäfer seine Glieder, macht, wie man sagen möchte, einen runden Buckel und drängt die Kugel nach oben. Genügt der Rücken nicht mehr, kommen die Beine dran, sei es, daß er dabei aufrecht steht, sei es, daß er sich dazu auf den Rükken legt. Wird auf diese Weise die Grenze der größtmöglichen Streckung erreicht, gibt es einen Halt begleitet von allen Anzeichen der Beunruhigung. Legen wir nun, ohne das Tierchen zu stören, auf den ersten Stein einen zweiten. Mit Hilfe dieses neuen Stützpunktes für seine Hebel fährt das Insekt in seiner Arbeit fort. Indem ich so, Lage für Lage, die Plattform allmählich erhöhte, konnte ich schließlich den Scarabäus auf einer schwankenden, sieben oder acht Zentimeter hohen Säule am

Werke sehen, bis endlich die Kugel vollständig befreit war. Gibt es in ihm eine unbestimmte Einsicht in die Art des Dienstes, der ihm mit der Aufstockung der Plattform geleistet wird? Obwohl das Insekt sehr geschickt meine kleinen flachen Steinchen zu seinen Zwecken benützt hat, zweifle ich daran. Wäre das Insekt nämlich fähig, sich zu überlegen, man müsse, um einen höher hängenden Gegenstand zu erreichen, den eigenen Standpunkt erhöhen, so müßte doch der eine der beiden dem andern den eigenen Rücken zur Verfügung stellen. Stände so der eine dem andern bei, gewännen sie das Doppelte an Höhe. Ach, eine solche Art der Zusammenarbeit liegt ihnen völlig fern. Jeder stößt an der Kugel herum, nach Leibeskräften, gewiß, aber er stößt, als wäre er allein und ohne eine Ahnung davon, welchen Erfolg eine Zusammenarbeit bringen könnte. Sie verhalten sich an der mit einer Nadel an den Boden gehefteten Kugel genau so, wie sie sich verhalten, wenn die Kugel durch die Schlingwurzel einer Quecke, durch ein Hindernis, durch einen kleinen Pflanzenstengel, der in die weiche, rollende Masse eingedrungen ist, angehalten wird. Mein Kunstgriff hat im Grunde genommen kein Hindernis geschaffen, das sich wesentlich von den natürlichen unterscheidet, denen die Kugel begegnet, wenn sie durch wechselvolles Gelände rollt. Und in meinen Versuchen verhält sich das Insekt so, wie es sich unter gleichen Verhältnissen, ohne mein Dazutun, verhalten würde. Es benützt den Rücken als Keil und als Hebel, es stößt mit seinen Beinen, ohne seinen Handlungsmöglichkeiten etwas Neues hinzuzufügen, selbst wenn ihm ein Partner zur Verfügung steht.

Befindet der Scarabäus sich allein mit der an den Boden genagelten Kugel, hat er keinen Helfer, so bleiben seine Bewegungen und Anstrengungen durchaus die gleichen, und sie sind erfolgreich, wenn man ihm mit der langsam erhöhten Plattform den notwendigen Stützpunkt gewährt. Wird aber diese Hilfe verweigert, bedeutet die Berührung mit der zu hoch hängenden Kugel bald keinen Anreiz mehr, er verliert den Mut und fliegt davon. Wohin? Ich weiß es nicht. Aber was ich sicher weiß, ist dies: daß er nicht mit einem Trupp Gefährten, die er gebeten hat, ihm zu helfen, zurückkommt. Was sollte er auch mit ihnen anfangen, da er nicht einmal fähig ist, einen, der bereits da ist, zu verwenden?

Aber vielleicht schuf mein Experiment, das darin bestand, die Kugel in unerreichbarer Höhe hängen zu lassen, nachdem alle Hilfsmittel des Insekts erschöpft waren, trotzdem zu ungewöhnliche Umstände. Versuchen wir es deshalb mit einer ziemlich tiefen und so abschüssigen Grube, daß der Mistkäfer, den wir mit seiner Kugel auf den Grund des Lochs gesetzt haben, seine Last nicht die Böschung hinaufrollen kann. Das stellt nun ganz genau die von Blanchard und Illiger beschriebene Situation dar. Was geschieht in diesem Falle? Nachdem sich der Mistkäfer erfolglos abgemüht und sich schließlich von seiner Machtlosigkeit überzeugt hat, fliegt er auf und davon. Lange, sehr sehr lange, dem Wort meiner Meister vertrauend, habe ich auf die Rückkehr des Insekts, begleitet von einigen seiner Freunde, gewartet; ich habe stets vergebens gewartet. Oft auch habe ich noch nach mehreren Tagen die Kugel an der Stelle meiner Versuche, sei es auf der Spitze einer Nadel, sei es in der Tiefe eines Loches, wieder so vorgefunden, wie ich sie verlassen hatte, ein Beweis, daß sich während meiner Abwesenheit nichts ereignet hatte. Eine aus Gründen höherer Gewalt im Stiche gelassene Kugel ist eine für immer aufgegebene Kugel, und kein Rettungsversuch mit Hilfe von Genossen wird unternommen. Die Anwendung des Keils und des Hebels, um eine steckengebliebene Pille wieder in Gang zu setzen, das sind, in kurzen Worten zusammengefaßt, die höchsten Verstandesleistungen des Heiligen Pillendrehers, die ich bezeugen kann. Als Entgelt für das, was der Versuch in Abrede stellt – nämlich die Hilfeleistung unter Genossen –, überlasse ich diese mechanische Großtat der Ruhmesgeschichte des Mistkäfers.

Ein wenig auf gut Glück, über die sandige Ebene hin, durch Dickichte von Thymian, über Wagenspuren und Böschungen rollen die beiden Scarabäen ihre Kugel und verleihen ihr dadurch jene offenbar ihrem Geschmack entsprechende Festigkeit. Unterwegs wird eine günstige Stelle ausgewählt. Der Besitzer, jener Mistkäfer, der immer den Ehrenplatz innehat, jenen hinter der Kugel, jener also, der den ganzen Transport fast allein besorgt, macht sich ans Werk, um das Eßzimmer auszuheben. Dicht an seiner Seite liegt die Kugel, auf der sich der Helfer festgesetzt hat. Mit dem Kopfschild und den gezähnten Beinen beginnt er im Sande zu wühlen; der Abraum wird haufenweise nach rückwärts gescharrt, und der Aushub macht rasche Fortschritte. Bald verschwindet das Insekt völlig in der beginnenden Höhe. Jedesmal, wenn er mit einem Armvoll Aushub wieder unter freiem Himmel erscheint, sieht der Wühler nach seiner Kugel, um festzustellen, ob noch alles in Ordnung sei. Von Zeit zu Zeit bringt er sie an die Schwelle des Baus, betastet er sie von allen Seiten, und diese Berührung scheint jedesmal seinen Arbeitseifer zu verdoppeln. Der andere, der Scheinheilige, der bewegungslos auf der Kugel verharrt, flößt weiterhin Vertrauen ein. Inzwischen wird der unterirdische Raum immer größer und tiefer; der Wühler erscheint immer seltener auf der Oberfläche, zurückgehalten vom Umfang seines Unternehmens. Der Augenblick ist günstig. Der Träge wacht auf, und der hinterlistige Helfer macht sich davon, rollt die Kugel hinter sich her, mit der Behendigkeit eines Spitzbuben, der nicht ertappt werden will. Dieser Vertrauensmißbrauch empört mich, aber ich lasse den Dingen im Interesse der Wissenschaft ihren Lauf, ich werde noch immer Zeit finden, einzugreifen und nach dem Rechten zu sehen, wenn die Sache schlecht enden sollte.

Der Dieb hat bereits einige Meter zurückgelegt. Der Bestohlene taucht auf dem Bau auf, schaut herum und findet nichts mehr. Mit der Sache vertraut, weiß er offenbar, was das bedeutet. Witterung und Auge bringen ihn rasch auf die rechte Spur. Eilig holt er den Räuber wieder ein; dieser aber, als der durchtriebene Bursche, der er ist, ändert, sobald er den Verfolger auf den Fersen spürt, die Art seines Vorspanns, richtet sich auf den Hinterbeinen auf, umfaßt mit den vorderen die Kugel, genau so, wie es sein Amt als Helfer verlangt. »Ah, du Gauner, ich rieche die Lunte: du willst uns vormachen, die Pille sei den Hang hinabgerollt und du strengtest dich jetzt an, sie aufzuhalten, um sie nachher an den Bau zurückzubringen! Ich, unparteiischer Zeuge, behaupte aber, die Kugel sei völlig ruhig am Eingang der Höhle gelegen, und im übrigen ist ja der Boden ganz eben. Ich habe dich gesehen, wie du selbst in unmißverständlicher Absicht die Pille davongerollt hast. Das ist glatter Raubversuch, wenn ich etwas davon verstehe!« Da meine Zeugenaussage jedoch nicht berücksichtigt wird, läßt der Eigentümer die Entschuldigung des andern gutmütig gelten, und beide, als wäre nichts gewesen, rollen gemeinsam die Kugel wieder zurück.

Hat aber der Dieb Zeit gehabt, sich weiter zu entfernen, oder gelingt es ihm, durch irgendeine List die Spur zu verwischen, dann ist der Schaden nicht mehr gutzumachen. Unter glühender Sonne Nahrung gesammelt, sie von weit her gebracht, in den Sand einen geräumigen Speisesaal gegraben zu haben, um dann, wenn der durch solcherlei Arbeit erweckte Appetit der bevorstehenden Schlemmerei noch einen besonderen Reiz hinzugefügt hat, feststellen zu müssen, daß einem ein hinterlistiger Genosse alles gestohlen hat – wahrlich, das ist ein Schicksalsschlag, unter dem mancher Mutige zusammenbrechen würde. Aber der Mistkäfer läßt sich dadurch nicht umwerfen; er reibt sich die Wangen, spreizt die Fühler, schnuppert und fliegt auf den nächsten Misthaufen zu, wo er sein Werk von neuem beginnt. Ich beneide ihn um diese Charakterstärke.

Aber nehmen wir einmal an, der Scarabäus sei so glücklich gewesen, einen treuen Partner zu finden, oder, was noch besser ist, er sei unterwegs überhaupt keinem Genossen begegnet, der sich selbst einlud. Der Bau ist bereit. Es ist eine Höhle, in lockeres Gelände gegraben, meistens in Sand, nicht sehr tief, von der Größe einer Faust etwa, die mit der Außenwelt durch einen

Flaschenhals verbunden ist, gerade so weit, daß die Pille durchschlüpfen kann. Sobald die Lebensmittel eingelagert sind, schließt sich der Scarabäus ein, indem er den Eingang mit dem Abraum verstopft, den er in einer Ecke bereitgehalten hat. Einmal die Türe verschlossen, verrät nichts mehr von außen den Speisesaal. Und nun, es lebe die Freude, alles steht gut in der besten aller Welten! Der Tisch ist prächtig bestellt, die Zimmerdecke dämpft die Sonnenglut und läßt nur eine milde und feuchte Wärme durchsickern; die Andacht, die Dunkelheit, das von außen eindringende Konzert der Grillen – all das begünstigt die Tätigkeit des Bauches. Es hätte nicht mehr viel gefehlt, und ich hätte an der Türe gehorcht, weil ich mir vorstellte, als Tischgesang das berühmte Liedchen aus der Oper »Die schöne Galathee« zu hören: »Wie schön ist's, nichts zu tun, wenn alles um uns herum so geschäftig ist.«

Wer möchte es wagen, die Glückseligkeit eines solchen Festschmauses zu stören? Aber die Wißbegierde macht einen zu allem fähig, und so habe ich es denn gewagt, und hier sind die Ergebnisse meines Hausfriedensbruches:

Die Kugel füllt fast den ganzen Raum aus, der Lebensmittelvorrat reicht vom Boden bis an die Decke. Ein schmaler Gang nur trennt ihn von den Wänden. In diesem halten sich die schmausenden Tischgenossen auf, zwei höchstens, sehr oft aber nur einer allein, den Bauch am Tisch, den Rücken an die Mauer gelehnt. Haben sie einmal ihren Platz gewählt, bewegen sie sich nicht mehr. Alle Lebenskräfte werden nun ganz durch die Verdauung in Anspruch genommen. Ohne einen einzigen Bissen durch Unachtsamkeit oder Naschhaftigkeit zu verlieren oder zu verschmähen, wird alles, was kommt, schön der Ordnung nach andächtig verschlungen. Wenn man die Käfer so gesammelt und so ganz bei der Sache um den Mist herum sieht, so würde man glauben, sie seien sich ihrer Aufgabe, als Reiniger der Erde zu wirken, bewußt und gäben sich mit wirklicher Sachkenntnis dieser wunderbaren Chemie hin, die den Unrat in Blumen, die Freude der Augen, und in die Flügeldecken der

Scarabäen, den Schmuck der Frühlingswiesen, verwandelt. Um diese außerordentliche Arbeit leisten zu können, die aus den unverwertbaren Rückständen der Verdauung des Pferdes und des Schafes wieder einen lebendigen Stoff herstellt, muß der Mistkäfer besonders ausgerüstet sein. Und tatsächlich überrascht uns bei der Zergliederung des Insekts die außerordentliche Länge seines Darmes, der, vielfach gefaltet, in seinen zahlreichen Windungen den Stoff langsam verarbeitet und bis zum letzten Atom verwertet. Dort, wo der Magen des Pflanzenfressers nichts Nahrhaftes mehr vorfand, destilliert diese große Retorte neue Reichtümer heraus, die sich nach einer leichten Überarbeitung beim Heiligen Pillendreher in eine ebenholzschwarze Rüstung, bei anderen Mistkäfern in einen Panzer aus Gold und Rubinen verwandeln.
Diese Umwandlung des Unrats muß aber sehr rasch erfolgen; die öffentliche Gesundheitspflege erheischt dies. Deshalb verfügt auch der Scarabäus über eine Verdauungskraft, die beinahe beispiellos ist. Einmal mit einem Lebensmittelvorrat in einer Zelle eingeschlossen, hört er mit Verzehren und Verdauen nicht auf, bis alle Vorräte restlos erschöpft sind. Der Beweis ist mit Händen zu greifen. Öffnen wir das Verlies, in das sich der Mistkäfer von der Welt zurückgezogen hat! Zu jeder Tagesstunde finden wir das Insekt bei Tisch und hinter ihm, anhängend, eine Schnur, die, nach der Art von Schiffstauen, oberflächlich gerollt daliegt. Ohne feinsinnige Erklärungen errät man, worum es sich bei der besagten Schnur handelt. Bissen um Bissen durchläuft die große Kugel den Verdauungstrakt des Insekts, gibt alle ihre Nahrungsstoffe ab und erscheint auf der anderen Seite, zur Schnur gedreht. Nun, diese fortlaufende Kordel, oft ein einziges Stück, noch an der Öffnung hängend, beweist schlagend, ohne weitere Erklärungen, die ununterbrochene Fortdauer des Verdauungsaktes. Sind die Vorräte aufgebraucht, so ist die Länge des Taus erstaunlich – ellenlang. Wo noch findet man einen Magen, der aus derart magerer Kost sich ein während einer oder zwei Wochen dau-

erndes Festmahl bereitet, damit nichts aus der Rechnung des Lebens sich verliere!

Wenn der ganze Knäuel gesponnen ist, erscheint der Einsiedler wieder am Tageslicht und versucht von neuem sein Glück, und hat er es gefunden, formt er sich eine neue Kugel, und alles beginnt von neuem. Dieses Leben, herrlich und in Freuden, dauert ein oder zwei Monate, vom Mai bis Juni; dann aber, wenn die von den Grillen so geliebte Hitze kommt, beziehen die Scarabäen ihr Sommerquartier und vergraben sich im kühleren Boden. Sie erscheinen wieder bei den ersten Herbstregen, weniger zahlreich und nicht mehr so lebhaft wie im Frühjahr, doch offensichtlich mit ihrem wichtigsten Werk beschäftigt, der Fortpflanzung, der Zukunft ihrer Rasse.

Unser Kapitel, das den ersten Band der »Souvenirs« eröffnet, findet erst viel später seine Fortsetzung. Da wir diesen zweiten Akt nicht aufnehmen konnten, so soll die Fortsetzung wenigstens skizziert werden. Auch unsere Bilder wollen dieser notwendigen Ergänzung dienen.

Wenn im weiblichen Pillendreher der Fortpflanzungstrieb erwacht, rollt er sich eine der hier geschilderten Fraßpille ähnliche, besonders sorgfältig gearbeitete Brutpille. Das Weibchen gräbt diese stets allein ein. In der Geborgenheit der Höhle setzt es der Kugel einen Fortsatz auf, in dem das Ei abgelegt wird. Diese Birne wird eingeschlossen, sich selbst überlassen und liegt stets tiefer in der Erde (selten weniger als dreißig Zentimeter) als die gewöhnlichen Fraßkugeln. Es werden mehrere Erdhöhlen mit je einer Brutbirne hergestellt. Zwei Monate braucht die Larve, um ihre volle Größe zu erreichen; es folgen zehn Tage Puppenzeit, in der die Verwandlung zum Käfer geschieht. Der bleiche Scarabäus braucht noch etwa acht Tage zur vollen Ausfärbung; im Spätsommer verläßt er seine Erdhöhle und überwintert, wie es auch die großen blauschillernden Roßkäfer der Gattung Geotrupes tun.

IV

ZWEI MISTKÄFER

Kleiner als der Spanische Pillenkäfer (Copris hispanus) und weniger auf ein mildes Klima angewiesen, wird uns der Mondkäfer bestätigen, was wir hinsichtlich der Rolle des Vaters für das Wohlergehen der Familie bereits vom Sisyphus wissen. In unseren Breitengraden findet man an Wunderlichkeit männlichen Schmuckes kein anderes Insekt. Auf der Stirne trägt er ein Horn, in der Mitte des Brustschildes Höcker mit doppelter Kerbung, um die Schultern die Spitze einer Hellebarde mit halbmondförmigem Einschnitt. Das Klima der Provence und die kärgliche Nahrung der Thymianheide behagen ihm nicht. Er liebt fruchtbarere Gegenden, Weiden vorzugsweise, auf denen der Rindermist ihm reichliche Nahrung gewährt.
Da ich auf die vereinzelten Exemplare, denen man von Zeit zu Zeit hier begegnet, nicht zählen konnte, habe ich meine Käfige mit jenen Auswärtigen bevölkert, die meine Tochter Aglaé mir aus Tournon zusandte. Meiner Bitte gemäß begann sie, sobald der Monat April gekommen war, mit ihren unermüdlichen Nachforschungen. Selten wohl sind so viele Kuhfladen mit der Spitze eines Sonnenschirmchens hochgehoben worden; selten wohl haben zarte Finger mit solcher Liebe die Kuchen der Weide auseinandergebrochen! Im Namen der Wissenschaft sei der Tapferen gedankt!
Erfolg belohnte diesen Eifer. Ich wurde Besitzer von sechs Paaren, die ich sogleich in jenem Käfig unterbrachte, in dem letztes Jahr der Spanische Pillenkäfer gearbeitet hatte. Ich setzte ihnen das Nationalgericht vor, den gehaltvollen Fladen, den mir die Kuh meiner Nachbarin lieferte. Keine Zeichen des Heimwehs ist bei den Vertriebenen wahrzunehmen; tapfer machen sie sich unter dem Schutze dieses Mistfladens ans Werk.

Mitte Juni mache ich meine erste Grabung. Ich bin entzückt von dem, was nach und nach meine Messerklinge, in senkrechten Schnitten in die Erde, freilegt. Jedes Paar hat sich im Sand einen prächtigen Saal ausgegraben, wie ihn mir weder der Heilige Pillendreher noch der Spanische Pillenkäfer in solcher Größe und solch kühnem Deckengewölbe je gezeigt haben. Die Längsachse mißt anderthalb Dezimeter und mehr, aber die Decke ist sehr niedrig, nicht höher als fünf bis sechs Zentimeter über dem Boden.

Der Inhalt entspricht der übergroßen Behausung: eine Torte von der Größe einer Hand, ein Stück, würdig der Hochzeit des reichen Camacho, allerdings nicht sehr dick und von unterschiedlicher Form. Ich finde ovale, nierenförmige, sternförmige, mit kurzen, fingerförmigen Ausläufern, längliche, in der Form einer Katzenzunge, Spielereien des Kuchenbäckers, ohne Bedeutung. Wichtig, unveränderlich ist dies: in den sechs Backstuben meiner Voliere sind immer das Männchen und das Weibchen anwesend, neben ihrem Kuchen, der, nach allen Regeln der Kunst geknetet, gärt und reift.

Was beweist diese lange Dauer gemeinsamen Lebens? Sie beweist, daß der Vater am Aushub der Gruft teilgenommen hat, daß er an der Einlagerung der Vorräte, die Stück für Stück an der Schwelle des Eingangs in Empfang genommen werden mußten, ebenfalls mitbeteiligt war und daß er beim Zusammenkneten dieser Brocken zu einem einzigen Block – der Form, in der das Produkt seine Güte erlangt – ebenfalls mitmachte. Ein im Weg stehender Müßiggänger, ein Überflüssiger bliebe nicht hier unten, er kletterte wieder zur Oberfläche empor. Der Vater ist also ein eifriger Mitarbeiter der Mutter. Es macht sogar den Eindruck, als ginge seine Hilfe noch weiter. Wir werden ja sehen.

Gute Tierchen! Meine Wißbegierde hat eueren Haushalt gestört; er war noch jung, kaum war ja die Hausräuke vorüber. Vielleicht seid ihr fähig, alles wieder in Ordnung zu bringen, was ich zerstört habe? Machen wir den Versuch! Die ganze

Einrichtung der Voliere wird von mir wieder instandgestellt, mit einem neuen Vorrat an Lebensmitteln. An euch ist es nun, einen neuen Bau auszuheben, Material in die Tiefe zu schaffen, um den Kuchen, den ich euch wegnahm, wieder zu ersetzen und ihn dann, wenn er genügend gelagert ist, in die den Bedürfnissen der Larven angemessenen Rationen aufzuteilen. Werdet ihr das wohl tun? Ich hoffe es.
Und meine Erwartung auf die Beharrlichkeit der geprüften Ehepaare hat mich nicht getrogen. Einen Monat später, Mitte Juli, erlaube ich mir einen zweiten Besuch. Die Vorratsgewölbe sind von neuem entstanden, so groß wie die früheren. Außerdem wurde der Boden und ein Teil der Wand bereits mit einer Lage von Mist gepolstert. Beide Tierchen sind noch da; sie werden einander erst verlassen, wenn die Aufzucht beendet ist. Der Vater, nicht so familienbewußt wie das Weibchen, oder furchtsamer vielleicht, sucht durch den Dienstausgang zu entkommen, sobald das Licht in die aufgebrochene Wohnung eindringt. Aber die Mutter rührt sich nicht, sondern hockt auf ihren geliebten Kugeln von der Größe und Gestalt eiförmiger Pflaumen, gleich ungefähr wie jene des Spanischen Pillenkäfers, nur etwas kleiner.
Da ich den bescheidenen Vorrat des letztgenannten Insektes kenne, erstaunt mich sehr, was ich nun vorfinde. In derselben Kammer zähle ich bis sieben oder acht eiförmige Pillen, eine neben der anderen, das warzenartige Ende, das die Ausschlüpfkammer enthält, nach oben gerichtet. Trotz seiner Größe ist der ganze Raum ausgefüllt, überfüllt; kaum bleibt Platz für den Dienst der beiden Aufseher. Es sieht aus wie ein gefülltes Vogelnest ohne den kleinsten freien Raum.
Dieser Vergleich drängt sich auf. Was anderes denn sind in der Tat die Kugeln des Copris? Es sind Eier einer anderen Art, Eier, in denen das Nährgemenge von Eiweiß und Dotter durch eine Nährmittelkonserve ersetzt ist. In dieser Hinsicht tut es der Mistkäfer nicht nur dem Vogel gleich, sondern er übertrifft ihn sogar. Statt es der dunkeln und geheimnisvollen Arbeit der Na-

tur zu überlassen, die Stoffe, die das Junge zu seiner Entwicklung bedarf, im eigenen Körper herzustellen, macht sich der Mondkäfer ans Werk und ernährt das Würmchen künstlich, so daß es ohne andere Hilfe groß wird. Die Mühen des Ausbrütens kennt er nicht; das besorgt die Sonne für ihn. Er kennt auch nicht die ewige Sorge des Herbeitragens von Nahrung, Schnabel um Schnabel; das bereitet er vor, von vornherein, und die Verteilung erfolgt auf einmal. Nie verläßt er das Nest. Die Beaufsichtigung, die Überwachung setzt nie aus. Vater und Mutter, die wachsamen Hüter, verlassen den Bau erst, wenn die Familie fähig ist, es zu tun.

Die Nützlichkeit des Vaters beim Graben des Baus und der Aufstapelung von Vorräten ist offensichtlich; weniger sicher ist sie, wenn die Mutter den Laib in Rationen aufteilt, die Eipillen formt, sie glättet, beaufsichtigt. Nimmt der Galan an dieser heiklen Arbeit, die eigentlich weiblicher Behutsamkeit und Zärtlichkeit eher angepaßt zu sein scheint, ebenfalls teil?

Kann er mit der Schneide seines Vorderbeines den Fladen anhauen, das für den Unterhalt einer Larve notwendige Stück abtrennen und es zu einer Kugel formen, womit das Werk der Mutter, die die Pille nur noch vervollkommnen und verbessern müßte, abgekürzt würde? Beherrscht das Männchen die Kunst, die Risse zu stopfen, die Lücken zu schließen, die Spalten zu vermachen, zu verlöten, die Pillen zu schaben und die schädlichen Pflanzenteile herauszuziehen? Pflegt es die Brut so, wie sie die Mutter allein im Nest des Spanischen Pillenkäfers pflegt? Beim Mondkäfer bleiben beide, Vater und Mutter, Männchen und Weibchen, beisammen. Besorgen sie auch gemeinsam die Erziehung der Familie?

Ich habe versucht, auf diese Frage eine Antwort zu erhalten, indem ich ein Mondkäferpaar in einen großen Pokal verbrachte, den ich mit einem Kartongehäuse überdeckte. So konnte ich rasch nach Belieben Tageslicht oder Dunkelheit herstellen. Jedesmal, wenn ich sie so unvermutet überraschte, fand ich das

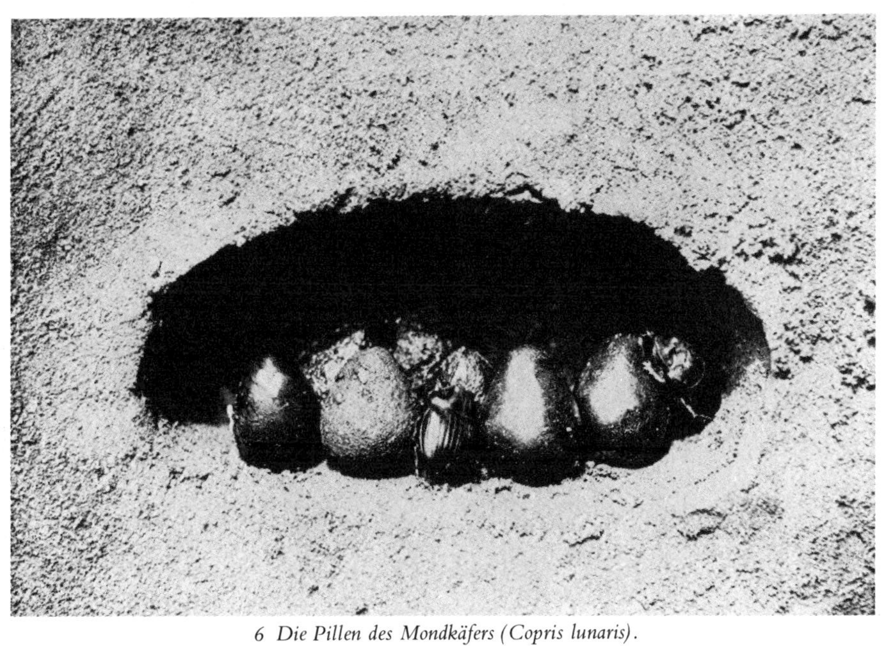

6 *Die Pillen des Mondkäfers (Copris lunaris).*

Männchen fast ebensooft auf den Pillen wie das Weibchen; doch während die Mutter mit ihrer ängstlichen Sorge um die Brut, im Glätten und Abhorchen der Pillen, weiterfuhr, ließ es sich, feiger wohl und weniger in Anspruch genommen, sobald es hell wurde, zu Boden gleiten und eilte weg, um sich in irgendeinen Winkel des Haufens zu verstecken. Es war mir unmöglich, das Männchen beim Werk zu beobachten, so rasch flieht es das lästige Tageslicht.

Wenn der männliche Mondkäfer sich auch geweigert hat, mir seine Fähigkeiten zu zeigen, so hat ihn doch sein Aufenthalt auf der Spitze der Eierbehälter allein schon verraten. Für nichts begab er sich nicht in diese unbequeme Lage, die sich für den Schlummer eines Nichtstuers kaum eignet. Also hat er, wie seine Gefährtin, die Brut überwacht, hat er wie sie die beschädigten Stellen ausgebessert und durch die Wände der Schalen hindurch die Entwicklung der Kinder belauscht. Das wenige schon, was ich sah, bestätigt, daß der Vater beinahe mit der Mutter in der Besorgung des Haushalts wetteifert, und das bis zur Auflösung der Familie.

Diese väterliche Aufopferung vergrößert zahlenmäßig die Rasse. In der Burg des Spanischen Pillenkäfers, in der die Mutter sich allein aufhält, befinden sich höchstens vier Pfleglinge, oder drei, manchmal nur einer. In der Behausung des Mondkäfers, wo das Paar zusammenlebt und wo die beiden sich gegenseitig unterstützen, zählt man acht, doppelt soviel als bei der stärksten Besetzung der Spanischen Pillenkäfer. Der arbeitsame Vater hat damit einen eindrucksvollen Beweis für seinen Einfluß auf das Schicksal der Sippe erbracht.

Außer dieser Zusammenarbeit muß, soll sich diese gedeihliche Entwicklung einstellen, noch eine weitere Bedingung erfüllt sein. Eine kinderreiche Familie erheischt vor allem genügend Nahrung. Erinnern wir uns daran, wie die Copris sich verproviantieren. Sie suchen nicht wie die Pillendreher da und dort nach Beute, die sich zu einer Kugel formen und fortrollen läßt. Sie setzen sich unmittelbar unter dem Haufen fest und schnei-

den daraus, ohne den Eingang zu ihrer Höhle zu verlassen, ihre Stücke, die sie dann sogleich einkellern, und dies so lange, bis sie einen genügenden Vorrat aufgespeichert haben.
Der Spanische Pillendreher beutet, wenigstens in meiner Nachbarschaft, den Schafmist aus. Der ist von guter Qualität, doch nicht von sehr reichlicher Ergiebigkeit und Ausmaß, selbst wenn der Lieferant sicherlich voll der besten Absichten ist. So wird denn alles im Schlupfwinkel aufgehäuft, und das Insekt verläßt ihn nicht mehr, gibt sich völlig den Wirtschaftsarbeiten hin, und wäre auch nur ein einziger Pflegling zu überwachen.
Der Mondkäfer arbeitet unter anderen Bedingungen. Ihm liefert das Land den Kuhfladen, einen Speicher, in dem das Insekt, ohne ihn jemals auszuschöpfen, alles zur Aufzucht einer zahlreichen Nachkommenschaft Notwendige vorfindet. Zu ihrem Gedeihen trägt auch die Größe der Wohnung bei, deren außergewöhnlich kühne Wölbung eine ungleich größere Zahl von Pillen beschützen kann als der viel kleinere Bau des Spanischen Pillenkäfers.
Mangels Platz und mangels großer Vorräte schränkt der Copris hispanus seine Nachkommenschaft ein; oft zieht er nicht mehr als einen einzigen Pflegling auf. Sollte diese Beschränkung nicht auf die geringe Produktion der Eierstöcke zurückzuführen sein? Nein. In einer früheren Studie habe ich gezeigt, daß bei genügendem Platz und bei genügendem Lebensmittelvorrat die Mutter imstande ist, ihre übliche Brut zu verdoppeln, ja noch mehr als das. Ich habe erklärt, wie ich die drei oder vier vorhandenen Eierkugeln durch einen von meinem Spatel bearbeiteten Kuchen ersetzte. Mit diesem Kunstgriff, durch den Überfluß in den engen Pokal kam, indem ich dem Insekt neues Knetmaterial zuführte, konnte ich die Mutter zur Anlage einer Familie von sieben Kindern bewegen, was ein ausgezeichnetes Resultat darstellt, aber doch noch weit hinter dem zurückbleibt, was mir der folgende, besser angelegte Versuch bescherte.

Diesmal nehme ich alle Pillen fort, sobald sie geformt sind, bis auf eine, um die Mutter durch meine Raubzüge nicht zu sehr zu entmutigen. Wenn sie von ihrem Werk überhaupt nichts mehr vorfindet, stellt sie vielleicht ihre Arbeit ein. Sobald der Laib seine Verwendung gefunden hat, ersetze ich ihn sofort durch einen von mir zubereiteten. Auf diese Weise fahre ich fort, nehme das fertige Eiergehäuse, die beendete Kugel, immer wieder weg und fülle den Speisevorrat wieder auf, und das so lange, bis das Tier sich weigert, ihn weiter zu verarbeiten.
Fünf oder sechs Wochen hintereinander, mit unerschütterlicher Geduld, beginnt die Geprüfte immer von neuem wieder und verharrt dabei, ihre immer leere Behausung zu bevölkern.
Endlich aber kommen die Hundstage, eine harte Zeit, in der Hitze und Dürre alles Leben stillegen. Meine Kuchen werden verschmäht, so sorgfältig ich sie auch zubereitet habe. Die Mutter, von Trägheit und Empfindungslosigkeit überwältigt, stellt ihre Arbeit ein. Sie vergräbt sich unter der letzten Pille und erwartet dort regungslos die befreienden Septemberregen.
Die Beharrliche hat mir dreizehn Ovoide, Eibehälter, hinterlassen, alle tadellos geformt, jeder ein Ei enthaltend: dreizehn, eine unerhörte Zahl in den Annalen der Copris. Dreizehn, das bedeutet zehn mehr als eine normale Eiablage.
Der Beweis ist erbracht: wenn der gehörnte Mistkäfer seine Familie in engen Grenzen hält, so tut er das nicht wegen armselig dotierter Eierstöcke, sondern weil er den Hunger fürchtet.
Gehen diese Dinge nicht auch in unserem eigenen Lande auf die gleiche Weise vor sich, in unserem Lande, das von Entvölkerung bedroht sein soll, nach der Aussage der Statistik? Der Angestellte, der Handwerker, der Beamte, der Arbeiter, der kleine Landbesitzer bilden bei uns eine Mehrheit, eine Vielzahl, die sich täglich vergrößert. Und alle diese Leute, die kaum genügend zum Leben haben, sehen sich, so gut es geht, vor, um an die karge Tafel so wenig als möglich neue Tischgenossen zu bekommen. Wenn das Brot fehlt, tut der Copris nicht unrecht,

sich beinahe zur Ehelosigkeit einzuschränken. Mit welchem Recht steinigt man denn jene unter uns, die es ihm gleichtun? In beiden Fällen ist es doch nichts anderes als Voraussicht. Die Einsamkeit ist immer noch besser als eine Gesellschaft hungriger Münder. Wenn sich auch einer stark genug fühlen mag, eigener Not zu trotzen, so schreckt er doch oft vor dem Elend einer großen Familie zurück.

In der guten alten Zeit betrachtete der Bearbeiter der Scholle, der Bauer, der Grundpfeiler unseres Volkes, eine kopfreiche Familie als Reichtum. Alle arbeiteten und steuerten ihr Stück Brot zur bescheidenen Mahlzeit der Familie bei. Führte der Älteste das Pferdegespann auf das Feld, trieb der Jüngste, kaum in den ersten Hosen, die jungen Enten zum Teich.

Solche patriarchalischen Sitten sind selten geworden. Das ist der Fortschritt. Gewiß, es ist ein beneidenswertes Los, auf einem Zweirad mit den Beinen zu strampeln wie eine verzweifelte Spinne; aber der Fortschritt hat auch eine Kehrseite: er bringt den Luxus, er schafft kostspielige Bedürfnisse.

In meinem Dorf schmückt sich am Sonntag die letzte Fabrikarbeiterin, die einen Franken im Tag verdient, mit Puffärmeln an den Schultern und einem Federbusch im Haar wie große Damen. Sie besitzt einen Sonnenschirm mit Elfenbeingriff, einen gepolsterten Chignon, Lackschuhe mit spitzenartig durchbrochenen Rosetten. Oh, ihr Landmädchen, in meinem abgetragenen Zeug getraue ich mich gar nicht mehr, euch anzublicken, wenn ihr auf der Hauptstraße, die euere Promenade von Longchamps ist, an meiner Türe vorbeispaziert. Ihr schüchtert mich ein in eurem Staat.

Andererseits sind die jungen Burschen fleißige Besucher der Cafés geworden, die verschwenderischer ausgestattet sind als die alten Wirtschaften. Dort finden sie Wermut, Bitter, Absinth, Amer Picon, kurz, eine ganze Auswahl verdummender Drogen. Geschmack an solchen Dingen macht bald die Erde zu beschwerlich, die Scholle zu hart. Und da die Einnahmen in keinem Verhältnis mehr zu den Ausgaben stehen, verläßt man das Land für die Stadt, wo, wie man sich vorstellt, der Verdienst leichter ist. Aber hier so wenig wie dort kann man etwas ersparen. Vor der Werkstatt wartet manche Gelegenheit, um Geld auszugeben, und man wird bei dieser Arbeit noch weniger reich als hinter dem Pflug. Aber schon ist es zu spät, man kann es nicht mehr ändern, und man bleibt ein armer Städter, der sich davor fürchtet, eine Familie zu gründen.

Derweilen wird unser durch das Klima, seine Fruchtbarkeit und seine geographische Lage ausgezeichnetes Land von einer Lawine von Ausländern, Kosmopoliten, Abenteurern, Hochstaplern und Ausbeutern jeden Schlages überflutet. Früh schon lockte es die seefahrenden Sidonier heran; die friedliebenden Griechen brachten ihm das Alphabet, die Rebe, den Olivenbaum. Der Römer, der harte Unterdrücker, hat in uns eine gewisse Roheit, eine Neigung zur Gewalttätigkeit hinterlassen, die schwer auszurotten ist. Auf die reiche Beute stürzten sich die Zimbern, die Teutonen, die Vandalen, die Goten, die Hunnen, die Burgunder, die Suesen, die Barbaren, die Franken, die Sarazenen; Horden aus allen Richtungen der Windrose. Und dieses seltsame Völkergemisch verschmolz sich und wurde von der gallischen Nation aufgesogen.

Heute sickert der Fremdling wiederum langsam in unser Volk ein. Eine zweite Invasion von Barbaren bedroht uns, die, wenn sie auch friedlicher Art ist, beunruhigt. Unsere klare und wohllautende Sprache, wird sie zu einem vernebelten, fremdländisch-heiseren Kauderwelsch hinabsinken? Unsere freimütige, großzügige Charakterart, soll sie durch habsüchtige Händler entstellt werden? Soll aus unserem Vaterland eine Karawanserei werden? Das alles müssen wir befürchten, wenn es dem alten gallischen Blut an Kraft gebrechen sollte, auch diesen Einbruch aufzufangen.

Hoffen wir, daß es so sei. Lauschen wir der Lehre des gehörnten Mistkäfers. Eine kopfreiche Familie will essen. Doch der Fortschritt schafft neue kostspielige Bedürfnisse; unsere Einkünfte wachsen lange nicht so rasch wie sie. Da sie nicht genügen für sechs, noch fünf, noch vier, so lebt man eben zu dritt, zu zweien, oder man bleibt allein. Mit solchen Grundsätzen eilt ein Volk von Fortschritt zu Fortschritt, dem Selbstmord, der Selbstaufgabe entgegen.

Kehren wir also zurück, beschneiden wir unsere künstlichen Bedürfnisse, Früchte einer überhitzten Zivilisation; bringen wir die ländliche Genügsamkeit unserer Väter wieder zur Ehre. Fliehen wir das Land nicht, dessen Scholle uns nährt, wenn wir uns in unseren Ansprüchen zu bescheiden wissen. Dann, und nur dann, wird die Familie wieder erblühen; der Bauer, frei von der Stadt und ihren Versuchungen, rettet uns.

Auch der dritte Mistkäfer, der mir seine Gabe des Vaterinstinkts geoffenbart hat, ist ein Fremdling in unserer Gegend. Er kommt aus der Umgebung von Montpellier. Es ist der Onitis bison oder, nach anderen, der Bubas bison. Ich will nicht zwischen den beiden Gattungsnamen wählen, denn die Feinheiten der Nomenklatur sind mir gleichgültig. Ich bleibe bei der Artbezeichnung Bison, die das sagt, was Linné meinte.

Ich machte schon früher, in den Vororten von Ajaccio, seine Bekanntschaft zwischen Krokussen und Zyklamen, diesen anmutigen Blüten im Schatten der Myrte. Komm, daß ich dich noch einmal lebend bewundere, schönes Insekt, das du mich an die Begeisterungen meiner jungen Jahre erinnerst, an die Ufer des herrlichen Golfes, der so reich an Muscheln ist. Nie hätte ich damals vermutet, daß es mir eines Tages aufgetragen sein würde, dich zu verherrlichen. Sei du willkommen in meiner Voliere, der ich dich seither nie mehr erblickt habe, und lehre uns etwas.

Du bist untersetzt, kurzbeinig, vierschrötig, stark. Du trägst auf dem Kopf zwei kluge Hörnchen, halbmondförmig gebogen wie jene der jungen Ochsen; dein Bruststück verlängert sich zu einem stumpfen Bug, der links und rechts mit zwei zierlichen Grübchen versehen ist. Dein allgemeines Aussehen, dein männlicher Schmuck weisen dich der Reihe der Copris zu, und in der Tat klassieren dich die Entomologen unmittelbar nach

Copris und weit weg von Geotrupes. Steht deine Tätigkeit im Einklang mit dem Platz, den dir die Systematik zuweist? Was kannst du?
Wie jeder wohl, bewundere ich den die Insekten in Klassen einordnenden Entomologen, den das Studium des Mundes, der Füße, der Fühler am toten Tier zu gelungenen Zusammenstellungen von Verwandtschaften und Zusammengehörigkeiten führt, der beispielsweise durch diese Methode so verschieden voneinander aussehende, aber sich in ihren Lebensgewohnheiten gleichende Tiere, wie den Scarabäus und den Sisyphus, in der selben Gruppe vereinigt. Aber diese selbe Methode, die über dem genauen Studium der Einzelheiten am toten Tiere die Lebensäußerungen am lebenden vernachlässigt, läßt uns oft die wirklichen Eigenschaften und Fähigkeiten eines Insekts übersehen, die ja in Wirklichkeit für uns von viel größerem Aufschluß sind als etwa ein Gelenk mehr oder weniger am Fühler. Neben vielen andern warnt uns auch der Bisonkäfer. Seiner Gestalt nach dem Copris benachbart, steht er nach seiner Tätigkeit dem Geotrupes, dem Roßkäfer, viel näher. Wie dieser preßt er Würste in eine zylindrische Form, und wie dieser ist er mit dem Vaterinstinkt ausgestattet.
Gegen Mitte Juni besuche ich das einzige Paar, das ich beherberge. Unter einem rechten Haufen Schafmist gähnt, völlig offen in seiner ganzen Ausdehnung, ein senkrechter Gang von der Dicke eines Fingers und etwa eine Spanne tief. Der Boden des Schachtes teilt sich in fünf Arme, in denen je ein Würstchen von der Art jener steckt, wie sie die Mistkäfer herstellen, etwas weniger lang und weniger dick. In dem unteren Ende dieses Lebensmittelvorrats ist eine Brutkammer ausgespart, ein kleiner runder Raum, der mit halbflüssigem Verputz beschlagen ist. Das Ei ist länglichoval, weiß und verhältnismäßig dick, wie dies bei den Mistkäfern die Regel ist.
Kurz gesagt, das ländliche Bauwerk entspricht mehr oder weniger jenem des Roßkäfers. Ich bin enttäuscht, ich hatte mehr erwartet. Die elegante Gestalt des Insekts ließ mich eine weiter

fortgeschrittene Kunstfertigkeit vermuten, besonders sachkundig in der Formung von Birnen, Bauchflaschen, Kugeln und Eiern. Wir dürfen also auch die Tiere nicht, so wenig wie die Menschen, nach ihrem Äußeren beurteilen. Die Gestalt teilt uns nichts mit über die Fähigkeiten.

Ich überrasche das Paar am Kreuzweg, in den die fünf Sackgassen mit den Vorratswürstchen einmünden. Der plötzliche Einfall des Lichts hat sie festgebannt. Was taten die beiden treuen Verbündeten an dieser Stelle, bevor ich sie mit meiner Ausgrabung störte? Sie überwachten die fünf Behausungen, sie stopften die letzte Vorratsröhre, sie vervollständigten sie durch neues Material, das sie von oben aus den Haufen von Schafmist herbeischafften, der ihren Schacht bedeckt. Vielleicht schickten sie sich sogar an, ein sechstes Zimmer in den Boden zu graben und es wie die anderen auszustatten.

Auf alle Fälle stelle ich fest, daß sie öfters zu dem reichen Vorratshaufen, der ihren Schacht bedeckt, emporsteigen, von woher der eine das Pack Material mit seinen Armen herabreicht, das der andere dann planmäßig über dem Ei zusammenpreßt.

Der Schacht ist in der Tat in seiner ganzen Länge frei und durchgängig. Um Einstürze zu verhüten, welche die zahlreichen Reisen zur Folge haben könnten, wurden die Wände von oben bis unten von einer gipsartigen Kruste bedeckt. Dieser Verputz besteht aus dem gleichen Material wie die Würstchen und ist dicker als ein Millimeter. Er ist fest und ziemlich einheitlich, ohne jedoch eine viel Aufwand erheischende Vollendung aufzuweisen. Er hält die den Schacht umschließende Erde zusammen, so daß man ganze Teile der Röhre ausheben kann, ohne daß sie zerfallen.

In den Bergdörfchen unserer Alpen bewerfen die Bewohner die Südseite ihrer Hütten und Häuser mit Kuhmist, der, von der Sonne des Sommers ausgetrocknet, im Winter als Heizmaterial dient. Auch der Bison kennt diese ländliche Gepflogenheit, doch er wendet sie zu einem anderen Zwecke an; er be-

pflastert sein Heim mit Mist, um zu verhindern, daß es einstürzt.
Es könnte schon sein, daß es der Vater ist, dem diese Arbeit zufällt, vielleicht in Zeiten, da die Mutter seiner nicht bedarf, beschäftigt wie sie ist, sorgsam Lage um Lage ihr Würstchen aufzubauen. Beim Geotrupes schon sind mir solche Stützverkleidungen begegnet; sie waren allerdings nicht so regelmäßig und nicht so vollständig wie jene des Bisons.
Vertrieben, wie es zuerst durch meine Wißbegierde wurde, hat sich das Ehepaar Bison bald wieder von neuem ans Werk gemacht und mir bis Mitte Juli drei neue Würste geliefert, acht also im ganzen. Diesmal jedoch finde ich meine beiden Gefangenen tot vor, der eine von ihnen oben an der Oberfläche, der andere unten im Boden. Ein Unglücksfall? Oder sollte der Bison eine Ausnahme darstellen in der Reihe der langlebigen Scarabäen, Copris und anderer, die ihre Nachkommenschaft zu Gesicht bekommen und oft im nächsten Frühjahr sogar noch eine zweite Ehe eingehen?
Ich neige dazu, daß beim Bison das für die Allgemeinheit der Insekten geltende Gesetz wieder seine Gültigkeit hat, nach dem das Leben kurz und es dem Tier verweigert ist, seine Nachkommenschaft zu erblicken, denn irgend etwas Unangenehmes ist meines Wissens den beiden Pensionären in meiner Voliere nicht zugestoßen. Wenn meine Vermutung richtig ist, warum denn endet der Bison, der doch dem langlebigen Copris so nahesteht, so rasch wie die gewöhnliche Mehrheit der Insekten, die sterben, sobald die Familie versorgt ist? Auch das ist ein ungelöstes Rätsel.
Der ausführlichen Beschreibung von Kiefern und Fühlern, so langweilig zu lesen, ist eine rasche Skizze vorzuziehen. Ich glaube deshalb genügend über die Larve des Bison auszusagen, wenn ich ihre hakenartige Krümmung des Körpers, ihren Sack auf dem Rücken, ihren raschen Kotausstoß und ihre Fähigkeit erwähne, die Löcher im Wohnraum rasch zu stopfen – alles Eigenschaften und Fähigkeiten, die die Mistkäfer durchweg be-

sitzen. Im August, wenn die Wurst inwendig ausgehöhlt und verzehrt ist und jetzt wie eine zerrissene Hülle aussieht, zieht sich die Larve auf das untere Ende ihrer Röhre zurück und schließt sich vom übrigen Teil der Höhle durch eine kugelige Umhüllung, hergestellt aus Materialien, die ihr Rucksack enthält, ab.

Dieses Bauwerk, eine zierliche Kugel, etwa von der Größe einer Kirsche, ist ein kleines Meisterwerk der Baukunst aus Mist, vergleichbar etwa dem Bau, den uns der Ontophagus taurus gezeigt hat. Kleine, knotenartige Erhöhungen, in konzentrischen Gruppen, abwechselnd wie die Ziegel eines Daches, von Pol zu Pol angeordnet, verzieren die Oberfläche der Kugel. Jeder dieser Knoten scheint einem Kellenwurf zu entsprechen, wenn das Insekt den Mörtel anbringt.

Wüßte man nicht, woher das Ding kommt, würde man es als den ziselierten Stein einer exotischen Frucht ansprechen. Eine Art grobe Samenhülle macht die Täuschung vollständig. Es ist die Rinde des Würstchens, die das Kernstück, das Glanzstück, umgibt, sich aber ganz leicht wegnehmen läßt, so etwa wie die grüne Nußschale von der Nuß. Nach dieser Entschälung ist man dann ganz überrascht, einen so wunderbaren Kern in einer so primitiven Hülle vorzufinden.

Das also ist der Raum, in dem sich die Metamorphose vollzieht. Hier verbringt die Larve den Winter in Erstarrung. Ich erhoffte das ausgewachsene Insekt auf den Frühling; zu meiner größten Überraschung dauerte der Larvenzustand bis Ende Juli. Ungefähr eines Jahres also bedarf es, bis die Puppe erscheint. Diese langsame Reife erstaunt mich. Ist sie die Regel in der freien Entwicklung? Ich denke ja, denn während der Gefangenschaft in meiner Voliere hat sich gar nichts ereignet, was eine solche Verzögerung in der Entwicklung hätte bewirken können. Ich protokolliere das Resultat meines Versuches, ohne einen Irrtum befürchten zu müssen: Bewegungslos in ihrem schmucken und starken Kästchen, braucht die Larve des Onitis bison zwölf Monate, um zur Puppe heranzureifen, während die

Larven der übrigen Mistkäfer diese Verwandlung in einigen Wochen vollziehen. Die Ursache dieser sonderbaren Langlebigkeit aber zu erklären oder auch nur ahnen, nur vermuten zu wollen, daran ist nicht zu denken. Das gehört in den Bereich des Unerklärbaren, des Unerklärlichen.
Wenn diese harte Schale aus Mist, die bis jetzt so hart war wie ein Fruchtstein, durch die Regengüsse des Septembers aufgeweicht wird, gibt sie unter dem Wachstum des Gefangenen nach, und das ausgewachsene Insekt steigt zum Tageslicht empor, wo es herrlich und in Freuden lebt, solange es ihm die laue Luft der vorgerückten Jahreszeit noch erlaubt. Beim ersten Kälteschauer jedoch bezieht es sein Winterquartier in der Erde, erscheint dann erst wieder im Frühjahr und beginnt dann von neuem seinen Lebenslauf.

Der gleich zu Beginn erwähnte Sisyphus ist ein kleiner dunkler Pillendreher, der immer paarweise seine Kugeln rollt. Der weibliche Partner gräbt sie dann alleine ein und modelt sie zu einer Brutbirne um, in der das Ei sich selbst überlassen bleibt. Die Regeln der Brutpflege wechseln auch innerhalb einer Gattung. So arbeiten beim Mondkäfer, den Fabre hier schildert, Männchen und Weibchen zusammen; beim Spanischen Pillendreher aber bewohnt nur der weibliche Käfer die Bruthöhle.
Fabre hebt den großen Unterschied in der Dauer des Larvenlebens der verschiedenen Mistkäfer hervor; es geht ihm um den Gegensatz der Larvenzeit von einem Jahr bei Onitis Bison gegen die zwei Monate anderer Arten, etwa der Gattung Scarabäus. In unseren nördlicheren Zonen ist Überwinterung der Larve und Verpuppung zu Beginn des zweiten Lebensjahres die Norm!
Was der Forscher von Sérignan seinerzeit noch »in den Bereich des Unerklärbaren, des Unerklärlichen« einordnet, enthüllt sich – aber erst seit kaum zwei Jahrzehnten – den tiefer dringenden Experimenten als ein von Hormonen geregelter Ablauf. Wir wissen, daß mehrere Hormone zusammenwirken, um die Verpuppung zu sichern, und daß eigenartige Ruhephasen – »Diapausen« – an verschiedenen Stellen in den Lebenslauf von Insekten eingefügt werden können: bei der einen Art etwa eine lange Ruhezeit der Eier, bei andern eine solche von Larven oder der Puppe.

V
EIN SAMMLER VON PRACHTKÄFERN
(Léon Dufour zu Ehren)

Für jeden denkenden Menschen gibt es Bücher, die Epoche machen, weil sie ihm ungeahnte Horizonte eröffnen. Weit öffnen sie die Türen zu einer neuen Welt, an der sich künftig sein Denken erproben wird. Sie sind der zündende Funke, der einen Brandherd entfacht, und ohne ihn hätte der Stoff ewig nutzlos dagelegen. Und diese Bücher, diese Lektüre, die den Ausgangspunkt einer neuen Entwicklung unserer Vorstellungen und Gedanken bilden, werden uns oft durch einen reinen Zufall in die Hände gespielt. Ein paar Linien Text, die uns irgendwie unter die Augen kommen, entscheiden über unsere Zukunft, und wir geraten in die Furche unserer Bestimmung.

An einem Winterabend, allein am Ofen, dessen Asche noch warm war – die ganze Familie schlief schon –, vergaß ich beim Lesen die Sorgen für den kommenden Tag, die düsteren Sorgen eines Physiklehrers, der, nachdem er ein Universitätsdiplom nach dem anderen erworben und während eines Vierteljahrhunderts sich in seinem Amt abgemüht und anerkanntermaßen Verdienste erworben hatte, für sich und die Seinen ein Jahresgehalt von sechzehnhundert Franken erhielt, weniger als der Lohn eines Stallknechts in einem Herrschaftshaus. So wollte es die beschämende Knauserei jener Epoche für alle Dinge, die den Unterricht betrafen, so wollte es auch der behördliche Papierkram. War ich doch einer außerhalb der gewöhnlichen Ordnung, einer, der sich selbst gebildet hatte. Inmitten meiner Bücher also vergaß ich das Elend meiner Professorenstelle, als mir eine entomologische Schrift zwischen die Finger geriet, die sich, ich weiß nicht wieso, unter meinem Lesestoff befand.

Es war eine Arbeit des damaligen Patriarchen der Insektenkunde, des ehrwürdigen Gelehrten Léon Dufour, über die Lebensweise eines Hautflüglers, der Prachtkäfer jagte. Gewiß, ich hatte mich schon früher mit den Insekten beschäftigt; Käfer, Bienen und Schmetterlinge waren von Kind auf meine Freude gewesen. Soweit ich mich zurückerinnern kann: immer bildeten die Pracht der Flügeldecken eines Laufkäfers, die Flügel eines Schwalbenschwanzes mein Entzücken. Das Brennholz im Ofen lag bereit, es fehlte nur noch der Funke, es zum Aufflammen zu bringen. Die zufällige Lektüre der Schrift von Léon Dufour war dieser Funke.

Neue Einsichten blitzten auf, Offenbarungen gleich. Schöne Käfer in einer mit Kork ausgeschlagenen Schachtel einzuordnen, sie zu bestimmen und zu klassieren, das war also nicht die ganze Wissenschaft. Es gab noch etwas Größeres: das tiefer gehende Studium des Aufbaus und besonders der Eigenschaften des Tieres. Ich las da pochenden Herzens ein wunderbares Beispiel. Einige Zeit später erlaubten mir glückliche Umstände, die sich jenem immer darbieten, der sie mit Leidenschaft sucht, meine erste entomologische Arbeit zu veröffentlichen, eine Ergänzung jener von Léon Dufour. Diesem Erstling widerfuhr Ehre durch das Institut de France: ein Preis für experimentelle Physiologie. Aber eine noch größere Belohnung war es für mich, als ich kurz nachher von dem, der mich inspiriert hatte, einen Brief erhielt, voll des Lobes und der Aufmunterung. Der verehrte Meister sandte mir aus den Tiefen seines Landes den wärmsten Ausdruck seiner Begeisterung und forderte mich lebhaft auf, so fortzufahren. Die Erinnerung daran netzt noch heute meine alten Lider mit einer Träne heiligster Bewegung. O schöne Tage der Träume und des Glaubens an die Zukunft, was ist aus euch geworden?

Vielleicht mißfällt es dem Leser nicht, auszugsweise wenigstens, hier jene Denkschrift Dufours zu finden, die der Ausgangspunkt meiner eigenen Forschungen wurde, um so mehr als dieser Auszug zum Verständnis dessen, was folgt, nötig ist.

Ich lasse also das Wort dem Meister, allerdings ein wenig gekürzt.*

»Ich kenne in der Geschichte der Insekten keinen so merkwürdigen und außerordentlichen Tatbestand wie den, von dem ich Ihnen im nachfolgenden berichten werde. Es handelt sich um eine Wespenart (Cerceris), die ihre Nachkommenschaft mit den größten Exemplaren aus der Familie der Bupresten, der Prachtkäfer, ernährt. Erlauben Sie mir, mein Freund, Sie an den tiefen Eindrücken teilnehmen zu lassen, die das Studium der Sitten dieses Hautflüglers in mir hinterlassen hat.

Im Juli 1839 sandte mir ein auf dem Lande wohnender Freund zwei Exemplare des Buprestis bifasciata, eines Insekts, das in meiner Sammlung noch fehlte, und gleichzeitig teilte er mir mit, eine nicht bestimmte Wespe, die im Begriffe war, den schönen Hautflügler davonzutragen, habe ihn während ihres Fluges auf sein Kleid fallen lassen, und wenige Augenblicke später habe eine gleiche Wespe einen gleichen Käfer auf die Erde fallen lassen.

Im Juli 1840, während eines ärztlichen Besuches im Hause meines Freundes, erinnerte ich ihn an seinen Fang im vorigen Jahre, und ich erkundigte mich nach den näheren Begleitumständen. Die gleiche Jahreszeit und der gleiche Ort ließen mich hoffen, es möchte mir die gleiche Eroberung beschieden sein. Allein das Wetter an diesem Tage war kalt und unfreundlich und nicht besonders einladend für die Hautflügler. Trotzdem legten wir uns zwischen den Baumreihen des Gartens auf die Lauer; da aber nichts angeflogen kam, fiel es mir ein, auf dem Boden nach Nestern von sich eingrabenden Hautflüglern Ausschau zu halten.

Ein kleiner Sandhaufen, der offenbar frisch aufgeworfen worden war und einem winzigen Maulwurfshügel glich, erregte meine Aufmerksamkeit. Ein wenig daran kratzend, erkannte

* *Aus den »Annales des Sciences naturelles«, deuxième série, tome XV, Bemerkungen über die Metamorphosen des Cerceris bupresticida und zum Verhalten (industrie), zum entomologischen Instinkt dieses Hautflüglers, von Léon Dufour.*

ich, daß er die Öffnung zu einem Gang verdeckte, der tief in den Boden hineinführte. Mit Hilfe eines Spatens gruben wir die Erde sorgfältig um, und bald sahen wir da und dort verstreut die Flügeldecken des von uns so begehrten Prachtkäfers glänzen. Bald waren es nicht nur die einzelnen Flügeldecken oder Teile davon, die wir fanden, sondern ein ganzer, und dann waren es drei, vier Prachtkäfer, die ihr Gold und ihre Smaragde vor uns ausbreiteten. Ich traute meinen Augen nicht. Aber das war erst der Anfang meiner Freuden.
Im Ausgrabungsschutt fiel mir ein Hautflügler in die Hände; es war der Entführer der Prachtkäfer, und inmitten seiner Opfer versuchte er zu entkommen. In diesem Grabinsekt erneuerte ich eine alte Bekanntschaft, eine Wespe, der ich über zweihundertmal in meinem Leben begegnet bin, sei es in Spanien, sei es in der Umgebung von Saint-Sever (Landes).
Aber mein Ehrgeiz war noch lange nicht befriedigt. Es genügte mir nicht, den Räuber und seine Beute zu kennen; ich mußte die Larve haben, die allein die Verzehrerin dieser reichen Vorräte sein konnte. Nachdem ich diese erste Quelle von Prachtkäfern erschöpft hatte, machte ich mich an neue Ausgrabungen. Doch diesmal untersuchte ich den Boden mit peinlicher Sorgfalt, und schließlich vervollständigten wirklich zwei Larven die Beute dieses Feldzuges. In weniger als einer Stunde deckte ich drei Schlupfwinkel von Grabwespen auf und brachte so etwa fünfzehn vollständige Prachtkäfer ans Tageslicht, nebst Teilstücken einer noch größeren Zahl. Ich schätzte, daß in diesem Garten etwa fünfundzwanzig Nester von Grabwespen vorhanden waren – und sicher blieb ich mit dieser Schätzung noch hinter der Wirklichkeit zurück –, was auf eine sehr große Zahl von vergrabenen Prachtkäfern schließen ließ. Wie aber würde es erst an jenen Orten sein, fragte ich mich, wo ich in wenigen Stunden von den Blüten der Zwiebelgewächse über sechzig Wespen ablesen konnte, deren Nester sich offenbar ganz in der Nähe befanden und die sicher gleicherweise verproviantiert wurden? Auf Grund dieses Tatbestandes konnte ich mir leicht

vorstellen, daß sich im Boden, im engen Umkreis, Tausende von Prachtkäfern befinden mußten, während mir, der ich die Insektenwelt unserer Gegend seit über dreißig Jahren durchforschte, im Freien kein einziger unter die Augen gekommen war.

Nur einmal, es ist nun etwa fünfundzwanzig Jahre her, entdeckte ich den im Loch einer alten Eiche steckenden, noch mit den Flügeldecken versehenen Hinterleib dieses Insekts. Das war für mich ein Lichtblick. Es zeigte mir, daß die Larve der Buprestis bifasciata im Holz der Eiche lebt, und es erklärte mir die große Zahl dieser Käfer in Gegenden, in denen die Wälder fast ausschließlich aus Eichen bestehen. Da der Cerceris bupresticida in den Kreidehügeln dieser Gegenden, im Gegensatz zu den sandigen Ebenen, die mit Strandkiefern bewachsen sind, selten vorkommt, reizte es mich, zu erfahren, ob dieser Hautflügler, wenn er in der Region der Kiefern lebt, sein Nest mit dem gleichen Proviant ausstattet wie in den Regionen der Eiche. Ich vermutete, daß dies nicht so sei, und Sie werden nicht ohne etwelche Überraschung sogleich sehen, über welch ein feines entomologisches Gefühl unser Cerceris verfügt, wenn es darum geht, unter den zahlreichen Arten der Gattung Buprestis seine Wahl zu treffen.

Begeben wir uns also in die Region der Kiefern, die uns neue Entdeckerfreuden verspricht. Das Forschungsfeld ist der Garten einer Besitzung inmitten von Kiefernwäldern. Die Schlupfwinkel des Cerceris waren bald gefunden; sie befanden sich ausschließlich in den großen Gartenwegen, wo der festgetretene Boden dem Nest dieses grabenden Hautflüglers die größte Sicherheit gewährte. Ich untersuchte etwa zwanzig im Schweiße meines Angesichts, wie ich sagen darf. Denn es ist eine mühsame Forschungsarbeit, befinden sich doch diese Nester und damit der in ihnen aufgestapelte Vorrat fußtief im Boden. Nachdem man in den Eingang der Höhle einen Strohhalm gesteckt hat, der als Richtlatte dient, ist es ratsam, die Festung mit einem viereckigen Laufgraben zu umgeben, dessen Seiten

etwa sieben bis acht Finger breit von der Öffnung entfernt sind. Auf diese Weise verhindert man den Zerfall des Nestes. Graben muß man mit einer Gartenschaufel, und zwar so, daß die Scholle, ringsum völlig befreit, als ein einziges Stück gehoben, umgewendet und dann behutsam zerbrochen werden kann. Das war mein erfolgreicher Kunstgriff.
Auch Sie, lieber Freund, wären, wie wir, begeistert gewesen, wenn Sie die herrlichen Exemplare der Bupresten gesehen hätten, die diese neue Art der Ausbeutung zutage förderte. Sie hätten die Freudenrufe hören sollen, die wir jedesmal ausstießen, wenn wir die Erdmotte wendeten und auf neue Schätze stießen, die im Sonnenlicht herrlich leuchteten, oder wenn wir die Larven entdeckten, die an ihrer Beute hingen, oder die Gehäuse dieser Larven, die alle wie mit Kupfer, Bronze und Smaragd belegt waren. Ich, der ich doch schon seit drei oder vier Jahrzehnten ein erfahrener Insektenjäger bin, hatte noch nie so etwas Herrliches gesehen, noch nie an einem solchen Fest der Augen teilgenommen. Sie hatten noch gefehlt, dann wäre es eine doppelte Freude gewesen! Unsere sich immer noch steigernde Bewunderung galt abwechslungsweise den herrlichen, so wunderbar ausgesuchten Käfern und der erstaunlichen Klugheit des Cerceris, der sie vergraben und aufgespeichert hatte. Klingt es nicht unglaublich, daß sich unter den mehr als vierhundert ausgegrabenen Exemplaren kein einziges befand, das nicht zur Gattung der Bupresten gehörte? Nicht der kleinste Irrtum ist unserem klugen Hautflügler unterlaufen. Welche Lehre kann man aus der weisen Tätigkeit eines so kleinen Insektes ziehen!
Untersuchen wir nun die verschiedenen Kunstgriffe des Cerceris beim Bau und bei der Verproviantierung des Nestes. Ich habe es schon erwähnt: mit Vorliebe wählt er einen festen, kompakten Boden; ich füge noch bei, daß er trocken und der Sonne ausgesetzt sein muß. In dieser Wahl offenbart sich eine Intelligenz oder, wenn Sie lieber wollen, ein Instinkt, den man als das Ergebnis einer Erfahrung ansprechen möchte. Lockere

Erde, ein durchweg sandiger Boden wäre zweifellos viel leichter zu bearbeiten; aber wie sollte man darin eine ständige, große Öffnung anbringen, die doch nötig ist, und einen Gang, dessen Wände nicht jeden Augenblick vom Einsturz und von der Verstopfung bedroht sind? Die Wahl ist also zweckmäßig und vollkommen richtig.
Unser wühlender Hautflügler gräbt seinen Gang vermittels der Kiefer und der Endglieder seiner Vorderbeine, die zu diesem Behufe mit harten Spitzen versehen sind und so als Rechen dienen. Der Eingang muß nicht nur dem Bergmann, sondern auch seiner um vieles größeren Beute Durchlaß gewähren. Eine bewundernswerte Voraussicht! Je tiefer der Cerceris sich in den Boden gräbt, um so mehr Abraum fördert er an die Oberfläche, der dann den kleinen Haufen bildet, den ich mit einem Maulwurfshügel verglich. Der Gang ist nicht senkrecht angelegt; so wird vermieden, daß er sich infolge des Windes oder aus irgendeinem anderen Grunde verstopft. Nicht weit hinter dem Eingang bildet er eine Krümmung. An seinem Ende richtet die geschickte Mutter die Wiegen für ihre Nachkommenschaft ein. Das sind fünf voneinander getrennte und unabhängige Zellen, im Halbkreis angeordnet, von der Form und der Größe einer Olive etwa, glatt und fest auf der inneren Fläche. Jede von ihnen ist so groß, daß drei Prachtkäfer darin Platz haben, die übliche Ration einer Larve. Die Mutter legt ein Ei zwischen die drei Beutetiere und vermauert hierauf den Gang mit Erde, so daß, wenn einmal die Verproviantierung der ganzen Brut beendet ist, zwischen den Zellen und der Außenwelt keine Verbindung mehr besteht.
Der Cerceris bupresticida muß ein listiger, unerschrockener, gewandter Jäger sein. Die Sauberkeit, die Frische der Prachtkäfer, die er in seinem Bau vergräbt, läßt vermuten, daß er diese Hartflügler gerade in dem Augenblick überrascht, da sie im Begriffe sind, die Holzgänge zu verlassen, in denen sich ihre letzte Metamorphose soeben vollzogen hat. Aber welch unbegreiflicher Instinkt heißt ihn, der nur vom Nektar der Blumen

7 Das Nest der Knotenwespe (Cerceris tuberculata).

lebt, unter tausend Schwierigkeiten für seine fleischfressenden Kinder, die er nie sehen wird, tierische Nahrung zu suchen und sich auf so ungleichartigen Bäumen auf die Lauer zu legen, die aber in der Tiefe ihres Stammes gerade jenes Insekt beherbergen, das seine Beute zu werden bestimmt ist? Und welch ein noch unbegreiflicheres entomologisches Gefühl heißt ihn, sich bei der Auswahl seiner Beute an eine einzige Gattung zu halten und dabei Arten zu erlegen, die sich in bezug auf Größe, Form und Farbe ganz beträchtlich voneinander unterscheiden? Denn beachten Sie, lieber Freund, wie wenig gleichen sich der Buprestis biguttata, dessen Körper dünn, lang und dunkelfarbig ist, der Buprestis octoguttata, länglichoval von Gestalt, mit großen, schönen gelben Flecken auf blauem oder grünem Grund, und der Buprestis micans, der drei- bis viermal größer ist als der Buprestis biguttata und eine schöne grün-gold metallisierende Färbung aufweist.

Es gibt im Gehaben unseres Buprestentöters noch eine ganz eigenartige Tatsache. Die vergrabenen Prachtkäfer, ebenso wie jene, die ich zwischen den Klauen ihrer Räuber fand, geben keine Lebenszeichen von sich; mit einem Worte, sie sind wirklich tot. Aber mit Überraschung stellte ich fest, daß diese Kadaver, wann immer ich sie ausgrub, nicht nur die Frische ihrer Farbe behalten hatten, sondern daß ihre Beine, ihre Fühler, ihre Taster und die Häutchen, die die Teile des Körpers miteinander verbinden, vollkommen biegsam und geschmeidig geblieben waren. Keine Verletzung, keine Wunde war wahrzunehmen. Man war versucht, was die Begrabenen betrifft, dies mit der Kühle des Bodens, der Abwesenheit von Luft und Licht zu erklären, und für jene, die man dem Räuber selbst abgenommen hatte, mit der Kürze der Zeit, die seit dem Eintritt des Todes verflossen war.

Aber beachten Sie nun bitte, daß es während meiner Erkundungsreisen sehr oft vorkam, daß ich die zahlreichen ausgegrabenen Bupresten erst nach etwa sechsunddreißig Stunden auf die Nadel aufspießen konnte; in der Zwischenzeit blieb ein jeder von ihnen in einem Papiersäcklein gesondert aufbewahrt. Aber sehen Sie, trotz der Trockenheit und trotz der großen Julihitze fand ich stets dieselbe Beweglichkeit der Gelenke vor. Ja, mehr noch, nach dieser Zeit habe ich mehrere von ihnen seziert, und dabei fand ich, daß ihre Eingeweide noch genau so gut erhalten waren wie bei einem lebenden Insekt. Eine sehr lange Erfahrung aber hat mich gelehrt, daß selbst bei einem Käfer dieser Größe im Sommer zwölf Stunden nach dem Tode die innern Organe entweder so ausgetrocknet oder dann so verdorben sind, daß ihre Form und ihr Gefüge nicht mehr erkannt werden können. Bei den durch den Cerceris getöteten Bupresten muß es besondere Umstände geben, die ihr Vertrocknen oder Faulen während einer, sogar während zweier Wochen verhindern, Aber was für Umstände sind dies?«

Um diese erstaunliche Frische des Fleisches eines Insektes zu erklären, das während Wochen die Bewegungslosigkeit eines Kadavers aufweist und ein Wild darstellt, das keinen Wildgeruch bekommt, das sich während der Sommerhitze so frisch erhält, als wäre es eben erlegt worden, meint der gewandte Biograph des Buprestenjägers, es handle sich dabei um eine antiseptische Flüssigkeit, die nach der Art jener Mittel wirke, die man anwendet, um anatomische Präparate zu konservieren. Es könne diese Flüssigkeit nichts anderes sein als das Gift des Hautflüglers, das er dem Körper seines Opfers einimpfe. Ein winziges Tröpfchen Gift am Stachel – eine richtige Impfsonde – wirke als Salzlauge oder Konservierungsmittel, um das Fleisch, aus dem die Larve sich ernährt, frisch zu erhalten. Aber wie hoch über unserer Konservenindustrie steht das Verfahren des Hautflüglers! Wir salzen, wir würzen, wir räuchern, wir bewahren in hermetisch verschlossenen Blechbüchsen die Speisen auf und erhalten sie auf diese Weise wohl genießbar, es ist wahr, aber lange nicht mehr haben sie denselben Geschmack wie in frischem Zustand. Die in Öl getränkten Sardinen, die geräucherten Heringe, der durch Salz und Sonne zu einer Platte

zusammengeschrumpfte Dorsch, können sie einen Vergleich mit den lebend in die Küche gelieferten Fischen aushalten? Und mit dem Fleisch steht es noch schlimmer. Außer Salzen und Räuchern haben wir nichts, das uns, selbst für eine relativ kurze Zeit, ein Stück Fleisch in eßbarem Zustande erhalten könnte. Heute (1879!), nach tausend gescheiterten Versuchen, kann man allerdings Dampfer mit Gefrieranlagen ausrüsten, die uns Gefrierfleisch von Schafen und Ochsen über das Meer bringen, die in den Pampas von Südamerika geschlachtet worden sind. Aber wie ist der Cerceris uns turmhoch überlegen mit seiner so rasch wirkenden, billigen und wirksamen Methode! Was haben wir noch von der höheren Chemie der Sandwespen zu lernen! Durch einen winzigen Tropfen ihres Giftes wird ihre Beute augenblicklich unverweslich, unverderblich. Was sage ich? Unverderblich? Das ist noch lange nicht alles! Sie versetzt das erlegte Wild in einen Zustand, in dem es nicht nur nicht verwest, sondern der allen Gelenken ihre Beweglichkeit und alle inneren und äußeren Organe in ihrer ursprünglichen Frische erhält; kurz, sie versetzt das Opfer in einen Zustand, der sich vom lebenden nur durch eine vollständige, leichenhafte Unbeweglichkeit unterscheidet.
Das ist die Vorstellung, die sich L. Dufour angesichts des unbegreiflichen Wunders der unverderblichen Bupresten aufdrängte. Eine konservierende Flüssigkeit, unendlich hoch über allem stehend, was die menschliche Wissenschaft hervorgebracht hat, sollte das Geheimnis erklären. Er, der Meister, der Kluge, Geschickte, mit den feinsten anatomischen Untersuchungen Vertraute, er, der mit der Lupe und dem Seziermesser ganze Serien von Insekten zergliederte, ohne den kleinsten Winkel unerforscht zu lassen, er endlich, für den der Bau der Insekten kein Geheimnis mehr ist – er findet nichts Besseres als eine antiseptische Flüssigkeit, um einem verwirrenden Tatbestand wenigstens den Anschein einer Erklärung zu verleihen. Es sei mir hier erlaubt, den Instinkt des Tieres und den Verstand des Gelehrten miteinander zu vergleichen und dann spä-

ter, wenn es so weit ist, Sie auf die vernichtende Überlegenheit des Tieres hinzuweisen.
Ich füge dieser Geschichte der Sandwespe (Cerceris bupresticida) nur wenige Worte bei. Dieser Hautflügler, der in den Landes, wie uns sein Chronist berichtet, allgemein verbreitet ist, scheint im Departement Vaucluse sehr selten vorzukommen. Nur von Zeit zu Zeit begegne ich ihm im Herbst, und immer nur vereinzelt, auf den dornigen Köpfen der Rolandsdistel (Eryngium campestre, ein Doldenblütler), sei es in der Umgebung von Avignon, sei es in der von Orange und Carpentras. In der letztgenannten Örtlichkeit, mit ihrem sandigen, aus maritimer Molasse gebildeten Boden, glückte es mir, einige alte Nester zu entdecken, die zwar nicht die entomologischen Schätze enthielten, die uns L. Dufour beschrieb, die ich aber trotzdem ohne Zögern dem Buprestenjäger zuschreibe, und ich stütze mich dabei auf die Form der Kokons, auf die Art ihrer Verproviantierung und die Tatsache, daß ich diesem Hautflügler in deren Nähe begegnete. Diese Nester in sehr brüchigem, lockerem Sandstein – hier »safre« genannt – waren mit Bruchstücken von Käfern angefüllt, Bruchstücke, die sich leicht identifizieren ließen, bestehend aus Flügeldecken, ausgehöhlten Brustpanzern, ganzen Beinen. Aber alle diese Überreste vom Festmahl der Larven stammten von einer einzigen Käferart, wieder einem Buprestis, dem Buprestis gemine (Sphaenoptera geminata). So bleibt also von der westlichen bis zur östlichen Grenze Frankreichs, vom Departement Landes bis zu jenem der Vaucluse, der Cerceris seinem Leibgericht treu. Der Breitengrad ändert nichts an seinen Liebhabereien; Buprestenjäger zwischen den maritimen Pinien (Pinus maritimus), auf den Dünen am Rande des Ozeans, bleibt er Buprestenjäger inmitten der immergrünen Eichen und Olivenbäume der Provence. Je nach der Gegend, dem Klima und dem Pflanzenwuchs, die so einen großen Einfluß in der Insektenwelt ausüben, ändert er wohl die Art, nie aber verläßt er die von ihm bevorzugte Gattung, die Gattung der Bupresten, der Prachtkäfer. Aus welch

seltsamen Gründen wohl? Das ist es, was ich zu erklären versuchen werde.

Die Geschichte vom Prachtkäfer sammelnden Cerceris ist ein so wichtiges Faktum in Fabres Leben, daß wir sie aufgenommen haben, obschon ein großer Teil des Textes Zitat ist. Sie macht uns mit Léon Dufour bekannt, der als Naturforscher auf der atlantischen Seite Südfrankreichs gewirkt hat und den man den Linné der Pyrenäen genannt hat. Er hat dem Ärztestand angehört, dem die Naturforschung so manchen bedeutenden Helfer und Anreger verdankt.
Fabre hat mit besonderer Hingabe eine andere Form der Gattung erforscht, die Knotenwespe, Cerceris tuberculata, welche vor allem Rüsselkäfer der Gattung Cleonus einträgt und die sehr engbegrenzte Beutewahl der Raubwespen drastisch vor Augen führt.
Da wir dem Anreger Léon Dufour begegnet sind, darf auch ein Nachfolger J.-H. Fabres hier genannt werden, der mit Liebe gerade die Forschungen an Wespen und Bienen fortgesetzt hat: Charles Ferton (1856-1921). Er war Offizier und hat in seiner Freizeit das Leben der Hautflügler studiert – vor allem auf Korsika, wo er am längsten geweilt hat. Seit 1891 folgen sich viele kleinere Publikationen. Sie sind in Auswahl gesammelt zugänglich: Ferton, Ch., La vie des abeilles et des guêpes (bei E. Chiron, Paris 1923). Während Fabre stärker die Konstanz gewisser instinktiver Methoden bei den Individuen einer Art hervorhebt, hat Ferton den Variationen der Taktik bei den Raubwespen größere Beachtung gegeben und so wichtige Erweiterungen unserer Kenntnisse gebracht.

VI
EINE BESTEIGUNG DES MONT VENTOUX
(1865)

Infolge seiner Isoliertheit, die ihn allen Einflüssen der Witterung aussetzt, infolge seiner Höhe, die ihn innerhalb der Alpen- und Pyrenäengrenze zum höchsten Punkt Frankreichs macht, eignet sich der kahle Berg der Provence, der Mont Ventoux, besonders gut zu pflanzenklimatischen Studien. An seinem Fuße gedeihen der frostempfindliche Olivenbaum und eine große Zahl jener halbholzigen Pflanzen, wie der Thymian, deren aromatische Wohlgerüche zu der Sonne der Mittelmeergebiete gehören. Auf seinem Gipfel hingegen, der während mindestens sechs Monaten von Schnee bedeckt ist, findet man einen nordischen Pflanzenwuchs, der zum Teil aus arktischen Gebieten stammt. Ein halber Tag senkrechten Aufstiegs läßt vor unseren Blicken eine Folge von Pflanzentypen vorüberziehen, denen man sonst nur während einer langen Reise von Süd nach Nord, demselben Längengrad entlang, begegnen würde. Am Anfang wandern die Füße auf dem duftenden Thymian, der sich auf den unteren Kuppen als endloser Teppich ausbreitet; in einigen Stunden jedoch schreiten sie über den dunklen Pölsterchen des Gegenblättrigen Steinbrechs (Saxifraga oppositifolia L.), der ersten Pflanze, die der Botaniker wahrnimmt, wenn er im Juli in Spitzbergen an Land geht. Habt ihr in der Tiefe noch die scharlachroten Blumen des Granatapfelbaumes gepflückt, der unter dem afrikanischen Himmel beheimatet ist, so werdet ihr oben einem kleinen behaarten Mohn begegnen, dessen Stengel im schützenden Steingeröll emporwächst und dessen große, gelbe Blütenkrone sich in der eisigen Abgeschiedenheit Grönlands und des Nordkaps, aber auch an den oberen Gipfelhängen des Mont Ventoux entfaltet.

Solche Kontraste verlieren ihren Reiz nie, selbst fünfundzwanzig Besteigungen brachten mir noch keinen Überdruß.
Im August 1865 unternahm ich die dreiundzwanzigste. Wir waren unser acht; bei dreien war die Botanik die treibende Kraft, die fünf anderen lockte die Bergtour und das Gipfelpanorama. Aber keiner jener fünf, denen das Studium der Pflanzen nichts sagte, hat nachher den Wunsch geäußert, mich nochmals zu begleiten. Denn tatsächlich, der Aufstieg ist beschwerlich, und ein Sonnenaufgang entschädigt nicht für die ausgestandenen Strapazen.
Der Mont Ventoux läßt sich am besten mit einem Haufen jenes Schotters vergleichen, den man zum Unterhalt der Straßen benötigt. Denkt euch diesen Haufen zweitausend Meter hoch, gebt ihm eine entsprechende Basis, bekleidet den weißen Kalkfelsen mit dunklen Wäldern, und ihr könnt euch von diesem Berg eine ziemlich genaue Vorstellung machen. Der aus Splittern und riesigen Blöcken bestehende Trümmerhaufen wächst unmittelbar aus der Ebene empor, ohne Vorgebirge, ohne eine Folge von Stufen, die den Aufstieg gliedern und dadurch weniger mühsam gestalten würden. Der Anstieg beginnt sogleich auf steinigen Pfaden, deren bester etwa einer frisch geschotterten Straße gleicht, und der Aufstieg wird immer steiler bis zum Gipfel auf 1912 Meter über Meer. Frische Matten, fröhliche Bächlein, mit Moos bewachsene Steine, der Schatten hundertjähriger Bäume – kurz, all jene Dinge, die einem Berg etwas Liebliches verleihen – sind hier vollkommen unbekannt. An ihrer Stelle haben wir eine nicht enden wollende Decke von Kalksplittern, die beinahe metallisch klirrend unter dem Fuße wegrutschen. Rieselnder Steinschlag, das sind die Wasserfälle des Mont Ventoux; das Krachen stürzender Felsen ersetzt das Murmeln der Bäche.
Nun sind wir also in Bédoin, dicht am Fuße des Berges. Die Verhandlungen mit dem Führer sind beendigt, die Stunde des Aufbruchs festgesetzt; über den Proviant hat man sich geeinigt, und er wird hergerichtet. Versuchen wir zu schlafen, denn

morgen werden wir die ganze Nacht auf dem Berge wachend zubringen. Schlafen aber ist wirklich schwer, und es ist mir auch nie gelungen; und dies ist wohl der wahre Grund dafür, warum diese Tour so anstrengend ist. Ich rate deshalb allen meinen Lesern, die eine botanische Exkursion auf den Ventoux planen, nicht an einem Sonntagabend in Bédoin zu übernachten. Nur so vermeiden sie, das lärmige Kommen und Gehen unten in der Wirtschaft zu hören, die nicht enden wollenden Gespräche in höchster Lautstärke, das Geklirr der Gläser, die Weinlieder, den nächtlichen Singsang der Heimkehrenden, das Gebrüll der Blechinstrumente aus dem benachbarten Tanzlokal und andere unvermeidliche Drangsale, die der heilige Tag des Nichtstuns und der Freuden mit sich bringt. Wird es wohl während der Woche ruhiger sein? Ich hoffe es, kann aber keine Gewähr dafür übernehmen. Was mich anbelangt, so habe ich kein Auge geschlossen. Die ganze Nacht knarrte im Raum unter meinem Zimmer der Bratenwender, unseres Reiseproviants wegen. Nur ein dünner Bretterboden trennte mich von der höllischen Maschinerie. Endlich dämmert es. Ein Esel schreit unter unseren Fenstern. Auf, es ist Zeit! Es wäre wohl klüger gewesen, gar nicht zu Bett zu gehen. Der Proviant und das Gepäck sind aufgeladen. »Ja, hi!« macht unser Führer, und los geht's. Es ist vier Uhr morgens. An der Spitze unserer Karawane marschiert Triboulet mit seinem Maultier und seinem Esel, Triboulet, der älteste der Führer auf den Mont Ventoux. Im frischen Licht der Morgenstunde durchforschen die Blicke meiner Kollegen, der Botaniker, die Vegetation der Wegränder, die anderen schwatzen. Ein Barometer über die Schulter gehängt, ein Notizbuch und einen Bleistift in der Hand, bilde ich den Schluß.

Mein Barometer, dazu bestimmt, die Höhe der wichtigsten botanischen Standorte festzustellen, wird rasch ein willkommener Vorwand, meinem Feldfläschchen mit dem Rum einen Besuch abzustatten. Sobald eine bemerkenswerte Pflanze entdeckt wird, ruft einer: »Rasch, einen Blick auf das Barometer!«

– und schon drängeln sich alle um die Feldflasche, das physikalische Instrument kann warten. Die Morgenkühle und der Marsch haben zur Folge, daß wir diese Blicke auf das Barometer so schätzen, daß das Niveau der stärkenden Flüssigkeit noch rascher sinkt als jenes der Quecksilbersäule. Der Gedanke an die Zukunft gebietet mir jedoch, Torricellis Röhre weniger oft zu Rate zu ziehen.

Langsam verschwinden mit der sinkenden Temperatur zuerst der Olivenbaum und die immergrüne Eiche, dann die Rebe, der Mandelbaum, dann der Maulbeerbaum, der Nußbaum, die Steineiche. Der Buchs beginnt überall zu wachsen. Dann betritt man die eintönige Gegend zwischen dem Ende der Kulturpflanzen und der unteren Grenze der Buchen, in der die Alpensaturei (Satureja alpina) vorherrscht, im Volksmund Pebré d'asé, Eselspfeffer, genannt, seiner kleinen Blätter wegen, die ein aromatisches Öl enthalten. Eine gewisse Sorte kleiner Käse, die zu unserem Mundvorrat gehören, sind mit diesem starken Gewürz bestreut. Mehr als einer von uns schneidet sie im Geiste bereits an, mehr als einer wirft einen lüsternen Blick auf die Satteltasche des Maultiers mit unserem Proviant. Unsere rauhe Morgengymnastik hat Appetit gemacht, mehr als Appetit, sie hat einen verzehrenden Hunger wachgerufen, etwas, das Horaz also als »Latrantem stomachum« bezeichnet. Ich lehre meine Begleiter, wie man diesen knurrenden Magen bis zur nächsten Rast beschwichtigen kann; ich mache sie auf einen kleinen Sauerampfer mit pfeilspitzenförmigen Blättern inmitten des Gerölls aufmerksam, den Rumex scutatus L., den Schildampfer, und mit dem Beispiel vorangehend, pflücke ich eine Handvoll davon. Zuerst wird über meinen Vorschlag gelacht; ich lasse sie lachen, aber bald sehe ich sie alle beim Pflükken des köstlichen Sauerampfers miteinander wetteifern.

Und so, im Kauen der sauren Blätter, erreichen wir die Buchen, große vereinzelte, zu Boden gedrückte Büsche zuerst, dann Zwergbäume, einer gegen den andern gedrängt, endlich einen dichten, schattigen Wald aus kräftigen Stämmen, auf einem wüsten Durcheinander von Kalksteinen und Blöcken. Überlastet im Winter vom Schnee, das ganze Jahr über vom heftigen Mistral geschüttelt, sind viele dieser Bäume ihrer Äste beraubt und in seltsamer Weise gegen unten gedreht oder liegen auf dem Boden. Etwas mehr als eine Stunde brauchen wir, um diese Waldzone zu durchqueren, die aus der Ferne wie ein schwarzer Gürtel die Hänge des Mont Ventoux umschlingt. Endlich haben wir die obere Grenze erreicht und damit, zur großen Erleichterung aller, trotz des Sauerampfers, auch den Ort, an dem wir unser Mittagessen einnehmen werden.

Wir befinden uns bei der »Fontaine de la Grave«, einer kärglichen Quelle, deren Wasser in einige lange Buchenholztröge geleitet wird, an denen die Berghirten ihr Vieh tränken. Die Temperatur dieses Wassers beträgt sieben Grad, eine köstliche Erfrischung für uns, die wir aus der hundstäglichen Hitze der Ebene emporgestiegen sind. Auf einem bezaubernden Teppich von Alpenpflanzen, unter denen die Silberdisteln (Paronychia) glänzen, deren breite und dünne Deckblätter Schuppen gleichen, wird das Tischtuch ausgebreitet. Die Lebensmittel werden aus den Satteltaschen, die Flaschen aus ihrem Heulager hervorgeholt. Hierher kommen die großen Fleischstücke, die mit Knoblauch gespickten Hammelkeulen und die Stapel von Brot, dorthin die faden Hühnchen, gerade recht, ein bißchen die Kauwerkzeuge zu beschäftigen, wenn der erste Hunger gestillt ist. Nicht weit davon erhalten die Käse des Ventoux mit der Alpensaturei, die kleinen, mit dem Eselspfeffer gewürzten, ihren Ehrenplatz. Dicht daneben liegen die Würste aus Arles, in deren rosigem Fleisch Speckwürfel und ganze Pfefferkörner zu sehen sind. Hier, in diesen Winkel, kommen die noch von Salzwasser glänzenden grünen Oliven und die schwarzen, öl-getränkten, dorthin die Melonen aus Cavaillon, die mit dem weißen und die mit dem orangefarbenen Fleisch, denn es wird für jeden Geschmack gesorgt. Hierher kommen die Töpfe mit den Sardellen, auf die man, weil das unsere Beine stärkt, einen tüchtigen Schluck trinken muß; und endlich hier hinein, in das kalte Wasser der Tröge, kommen die Weinflaschen. Haben wir nichts vergessen? Doch, die wichtigste Nachspeise, die Zwiebel, die man roh, mit Salz bestreut, verzehrt. Unsere zwei Pariser, denn es gibt deren welche unter uns, meine Kollegen aus der Botanik nämlich, sind zwar zuerst ein wenig verdutzt über dieses mehr als üppige Menü, aber dann sind sie die ersten, die es loben. Alles ist nun bereit. Zu Tisch!

Nun beginnt eine jener homerischen Mahlzeiten, die in einem Leben Epoche machen. Die ersten Bissen werden mit einer Art Tobsucht verschlungen. Die Scheiben der Hammelkeule und die Brotstücke folgen einander in beängstigender Schnelligkeit. Jeder, ohne dem andern seine Besorgnis mitgeteilt zu haben, wirft einen besorgten Blick auf die Vorräte und fragt sich: werden wir genug haben, wenn es so weitergeht, wird es noch reichen für heute abend und morgen? Immerhin, der erste Heißhunger ist besänftigt; hat man zuerst schweigend die Mahlzeit verschlungen, so fängt man jetzt an, zu essen und dabei zu plaudern. Auch die Besorgnis für den morgigen Tag wird besänftigt; man läßt dem Anordner des Küchenzettels Gerechtigkeit widerfahren, er hat den Heißhunger vorausgesehen und alles getan, um ihm gebührend zu begegnen. Nun fängt man auch an, die Güte der Speisen zu würdigen. Der eine lobt die Oliven, von denen er eine um die andere mit der Spitze seines Messers aufpickt, ein anderer preist den Topf mit den Sardellen, während er auf seiner Brotscheibe den kleinen ockergelben Fisch zerlegt, ein dritter spricht begeistert von den Würsten, und alle endlich rühmen die kleinen, kaum handtellergroßen Käse, die mit dem Pebré d'asé gewürzt sind. Bald werden die Pfeifen und die Zigarren angezündet, und alle legen sich auf die Matten, den Bauch in der Sonne.

Nach einer Stunde Mittagsrast heißt es: Auf! Die Zeit drängt, wir müssen uns von neuem auf die Beine machen. Der Führer mit den Lasten wird allein in westlicher Richtung dem Waldrand entlang gehen, an dem sich ein für die Tragtiere geeigneter Pfad hinzieht. Er wird uns beim Jas, an der oberen Buchen-

grenze, auf 1550 Meter Höhe, wieder erwarten. Der Jas ist eine große Steinhütte, die während der Nacht Tiere und Menschen beherbergt. Wir selbst werden den Aufstieg fortsetzen bis zum Grat, dem entlang gehend wir dann den höchsten Gipfel erreichen werden. Nach Sonnenuntergang werden wir dann zur Hütte absteigen, die der Führer schon lange vorher bezogen hat. So ist der von allen gutgeheißene Plan.
Der Grat wird erreicht. Im Süden entfalten sich, soweit wir sehen können, die verhältnismäßig flachen Hänge, über die wir emporgestiegen sind; gegen Norden bietet sich unseren Blikken eine Landschaft von großartiger Wildheit dar: der Berg, manchmal als senkrecht abfallende Wand, manchmal als eine Stufenfolge von erschreckender Abschüssigkeit sich zeigend, ist eigentlich nichts anderes als die Wand eines Abgrunds von anderthalb Kilometern Tiefe. Ein hinabgeworfener Stein wird in seinem Fall nicht mehr aufgehalten, von Fels zu Fels springt er bis in den Talgrund hinunter, in dem sich wie ein Band die Toulourence hinschlängelt. Während meine Gefährten ganze Felsblöcke lösen und sie dem Abgrund zurollen, um ihren furchtbaren Sturz zu verfolgen, entdecke ich unter dem Schutzdach eines großen flachen Steines eine alte Insektenbekanntschaft, Psammophila hirsuta, die Behaarte Sandwespe, die ich in der Tiefe, auf den Böschungen der Wege, immer nur vereinzelt angetroffen hatte, während ich sie hier, fast auf dem Gipfel des Mont Ventoux, zu Hunderten an einem Haufen, unter demselben Dach finde.
Während ich noch über die Ursache dieser Ansammlung nachdenke, führt uns der Südwind, der uns schon am Morgen eine gewisse Sorge bereitet hatte, plötzlich eine große Ladung Wolken zu, die sich in Regen aufzulösen beginnt. Ehe wir noch darauf geachtet haben, sind wir von einem dichten, nassen Nebel umgeben, in dem wir nicht einmal mehr zwei Schritte weit sehen. Ein unglückliches Zusammentreffen will es, daß mein guter Freund Th. Delacour, auf der Suche nach der Felsenwolfsmilch (Euphorbia saxatilia), einer der pflanzlichen Merkwür-

digkeiten in dieser Höhe, sich von uns entfernt hat. Wir formen unsere Hände zu einem Megaphon und vereinigen die Kraft unserer Lungen zu einem gemeinsamen Ruf. Aber niemand antwortet. Die Stimmen verlieren sich im flockigen Regen und im Sausen des Sturmes. Suchen wir also den Verirrten, da er uns nicht hören kann! Aber inmitten der dunklen Wolke können wir uns selbst in einer Entfernung von zwei oder drei Schritten nicht mehr sehen, und von uns sieben bin ich der einzige, der die Örtlichkeit kennt. Um niemanden zu verlieren, geben wir uns alle die Hand, und ich übernehme die Spitze der Kette. Während einiger Minuten spielen wir richtig Blindekuh, ohne irgend etwas zu erreichen. Wahrscheinlich hat Delacour, ein mit dem Mont Ventoux Vertrauter, als er die Wolken kommen sah, die letzten Sonnenblicke benützend, in aller Eile die Schutzhütte aufgesucht. Tun wir also dasselbe, so rasch als möglich, denn schon läuft uns das Wasser im Innern der Kleider herab wie auf der Außenseite. Die nassen Zwilchhosen kleben an uns wie eine zweite Haut.
Eine große Schwierigkeit entsteht: dieses Hin und Her, dieses Drehen und Wenden während unserer Nachforschungen haben mich glücklich in den Zustand einer Person gebracht, der man die Augen verbunden und die man dann im Kreise herum gedreht hat. Ich habe jede Orientierung verloren. Ich habe schlechterdings keine Ahnung mehr, auf welcher Seite sich die Südflanke des Berges befindet. Ich befrage diesen und jenen, die Ansichten sind geteilt, unsicher. Mit einem Wort, keiner von uns kann beschwören, wo Norden, wo Süden liegt. Nie, nein, nie habe ich den Sinn und den Wert der vier Himmelsrichtungen besser begriffen als in diesem Augenblick. Alles um uns herum ist das Unbekannte, inmitten einer grauen Wetterwolke; wohl spüren wir mancmal unter unseren Füßen den Beginn eines Abhangs, aber welches ist der rechte? Wir müssen uns für einen entschließen und auf gut Glück ihm folgen. Wenn wir unglücklicherweise die Nordseite erwischen, dann werden wir gerade in jenen Abgrund geschmettert werden, dessen An-

blick allein uns ein solches Grauen einflößte. Während einiger Minuten verharre ich in angstvoller Ratlosigkeit.
»Bleiben wir hier«, sagen die meisten, »warten wir das Ende des Regens ab.« – »Ein schlechter Rat«, erwidern die andern, zu denen ich gehöre. Ein schlechter Ratschlag, in der Tat: der Regen kann noch lange andauern, und durchnäßt, wie wir sind, würde uns die erste Nachtkälte vor Frost erstarren lassen. Mein werter Freund Bernard Verlot, der eigens vom Botanischen Garten in Paris hergekommen war, um mit mir den Mont Ventoux zu besteigen, zeigte eine unerschütterliche Gelassenheit und verließ sich ganz auf mich, um aus dieser Klemme herauszukommen. Ich nehme ihn ein wenig beiseite, um die Bestürzung der anderen nicht noch zu erhöhen, und teile ihm meine großen Besorgnisse mit. Wir halten ein geheimes Konzil ab, zu zweit: wir versuchen, da wir keinen Kompaß besitzen, die Magnetnadel durch die Überlegung zu ersetzen. »Als die Wolken kamen«, sagte ich zu ihm, »kamen sie also von Süden.« – »Jawohl, von Süden.« – »Und obwohl der Wind sehr schwach war, hatte der Regen eine leichte Neigung von Süd nach Nord?« – »Aber ja, ich habe, soweit ich mich auskenne, diese Richtung festgestellt. Genügt das nicht, um uns zu leiten? Steigen wir gegen jene Seite ab, von der der Regen kommt.« – »Ich dachte schon daran, aber dann sind mir Zweifel gekommen. Der Wind ist zu schwach, um eine ausgesprochene Richtung zu haben. Es ist vielleicht ein Wirbel, wie sie sich gerne auf den Bergesgipfeln bilden, wenn die Wolken sie einhüllen. Nichts beweist mir, daß die ursprüngliche Windrichtung beibehalten wurde und daß der Luftstrom nun von Norden kommt.« – »Ihre Zweifel leuchten mir ein. Und jetzt?« – »Jetzt eben wird es schwierig. Angenommen, der Wind habe nicht gedreht, so müßten wir alle besonders auf der linken Seite durchnäßt sein, da der Regen in der Zeit, da wir die Orientierung noch nicht verloren hatten, von *der* Seite herkam. Wenn er gedreht hat, müßten wir beidseitig gleicherweise durchnäßt sein. Es soll sich jeder einmal befühlen, und dann wollen wir uns entschei-

den. Richtig?« – »Richtig.« – »Und wenn ich mich täusche?« – »Sie täuschen sich nicht.«
Mit zwei Worten setzen wir die Gefährten ins Bild. Jeder tastet sich ab, nicht äußerlich, wo das Resultat ungenügend wäre, aber inwendig, unter der Wäsche, und mit unaussprechlicher Erleichterung vernehme ich die einhellige Erklärung, die linke Körperseite sei viel nasser als die rechte. Der Wind hat folglich nicht gedreht. Gut, nehmen wir also die Richtung gegen den Regen. Die Kette wird von neuem erstellt, ich am Kopf, Verlot am Schwanz, um Nachzügler zu verhindern. Bevor wir losgehen, frage ich meinen Freund nochmals: »Also, wollen wir es wagen?« – »Wagen Sie es, ich folge Ihnen.« Und kopfüber stürzen wir uns blindlings in das drohende Unbekannte.
Noch haben wir nicht zwanzig große Schritte hinter uns – Schritte, wie man sie an steilen Hängen nehmen muß, ob man will oder nicht –, als jede Furcht vor Gefahr zu Ende ist. Nicht die Leere des Abgrundes tut sich vor unseren Füßen auf, sondern jener Geröllhang, den wir so ersehnten und über den hinter uns der Kies lange noch talwärts rieselt. Für uns ist dieses Klirren eine süße Musik. In einigen Minuten ist der obere Saum des Buchenwäldchens erreicht. Hier ist es noch dunkler als auf dem Berggipfel; man muß sich tief zur Erde neigen, um festzustellen, wohin man den Fuß setzt. Wie sollen wir so im Dunkel den Jas, die Schutzhütte, mitten im dichten Gehölz finden? Zwei Pflanzen, beharrliche Bewohner aller Stellen, an denen der Mensch wohnt, dienen uns als Führer, der Gänsefuß (Chenopodium Bonus-Henricus L.) und die Brennessel sind unser Ariadnefaden. Während des Gehens taste ich mit der Hand in der Luft herum nach rechts und links; jedesmal, wenn es mich brennt, ist es eine Brennessel, ein Richtpunkt. Auch Verlot, als Nachhut, ficht aus Leibeskräften, und auch ihm ersetzen die brennenden Stiche die Sicht. Unsere Gefährten haben kein Vertrauen in diese Methode, sie sprechen bereits davon, den rasenden Abstieg fortzusetzen, selbst bis nach Bédoin, wenn es sein müsse. Verlot hat mehr Vertrauen in den botanischen

Spürsinn, den er selbst in hohem Maße besitzt; er ist meiner Ansicht, wir sollten unseren Weg fortsetzen, und gemeinsam beruhigen wir die Entmutigten und erklären ihnen, wie es möglich sei, indem man mit den Händen die Pflanze betaste, trotz der Dunkelheit zum Rastplatz zu gelangen. Man nimmt Vernunft an, und kurze Zeit hernach langt die ganze Gesellschaft, von Brennesselbüschel zu Brennesselbüschel, bei der Schutzhütte an.

Delacour ist bereits dort und auch der Führer mit allem Gepäck; beide sind noch vor dem Regen unter Dach gekommen. Ein großes Feuer und trockene Kleider bringen die alte Fröhlichkeit zurück.

Ein Haufen Schnee, aus der nächsten Mulde herbeigeschafft, in einem Sack vor dem Herd aufgehängt, und darunter eine Flasche, die das Schmelzwasser auffängt – das ist unser Brunnen für die Abendmahlzeit. Die Nacht verbringen wir auf einem Lager von Buchenlaub, das unsere zahlreichen Vorgänger bereits zerrieben haben. Wer weiß, seit wie vielen Jahren diese Matratze nicht erneuert worden ist; heute besteht sie bereits aus reinem Humus. Jenen, die nicht schlafen können, liegt die Aufgabe ob, das Feuer zu schüren. An solchen fehlt es nicht, denn der Rauch, der keinen anderen Abzug hat als ein großes Loch, das durch den teilweisen Zusammensturz des Daches entstanden ist, füllt die ganze Hütte so aus, daß man glauben könnte, man befinde sich in einer Heringräucherei. Um ein paar frische Atemzüge zu erwischen, muß man sich tief hinabbeugen, seine Nase fast auf den Boden drücken. Man hustet also, oder man schimpft, man schürt das Feuer, aber zu schlafen versuchen wäre ein vergebliches Bemühen. Schon um zwei Uhr morgens sind bereits alle auf den Beinen, unterwegs zum höchsten Gipfel, um dem Sonnenaufgang beizuwohnen. Der Regen hat aufgehört, der Himmel ist prächtig und verspricht einen herrlichen Tag.

Während des Aufstiegs wird einigen ein wenig schlecht; die Müdigkeit und eine gewisse Verdünnung der Luft sind die Ursache davon. Das Barometer ist um 140 Millimeter gesunken; die Luft, die wir atmen, ist um ein Fünftel weniger dicht, enthält also ein Fünftel weniger Sauerstoff. Im Zustand des Wohlbefindens würde diese kleine Veränderung sicherlich unbeachtet bleiben, aber die Anstrengung des gestrigen Tages und die schlaflose Nacht verschlimmern das Unbehagen. Wir steigen deshalb sehr langsam empor, mit schwanken Kniekehlen und schwerem Schnauf. Mancher ist gezwungen, alle zwanzig Schritte anzuhalten, um zu verschnaufen. Endlich sind wir oben. Wir suchen in der ländlichen Kapelle vom Heiligen Kreuz Obdach, um wieder zu Atem zu kommen und auch, um die beißende Kälte des Morgens durch einige Schlucke aus der Feldflasche zu bekämpfen, die wir diesmal gänzlich leeren. Endlich geht die Sonne auf. Bis an die äußerste Grenze des Horizonts wirft der Mont Ventoux seinen dreieckförmigen Schatten, dessen Seiten infolge der Beugung der Lichtstrahlen violett schimmern. Im Süden und im Westen dehnen sich neblige Ebenen, in denen wir, wenn die Sonne höher steht, den Silberfaden der Rhone erkennen können. Im Norden und Osten breitet sich unter unseren Füßen eine gewaltige Wolkenschicht aus, eine Art Ozean aus weißer Watte, aus dem, wie Schlackeninseln, die schwarzen Gipfel der unter uns liegenden Berge emporragen. Gegen die Alpen hin erstrahlen einige Gletscherfirste.

Aber wir sind der Pflanzen wegen da, reißen wir uns von diesem zauberhaften Schauspiel los! Der Zeitpunkt unserer Besteigung, der Monat August, war ein bißchen spät gewählt, für viele Pflanzen war die Blütezeit bereits vorbei. Wenn Sie eine wirklich ergiebige Pflanzensammlung durchführen wollen, müssen Sie sich in der ersten Hälfte des Juli hier einfinden, und vor allem bevor die Herden auf diese Höhe heraufkommen, denn da, wo das Schaf einmal geweidet hat, werden Sie nur noch kümmerliche Reste vorfinden. Solange er von den Viehherden verschont ist, bildet der Ventoux im Juli einen wahren Garten; der steinige Boden ist mit Blumen übersät. In meiner

Erinnerung sehe ich glitzernd im Tau des Morgens die lieblichen Büschel des Zottigen Mannsschildes (Androsace villense) mit seinen weißen Blüten und dem zart rosaroten Auge; das Mont-Cenis-Veilchen (Viola cenisia L.), dessen große Blütenkrone sich auf den Kalksplittern ausbreitet; den Weidenblättrigen Baldrian (Valeriana Saliunca All.), der die köstlichen Düfte seines Blütenstandes mit dem Mistgeruch seiner Wurzeln verbindet; die Herzblättrige Kugelblume (Globularia cordifolia L.), die einen dichten Teppich von hartem Grün bildet, der von blauen Blütenköpfchen übersät ist; das Alpenvergißmeinnicht (Myosotis alpestris), dessen Blau mit dem des Himmels wetteifert; die Iberis von Candolle, deren niedriger Stengel ein aus dicht aneinandergepreßten, weißen Blütchen bestehendes Köpfchen bildet; den Gegenblättrigen Steinbrech (Saxifraga oppositifolia L.) und den Moos-Steinbrech (Saxifraga bryoides), die sich beide auf dunkeln Pölsterchen zusammendrängen, die der eine mit rosaroten und der andere mit weißgelblichen Blütensternchen schmückt. Sobald die Sonne mehr Kraft hat, werden wir einen prächtigen Schmetterling mit weißen Flügeln, mit vier lebhaften karminroten, schwarz eingerahmten Flecken darauf, von einem Blütenbüschel zum andern taumeln sehen. Das ist der Parnassius Apollo, ein zierlicher Gast aus den fernen Alpen und Gletschern. Seine Raupe lebt auf dem Steinbrech. Beenden wir hier unseren kurzen Überblick über die Freuden, die den Naturforscher auf dem Gipfel des Mont Ventoux beglücken, und wenden wir uns der Behaarten Sandwespe (Psammophila hirsuta) wieder zu, die in einem ganzen Schwarm, zusammengekauert, unter einem Stein Schutz suchte, als uns gestern die Regenwolke einhüllte.

Die Beobachtung über die Ansammlung der Sandwespe an einem ungewohnten Orte führt Fabre zu einer allgemeineren Betrachtung, die unter dem Titel »Die Auswanderer« unmittelbar an die Schilderung des Ausflugs auf den Mont Ventoux anschließt. Darauf bezieht sich der abschließende Satz des Kapitels. Er stellt eine Frage, die gerade in jüngster Zeit die Insektenforschung sehr intensiv beschäftigt: Welche Insekten wandern, den Zugvögeln vergleichbar? Die Schwärme der Wanderheuschrecken sind ihrer Verheerungen wegen gefürchtet und werden um der Bekämpfung willen untersucht. Libellenwanderzüge sind oft zu beobachten. In jüngster Zeit erfahren wir auch mehr über den »Monarchen« (Danaus plexippus), einen nordamerikanischen Falter, der Jahr für Jahr zu denselben angestammten Winterquartieren der Art, zu den gleichen Baumgruppen zurückkehrt. Je drei Generationen braucht es, um eine Hin- und Rückreise zu bewältigen; die Rückreise allein mißt in der Luftlinie bis 5000 Kilometer. Diese Monarch-Falter sind auch über dem offenen Meer, 1000 Kilometer vom Land, in Scharen gesehen worden. Auf Alpen- und Pyrenäenpässen sind Falterwanderzüge gleichfalls gesehen worden, und heute sucht man diesen Insektenzug durch verschiedene Methoden der Markierung genauer zu erkunden, wie es durch die Beringung der Vögel geschieht.

VII
AMMOPHILA – DIE SANDWESPE

An einem Maientag wanderte ich in meinem Laboratorium, im Harmas, umher und spähte aus nach Neuigkeiten, die es wohl geben mochte. Favier war irgendwo in der Nähe mit Gartenarbeiten beschäftigt. Wer ist dieser Favier? Es ist wohl angebracht, ich sage gleich einige Worte über ihn, denn man wird ihm später noch hie und da begegnen in meinen Erzählungen.

Favier ist ein ehemaliger Soldat. Er hat sein Zelt schon unter den Johannisbrotbäumen Afrikas aufgeschlagen, er hat in Konstantinopel Seeigel gegessen, er hat in der Krim Stare geschossen, wenn die Geschütze schwiegen. Viel hat er gesehen und vieles behalten davon. Im Winter, wenn die Feldarbeiten gegen vier Uhr zu Ende gehen und die Abende so lange währen, der Rechen, die Harke und die Stoßbenne versorgt sind, kommt er in die Küche und setzt sich an den Herd, in dem die Eichenstöcke brennen. Die Pfeife ist gereinigt, sorgfältig gestopft mit dem genäßten Daumen, und mit Andacht wird sie geraucht. Lange Stunden schon hat er daran gedacht, aber er hat sich beherrscht, denn der Tabak ist teuer. Die Entbehrung hat ihren Reiz noch erhöht, und so geht keiner der regelmäßigen Atemzüge verloren.

Inzwischen beginnen die Gespräche. Favier gleicht in seiner Art den antiken Erzählern, denen eben um ihrer Kunst willen der beste Platz am Herdfeuer eingeräumt wurde; er hat sich in der Kaserne ausgebildet. Das tut seiner Kunst keinen Abbruch: das ganze Haus, Große und Kleine, hören ihm mit größter Spannung zu. Hat er auch eine sehr blumige Sprache, so verletzt sie doch nie den guten Geschmack. Für uns alle wäre es eine große Enttäuschung, käme er nach Beendigung seiner Ar-

beiten nicht zu uns ans Herdfeuer. Was hat er denn zu erzählen, daß er so begehrt wird? Er berichtet uns zum Beispiel, was er vom Staatsstreich gesehen hat, der uns das verpönte Kaiserreich brachte; er erzählt von dem Schnaps, den man ihnen ausgeteilt hat, und von den Schüssen hernach, mitten in die Volksmenge hinein. Er, so bekräftigt er, habe immer gegen die Mauern geschossen, und ich glaube ihm aufs Wort, so scheint es ihm das Herz zu zerreißen und so scheint er sich zu schämen, daß er, wenn auch ohne eigene Schuld, an diesem Banditenstreich teilgenommen hat.
Er erzählt uns von seinen Nachtwachen in den Schützengräben, in den Laufgräben vor Sebastopol, er schildert uns seinen Schrecken, wie eines Nachts, als er auf einsamem Vorposten im Schnee stand, dicht an seiner Seite eine Bombe, ein sogenannter Blumentopf, niederging. Das flammte, zischte, leuchtete ringsum, von einer Sekunde auf die andere konnte die Höllenmaschine platzen, und das würde Faviers Ende sein. Aber nichts davon: der Blumentopf verlöschte friedlich. Es war nur eine Leuchtbombe gewesen, wie sie die Belagerten von Zeit zu Zeit abschossen, um im Dunkeln den Fortschritt der Arbeiten der Belagerungsarmee zu erkennen.
Auf die dramatischen Ereignisse des Schlachtfeldes folgen die Kasernenkomödien. Er enthüllt uns die Zusammensetzung des Ragouts, die Geheimnisse der Gamelle, das humoristische Elend des Arrestes. Und da sein Repertoire unerschöpflich scheint und er seine Erzählung oft köstlich würzt mit derben und spottenden Worten, naht die Zeit zum Nachtessen so rasch, daß keiner von uns etwas von einem langweiligen Abend bemerkt.
Ein Meisterstück Faviers ließ mich auf ihn aufmerksam werden. Einer meiner Freunde hatte mir aus Marseille ein paar riesige Krabben gesandt, Maja, die Meeresspinne, wie sie die Fischer nennen. Ich war gerade dabei, die Gefangenen auszupakken, als die Arbeiter vom Mittagessen zurückkehrten, Maler, Maurer, Gipser, die die verlassene Liegenschaft wieder instand

stellten. Beim Anblick dieser seltsamen Tiere, deren ganzer Panzer mit Stacheln gespickt ist und die auf langen Beinen einherstelzten, was ihnen tatsächlich einige Ähnlichkeit mit einer riesenhaften Spinne verleiht, ertönten aus den Kreisen der Anwesenden Ausrufe des Erstaunens, des Schreckens beinahe. Favier hingegen machte sich nichts daraus; geschickt eine der furchterregenden zappelnden Spinnen ergreifend, sagte er: »Die kenne ich. Bei Varna habe ich davon gegessen, sie schmecken ausgezeichnet«, und begleitete diese Worte mit einem gewissen versteckt spöttischen Blick, als wollte er sagen: Ihr seid ja nie aus eurem Loch herausgekommen.

Noch eine letzte Anekdote über ihn. Einer seiner Nachbarinnen hatte der Arzt Meerbäder in Cette verschrieben. Von ihrer Badereise hatte sie etwas Eigenartiges mit nach Hause gebracht, eine seltsame Frucht, auf die sie große Hoffnungen setzte. Schüttelte man das Ding an den Ohren, tönte etwas, ein Beweis, daß darin Samen enthalten waren. Es war rund, mit Stacheln bewehrt. Der eine Pol sah aus wie die geschlossene Knospe einer weißen Blume; der gegenüberliegende war leicht eingedrückt und wies einige Öffnungen auf. Die Nachbarin eilte zu Favier, um ihm ihren Fund zu zeigen und ihn aufzufordern, mir davon zu erzählen. Sie wollte mir die kostbaren Samen abtreten, aus denen sicherlich Bäume hervorgehen würden, die einst der Stolz meines Gartens wären. »Vaqui la flou, vaqui lou pécou – hier ist die Blüte und hier der Stiel«, erklärte sie Favier, indem sie auf die beiden Enden ihrer Frucht deutete.

Favier brach in Gelächter aus. »Das ist ein Seeigel, eine Meerkastanie; in Konstantinopel habe ich welche gegessen.« Nach besten Kräften bemühte er sich, der guten Frau zu erklären, was das sei, ein Seeigel. Sie aber begriff nichts und blieb bei ihrer Behauptung. Der Streitfall wurde mir unterbreitet. »Vaqui la flou, vaqui lou pécou«, wiederholte sie immer wieder. Ich erklärte ihr, la flou, die Blüte, das sei die Gruppe von fünf weißen Zähnen des Seeigels, und daß der »pécou« das Gegenteil des Mundes sei. Sie ging, nicht sehr überzeugt.

Favier kennt also sehr viele Dinge, und er kennt sie besonders deshalb, weil er davon gegessen hat. Er kennt die Vorzüge des Hinterstücks eines Dachses so gut wie jene einer Fuchskeule; er ist Fachmann, was das beste Stück von einer aalglatten Natter anbetrifft, er bereitet die Perleidechse, die berüchtigte Rassade des Midi, in heißem Öl zu; er hat sogar ein Rezept für gebakkene Heuschrecken ausgeheckt. Mit den vielfältigen Ragouts, die ihn sein weltweites Vagabundenleben gelehrt haben, setzt er mich immer wieder in Erstaunen.
Sein scharfer Forscherblick und sein gutes Gedächtnis erstaunen mich nicht weniger. Wenn ich ihm irgendeine Pflanze beschreibe, für ihn ein namenloses Unkraut und ohne irgendeine Beziehung, so kann ich fast sicher sein, daß er sie mir bringt oder mir die Stelle bezeichnen kann, wo man sie findet. Selbst die Botanik der unendlich kleinen Pflanzen vermag seinen Scharfblick nicht zu verwirren. Um eine bereits veröffentlichte Arbeit über die Sphaeriazeen des Vaucluse zu ergänzen, beschäftigte ich mich in der kalten Jahreszeit, wenn die Insekten streikten, mit dem geduldigen Pflanzensammeln vermittels der Lupe. Wenn der Frost die Erde hart gemacht und der Regen sie wieder in einen Brei verwandelt hat, dann halte ich Favier von seinen Gartenarbeiten ab, damit er mich auf meinen Gängen durch das Holz begleiten kann. Dort, im Brombeergestrüpp, suchen wir auf den herumliegenden, mit schwarzen Punkten gesprenkelten Ästchen nach den winzigen Pflänzchen. Die größten Exemplare nennt er Kanonenpulver, ein Ausdruck, den tatsächlich die Botaniker selbst gebrauchen, um eine dieser Sphaeriazeen zu bezeichnen. Er ist ganz stolz auf alles, was er gefunden hat; es ist bedeutend mehr, als ich fand.
Wenn ihm eine prächtige Rosellinia zufällt, ein Haufen schwarzer Höcker, die ein weinfarbener Wattebausch umschließt, dann wird aus Freude über den Fund eine Pfeife geraucht.
Besonders glänzt er darin, mir auf meinen Exkursionen unerwünschte Zuschauer vom Leibe zu halten. Der Bauer ist neugierig und fragt fortwährend wie ein Kind. Aber seine Neu-

gierde geht mit Schläue gepaart: oft sind die Fragen spöttisch gemeint. Wenn er etwas nicht versteht, dreht er es sofort ins Lächerliche. Und was gibt es Lächerlicheres als so einen Herrn, der durch ein Glas hindurch eine Fliege betrachtet, die er mit einem Gazenetz gefangen hat, oder etwa ein Stück verfaultes Holz, das er vom Boden aufgelesen hat? Favier versteht es ausgezeichnet, hinterhältige Fragen abzuschneiden.

Wir suchten zusammen, über den Boden gebeugt, Schritt für Schritt vor uns hergehend, nach Zeugnissen aus der prähistorischen Zeit, die auf dem südwärts gewendeten Hang des Berges sehr zahlreich sind: Steinäxte, Scherben von schwarzen Töpfereien, Pfeil- und Lanzenspitzen aus Silex, Splitter, Schaber, Kerne. – »Was macht der Herr mit diesen Feuersteinen?« fragt so ein Neugieriger. »Glaserkitt«, antwortet Favier sogleich ernsthaft.

Ich hatte einmal gerade so ein Häufchen Kaninchenkot zusammengelesen, auf dem sich eine interessante Pilzflora ausbreitet, die genauerer Prüfung würdig schien. Kam da denn wirklich gerade so ein Neugieriger hinzu, als ich meine kostbaren Funde in einer Tüte zu verpacken im Begriffe war. »Was macht dein Herr mit diesen Böhnlein?« fragt er. »Er destilliert sie, um ihnen den Saft zu entziehen«, erwidert mein Mann mit unnachahmlicher Dreistigkeit. Völlig geschlagen ob dieser Offenbarung, dreht sich der Frager um und geht davon.

Aber versäumen wir uns nicht mehr länger bei dem witzigen und schlagfertigen Soldaten, und kehren wir zu dem zurück, was meine Aufmerksamkeit im freien Laboratorium des Harmas fesselte. Einige Sandwespen (Ammophila) untersuchten zu Fuß sowohl die rasigen als auch die kahlen Stellen im Garten. Schon um Mitte März, wenn ein schöner Tag war, hatte ich sie beobachtet, wie sie sich auf dem Staub der Wege behaglich in der Sonne wärmten. Alle gehörten sie zur selben Art, der bekannten Sandwespe (Psammophila hirsuta Kirb.). Ich habe im ersten Band dieser Erinnerungen die Überwinterung dieser Wespe beschrieben und ihre Jagdzüge im Frühjahr, zu einer

Zeit, während der die anderen jagenden Hautflügler noch in ihren Puppenhüllen eingeschlossen sind. Ich habe erklärt, wie sie die für ihre Larve bestimmte Raupe operiert und präpariert, ich habe von den verschiedenen Nadelstichen erzählt, mit denen sie die einzelnen Nervenzentren lähmt. Dieser wissenschaftlichen Vivisektion hatte ich nur ein einziges Mal beigewohnt, und es war mein Wunsch, sie nochmals zu sehen. Vielleicht war mir etwas entgangen, müde von dem zurückgelegten weiten Weg, wie ich war, und wenn ich wirklich alles gesehen hatte, so war es wohl angebracht, die Beobachtung zu wiederholen, um ihre unbestreitbare Richtigkeit zu bestätigen. Ich darf noch hinzufügen: und wohnte man hundertmal diesem Schauspiel bei, es verlöre nichts an Interesse.
Ich überwachte also meine Sandwespen vom ersten Augenblick ihres Erscheinens an, da sie sich unmittelbar vor meiner Türe herumtrieben und es nicht ausbleiben konnte, daß ich sie auf ihrem Jagdzuge überraschte, vorausgesetzt, daß meine Beharrlichkeit nicht erlahmte. Das Ende des Monats März und der ganze April vergingen in vergeblichem Warten, sei es, daß die Zeit der Nesterbauung noch nicht gekommen war, sei es, daß meine Überwachung doch noch Lücken aufwies. Endlich aber, am 17. Mai, war mir das Glück hold.
Einige Sandwespen machten mir einen sehr geschäftigen Eindruck; folgen wir einer von ihnen, die noch aufgeregter scheint als die anderen. Ich überrasche sie, wie sie gerade dabei ist, auf dem festgetretenen Boden des Gartenweges den Eingang zu ihrem Bau glattzurechen, bevor sie die bereits gelähmte Raupe hineinbringt, die, vorübergehend von ihrem Jäger verlassen, irgendwo, einige Meter vom Sitz entfernt, liegen gelassen wurde. Nachdem sie also die Höhle in Ordnung befunden hat, den Eingang weit genug, um ein so großes Wild einzubringen, macht sich die Wespe auf, die Beute heimzuholen. Sie findet sie leicht. Es ist ein sogenannter grauer Wurm, eine graue Raupe, die auf dem Boden liegt, aber von der die Ameisen bereits Besitz genommen haben. Das ihm von den Ameisen streitig ge-

machte Stück verschmäht der Jäger. Viele räubernde Hautflügler, die ihre Beute während einiger Zeit verlassen müssen, um den Bau zu vervollständigen oder gar erst zu beginnen, pflegen ihre Beute irgendwo in der Höhe, im Grünen zu lagern, um sie auf diese Weise vor Plünderern in Sicherheit zu bringen. Die Sandwespe ist sonst in solchen vorsichtigen Maßnahmen sehr bewandert, vielleicht hat sie sie diesmal unterlassen, oder dann ist ihr das schwere Stück entfallen, und nun tun sich die Ameisen daran gütlich. Diese Spitzbuben zu verjagen ist unmöglich: für einen Zurückgeschlagenen kämen zehn neue. Der Hautflügler scheint die Sache auch so zu beurteilen; denn nachdem er einmal die Invasion auf seinem Beutetier festgestellt hat, begibt er sich ohne weitere Einwände auf einen neuen Jagdzug.

Abgesucht wird etwa ein Umkreis von zehn Metern um das Nest herum. Die Sandwespe prüft, ohne aufzufliegen, den Boden, Schritt für Schritt, ohne Eile. Die kahlen Stellen, die steinigen und die mit Gras bewachsenen werden unterschiedslos untersucht. Während mehr als drei Stunden, bei vollem Sonnenschein, in drückender Wärme – am anderen Tag trat wirklich Regen ein, er kündigte sich schon an diesem Abend durch ein paar Tropfen an – verfolge ich mit meinen Blicken jede Bewegung meiner Ammophila während ihres Suchens, und ich verlasse sie nicht einen Augenblick. Wie scheint das doch schwierig für so einen Hautflügler, ein solch graues Räuplein zu finden, wenn er es sofort haben sollte!

Auch für den Menschen ist es schwer. Die Methode, die ich anwende, um dem operativen Eingriff beiwohnen zu können, die ein jagender Hautflügler an seinem Opfer vornimmt, um seinen Larven eine unbewegliche, aber nicht tote Beute vorlegen zu können, ist bekannt. Ich nehme dem Räuber sein Wild weg und lege ihm eine lebende Beute von derselben Art vor. Auch mit meiner Sandwespe hatte ich dasselbe im Sinn: ich wollte ihr die gleiche Beute vorlegen wie jene, die sie wohl nun jeden Augenblick finden und erlegen würde. Auch ich mußte

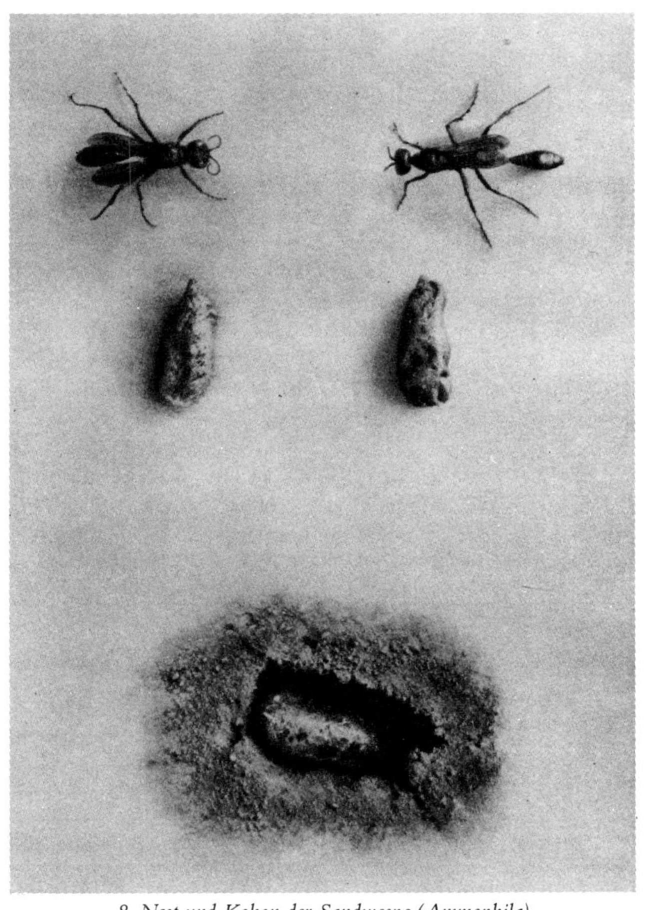

8 Nest und Kokon der Sandwespe (Ammophila)

Ammophila hirsuta. *Ammophila sabulata Fabr.*

Ihr Kokon *Ihr Kokon.*

mir deshalb so rasch als möglich einige graue Raupen beschaffen.
Favier war da, im Garten beschäftigt. Ich rufe ihm. »Kommen Sie rasch, ich muß graue Raupen haben!« Ich erkläre ihm die Sache. Er ist übrigens schon seit einiger Zeit auf dem laufenden. Ich habe ihm von meinen Tierchen erzählt und auch von den Raupen, die sie jagen; im großen ganzen weiß er über die Lebensweise des Insektes, das mich beschäftigt, Bescheid. Er hat kapiert. Und schon beginnt er zu suchen. Er sucht beim Lauch, kratzt zwischen den Erdbeerstauden, in den Irisbeeten. Sein Scharfblick, seine Geschicklichkeit sind mir bekannt; ich habe Vertrauen zu ihm. Aber die Zeit verstreicht.
»Und, Favier, was ist mit der grauen Raupe?«
»Ich kann keine finden, Monsieur.«
»Teufel nochmal. Also, dann kommt mir zu Hilfe, Claire, Aglaé, und ihr anderen, wer da ist, kommt, sucht, findet!«
Das ganze Haus wird aufgeboten. Eine den kommenden Ereignissen würdige Betriebsamkeit wird entwickelt. Ich selbst, auf meinem Beobachtungsposten, um meine Sandwespe ja keinen Moment aus den Augen zu verlieren, verfolge mit einem Auge den Jäger und mit dem anderen halte ich nach der grauen Raupe Ausschau. Doch nichts und aber nichts! Drei Stunden vergehen, und keiner von uns hat eine Raupe erwischt.
Aber auch die Sandwespe findet keine. Ich beobachte, wie sie an gewissen rissigen Stellen des Bodens mit einiger Beharrlichkeit verbleibt. Sie schafft Erde fort, müht sich ab; mit erstaunlichem Kraftaufwand gelingt es ihr, Schollen trockener Krumen von der Größe eines Aprikosensteins wegzutragen. Aber schließlich werden diese Stätten wieder aufgegeben. Da kommt mir eine Ahnung: wenn wir auch unser fünf oder sechs vergeblich eine graue Raupe suchen, so will das noch lange nicht heißen, daß die Sandwespe so ungeschickt sei wie wir. Da, wo der Mensch machtlos ist, obsiegt oft das Insekt. Ihr feiner Spürsinn kann sie nicht während vieler Stunden einfach im

Stiche gelassen haben. Vielleicht hat sich die graue Raupe, den kommenden Regen spürend, tiefer in den Boden vergraben? Der Jäger weiß sehr wohl, wo sie zu finden ist, aber er kann sie aus dem zu tiefen Versteck nicht herausgraben. Wenn er nach einigen Versuchen einen Ort wieder verläßt, so ist das kein Versagen seines Wissens, sondern seiner Fähigkeit, zu graben. Überall, wo die Wespe kratzt, muß eine graue Raupe sein; die Stelle wird verlassen, weil die Ausgrabung über die Kraft des Insekts geht. Ich bin schon dumm, daß ich nicht früher daran gedacht habe. Würde dieser Meister unter den Wilderern einem Ort einige Aufmerksamkeit schenken, an dem nichts vorhanden ist? Undenkbar!

Ich nehme mir also vor, ihm zu helfen. Das Insekt ist augenblicklich dabei, eine völlig kahle Stelle auszugraben. Dann verläßt es den Ort wieder, wie es das schon so oft getan hat. Ich setze nun die Grabung mit meiner Messerspitze fort. Aber auch ich finde nichts und gebe es auf. Da kommt das Insekt wieder zurück und gräbt an einem ganz bestimmten Punkt, an dem ich schon war, weiter. Ich verstehe. »Weg da, Ungeschickter!« scheint der Hautflügler mir zuzurufen; »ich will dir nun zeigen, wo die graue Raupe versteckt ist.« Auf diese Angaben hin grabe ich an jener Stelle von neuem – und fördere eine graue Raupe zutage. Großartig, meine kluge Sandwespe! Habe ich es mir doch gedacht, daß du nicht über einem verlassenen Kaninchenbau scharren würdest!

Von jetzt an läuft die Sache wie bei der Trüffelsuche: der Hund spürt sie auf, und der Mensch gräbt sie aus. Ich fahre mit dem selben System weiter: die Sandwespe zeigt mir die richtige Stelle, und ich grabe mit dem Messer nach. So erbeute ich bald eine zweite, dann eine dritte, vierte graue Raupe. Die Ausgrabung gelingt immer auf einer kahlen Stelle des Erdreichs, das einige Monate zuvor umgehackt worden ist. Was sagt denn ihr nun dazu, Favier, Claire, Aglaé und ihr anderen? In drei Stunden habt ihr mir nicht eine einzige graue Raupe ausgraben können, während dieser Jäger mir so viele verschafft, als ich will, nachdem ich endlich auf den Gedanken gekommen bin, mich seiner Hilfe zu bedienen!

Nun habe ich also genügend Austauschstücke, überlassen wir dem Jäger die fünfte Beute, die er mit meiner Hilfe auszugraben im Begriffe ist. Ich bezeichne nun mit numerierten Abschnitten die Akte des großartigen Dramas, das sich vor meinen Augen abspielt. Die Beobachtung erfolgt unter den günstigsten Bedingungen: ich liege auf dem Boden, ganz nahe beim Opferpriester, und keine Kleinigkeit entgeht mir.

1. Die Sandwespe packt die Raupe mit den gebogenen Zangen ihrer Kiefer am Nacken. Die graue Raupe wehrt sich aus Leibeskräften; immer rollt und entrollt sie ihren verdrehten Hinterleib. Die Sandwespe macht sich nichts daraus, sie hält sich beiseite und vermeidet so die Schläge. Der Stachel erreicht die Gelenkstelle, die den ersten Ring vom Kopf trennt, bauchwärts, in der Mitte, dort, wo die Haut etwas zarter ist. Der Stachel verbleibt mit einer gewissen Beharrlichkeit in der Wunde. Es macht den Eindruck, dies sei der wichtigste Stich, jener, der die graue Raupe bändigt und fügsam macht.

2. Die Sandwespe läßt nun ihre Beute liegen. Sie selbst drückt sich mit ganz wilden, unordentlichen Bewegungen auf die Erde, sie dreht sich, auf der Seite liegend, im Kreise herum, verdreht ihre Glieder, läßt sie hängen, zittert und bebt mit den Flügeln wie im Todeskampf. Ich befürchte, der Jäger habe in seinem Kampf mit dem Wild einen schlimmen Schlag abbekommen. Es ergreift mich ganz, diesen kühnen Hautflügler auf eine so jämmerliche Weise verenden zu sehen und damit natürlich auch meinen Versuch, der mich so viele Stunden des Ausharrens gekostet hat. Aber auf einmal beruhigt sich meine Sandwespe, bürstet sich die Flügel, kämmt die Fühler aus und stürzt von neuem lebhaften Schrittes auf die Raupe zu. Was ich für die Zuckungen des Todeskampfes gehalten hatte, war ausgelassene Freude über den errungenen Sieg! Die Ammophila beglückwünschte sich auf ihre Weise, daß es ihr gelungen war, den Riesen zu stürzen.

3. Der Chirurg packt nun die Raupe an der Rückenhaut, ein bißchen tiefer als vorher, und sticht nun in den zweiten Ring, immer auf der Bauchseite. Ich sehe dann, wie die Wespe stufenweise auf der Raupe rückwärts schreitet, jedesmal den Rükken ein wenig tiefer faßt, sie mit den Kiefern – große Organe mit rückwärts gebogenen Zangen – umschließt und den Stachel in den nächstfolgenden Ring stößt. Dieses Rückwärtsschreiten des Insektes und das stufenweise Umfassen vom Rücken her, jedesmal ein bißchen tiefer, vollzieht sich mit einer geradezu methodischen, planvollen Präzision; es sieht aus, als messe der Jäger sein Wild aus. Mit jedem Schritt wird ein folgender Ring angestochen. So werden drei Brustringe mit Füßen, die zwei folgenden, die keine haben, und die vier folgenden mit Scheinfüßen einer nach dem andern gestochen. Im ganzen also neun Stiche. Die vier letzten Segmente, von denen drei ohne Füße sind, während der letzte, dreizehnte, noch Scheinfüße aufweist, werden vernachlässigt. Die Operation begegnet keinerlei nennenswerten Schwierigkeiten; nach dem ersten Dolchstoß wird der Widerstand der grauen Raupe belanglos.

4. Zuletzt öffnet die Sandwespe ihre Kieferzangen weit, packt den Kopf der Raupe und kaut und drückt ihn auf jede Weise zusammen, doch ohne ihn zu verletzen. Dieses Pressen erfolgt mit ausstudierter Langsamkeit; es sieht aus, als versuche das Insekt sich jedesmal über den erzielten Erfolg Rechenschaft zu geben; es hält inne, wartet und beginnt von neuem. Soll das gewünschte Ziel erreicht werden, darf diese Gehirnbehandlung offenbar bestimmte Grenzen nicht überschreiten, jenseits denen der Tod des Beutetiers und damit seine Fäulnis eintreten würde. So hält der Hautflügler mit der Kraft seiner Zangenbewegungen – es sind etwa zwanzig im ganzen – maß.

Der Chirurg hat sein Werk vollbracht. Die Operierte liegt auf dem Boden, seitlich halb zusammengerollt. Sie bewegt sich nicht, gelähmt, wie sie ist, und unfähig jeden Widerstandes, während sie zum Bau hingeschleppt wird. Sie bedeutet keine

Gefahr mehr für das kleine Würmchen, dem sie als Nahrung bestimmt ist. Die Sandwespe läßt ihr Opfer am Ort, an dem die Operation stattgefunden hat, liegen und kehrt zu ihrem Nest zurück; ich folge ihr. Sie nimmt im Hinblick auf die Einlagerung des Wildes noch einige Verbesserungen vor. Ein Steinchen in der Wölbung des Eingangs könnte sich bei der Einkellerung des großen Beutestücks als Hindernis erweisen. Der Block wird herausgebrochen. Das Knirschen von sich aneinanderreibenden Flügeln begleitet die schwere Arbeit. Das letzte Zimmer in der Tiefe des Baues scheint noch nicht geräumig genug: es wird vergrößert. Diese Arbeiten ziehen sich in die Länge, und derweil wird die Raupe, die zu bewachen ich unterließ, weil ich von den Arbeiten des Hautflüglers nichts verlieren wollte, von den Ameisen überlaufen. Als wir zu ihr zurückkehren, die Sandwespe und ich, ist die graue Raupe schwarz von Ameisen, die sie zerstückeln. Für mich ist das ein bedauerlicher Zwischenfall, für die Sandwespe ist es ein fatales Ereignis – denn das ist nun schon das zweite Mal am gleichen Nachmittag, daß ihr dies passiert. Das Insekt scheint entmutigt. Vergeblich ersetze ich die Beute durch eine der grauen Raupen, die ich in Reserve habe; die Sandwespe verschmäht den Ersatz. Inzwischen ist es Abend geworden, der Himmel hat sich verfinstert, einige Regentropfen fallen. Unter diesen Umständen ist es unnütz, mit einer Wiederaufnahme der Jagd zu rechnen. Das Ganze endet also damit, daß ich meine grauen Raupen nicht so verwenden kann, wie ich es mir ausgedacht hatte.

Diese Beobachtung der einen Sandwespe dauerte unausgesetzt von ein Uhr mittags bis um sechs Uhr des Abends.

Wir haben als Kapitel-Überschrift und für die allgemeine Bezeichnung der Sandwespe den früher üblichen Gattungsnamen Ammophila verwendet. Die im besonderen von Fabre studierte Art ist in Psammophila hirsuta umgetauft worden, und wir haben diesen Namen eingesetzt, wo es sich speziell um diese besondere Art handelt.

Die Studien Fabres über die Taktik, mit der die Grabwespen ihre Beutetiere lähmen, haben bei den Biologen aller Richtungen hohe Beachtung gefunden als erstaunliches Beispiel der Präzision angeborenen Verhaltens. So sind denn auch viele spätere Naturforscher diesen Erscheinungen nachgegangen.
Das Bild ist durch diese intensiven Untersuchungen reicher geworden, und man hat manche Korrekturen an Fabres Darstellungen angebracht. So zeigte es sich, daß wohl die Taktik der Räuber streng artgemäß ist in der Beutewahl wie im Gebaren, daß aber die Variationen des Verfahrens doch viel beträchtlicher sind, als wie sie Fabre erschienen. Auch wurde hervorgehoben, daß der Wespenstachel sicher sehr oft die Ganglien des Opfers nicht erreicht und daß die Lähmung der Beute dann auf der Ausbreitung des Giftstoffes beruht.
Daß ein und dieselbe Art sich in verschiedenen Gegenden anders verhält, wird heute als ein Prozeß der Umbildung von Tierarten bewertet. Neuerdings hat sich durch Studien in Holland gezeigt, daß eine Sandwespe, deren ganzes Brutverhalten sich auffällig von dem der gewöhnlichen Art unterschied, auch gestaltlich verschieden ist und also eine besondere Art bildet. Diese Studien von G. P. Baerends habe ich in ihrer Bedeutung und ihrer Beziehung zu Fabres Werk 1953 eingehender dargestellt (Portmann, A.: Das Tier als soziales Wesen. Rhein-Verlag, Zürich 1953, S. 34 bis 51).
Wer sich in die vielen neuen Einsichten in das Leben dieser seltsamen Grabwespen vertieft, der wird dabei auch die Macht der Anregung erfahren, die von Fabres Arbeiten ausgegangen ist.
Die auf Seite 115 erwähnten »unendlich kleinen Pflanzen« sind Pilzarten aus der Gruppe der Pyrenomyceten. Diese »Sphaeriazeen« sind Fäulnispilze, manche auch Parasiten von Insekten und Pflanzen. Rosellinia ist eine Gattung dieser Gruppe.

VIII
DER MUTTERINSTINKT

Der Nestbau, der Schutz der Familie, ist der höchste Ausdruck der instinktiven Fähigkeiten. Der Vogel als genialer Architekt zeigt uns das, und das Insekt, noch variantenreicheren Talentes, wiederholt es. Es sagt uns: »Die Mutterschaft ist die oberste inspirative Kraft des Instinkts.« Bestimmt, über die Dauer der Art zu wachen, eine Aufgabe, die noch tiefer greift als die Erhaltung des Individuums, weckt sie im schläfrigsten Verstand eine Fähigkeit von bewundernswerter Voraussicht. Sie ist der dreimal heilige Herd, an dem diese unbegreiflichen seelischen Lichtschimmer zuerst glimmen, dann plötzlich aufbrechen und uns das Schauspiel einer unfehlbaren Vernunft bieten. Je ausgesprochener sich die Mutterschaft ausdrückt, um so höher wird die Manifestation des Instinkts.

Am meisten verdienen unter diesem Gesichtspunkt jene Hautflügler unsere Aufmerksamkeit, denen die ganze Last der Mutterschaft obliegt. Diese mit instinktiven Fähigkeiten besonders Bevorzugten bereiten ihrer Nachkommenschaft die Nahrung und das Obdach vor. Zum Besten einer Familie, die ihre Facettenaugen nie erblicken werden, die aber die mütterliche Voraussicht trotzdem sehr wohl kennt, bringen sie es in unzähligen Tätigkeiten zur Meisterschaft. Dieser wird Baumwollfabrikant und walkt Wattebeutel, jener richtet sich als Korbmacher ein und flechtet Körbe aus Blattstücken, der betätigt sich als Maurer und baut Zimmer aus Zement, Kuppeln aus Kieseln; der da eröffnet eine Töpferei und knetet den Ton zu anmutigen Amphoren, Krügen, dickbäuchigen Töpfen; jener andere widmet sich der Kunst des Bergbaus und gräbt in den Boden geheimnisvolle Gewölbe, in denen die Luft gleichmäßig warm und feucht bleibt. Tausend und aber tausend Handwerksberufe gleich den unsrigen üben sie aus, aber auch solche, die wir nicht kennen, und alle dienen schließlich der Herstellung einer Wohnung für die Nachkommenschaft. Dann kommt die Ernährung der künftigen Pflegekinder an die Reihe: Vorräte von Honig werden angelegt, Kuchen aus Blütenstaub gebacken, Frischkonserven aus kunstgerecht gelähmter Beute bereitgestellt. In all diesen Arbeiten, die einzig und allein der Zukunft der Familie dienen, werden, wachgerufen durch die Mutterschaft, die höchstentwickelten Instinkte offenbar.

Unter den übrigen Insekten bleibt die mütterliche Sorge meistens auf das Allernotwendigste beschränkt. Das Gelege an einen geeigneten Ort hinzubringen, an dem dann die Larve selbst für Unterkunft und Nahrung sorgen kann, das ist in den meisten Fällen alles, was sie tun. Eine solch einfache Aufzuchtmethode bedarf keiner besonderen Talente. Lykurg verbannte aus seiner Republik die Künste, die er bezichtigte, die Bürger zu verweichlichen. So sind auch die höheren Eingebungen des Instinkts bei den spartanisch aufgezogenen Insekten verbannt. Wo die Mutter sich von der süßen Sorge um ihre Kinder befreit, verringern sich, verlöschen die verstandesmäßigen Fähigkeiten, die höchsten von allen, so sehr gilt, sowohl für das Tier als auch für uns, daß die Familie eine Quelle zur Vervollkommnung darstellt.

Wenn der Hautflügler, der sich mit solcher Sorgfalt um das Wohlergehen seiner Nachkommenschaft kümmert, uns mit großer Bewunderung erfüllt, so erwecken die anderen Insekten, jene, die ihre Nachkommen einfach den guten oder ungünstigen Zufällen überlassen, weniger Anteilnahme. Und diese anderen sind fast alle anderen; nach meiner Kenntnis der Fauna unseres Landes gibt es nur noch ein zweites Beispiel von Insekten, die ihrer Familie Nahrung und Unterkunft vorbereiten, wie es die Honigsammler und die Vergraber von frischbleibendem Wildbret tun.

Und seltsam, diese Rivalen, die mit dem über den Blüten hinschwebenden Volke der Honigsammler an mütterlicher Gewissenhaftigkeit wetteifern, sind ausgerechnet die Mistkäfer, die Ausbeuter der Exkremente, die Reiniger der durch die Viehherden verseuchten Matten. Von den duftenden Blütenständen der Beete müssen wir uns dem Mist zuwenden, den das Maultier auf der Straße fallen gelassen hat, um wieder so besorgte Mütter und so einen reichdotierten Instinkt zu finden. Die Natur ist reich an solchen Gegensätzen – was ist für sie unser »Häßlich« und unser »Schön«, unser »Rein« und unser »Schmutzig«? Aus dem Schmutz erschafft sie die Blume, aus dem Dung das gesegnete Korn des Weizens.

Trotz ihrer schmutzigen Arbeit sind die Mistkäfer sehr ehrenwert in ihrem Aussehen. In ihrer ernsten, immer peinlich sauberen Kleidung, der Völle und Rundung ihrer Gestalt, ihrem eigenartigen Schmuck, den sie auf dem Kopf oder auf der Brust tragen, stehen sie der Sammlung eines jeden Insektenfreundes wohl an, besonders wenn sich den unseren, meist von der Schwärze des Ebenholzes, einige tropische Arten beigesellen, die von Gold glitzern und rötlich schimmern wie glänzendes Kupfer.

Sie sind die ständigen Gäste der Viehherden; viele von ihnen haben auch einen leisen Stallgeruch von Benzoesäure an sich. Die Sitten ihres Hirtenlebens haben auch jene inspiriert, die ihnen die Namen gegeben haben. Diese Namengeber, die leider oft nicht auf den Wohlklang bedacht sind, haben sich diesmal eines Besseren besonnen und setzten an den Anfang ihrer Bestimmung die Namen Meliboeus, Tityrus, Amyntor, Corydon, Alexis, Mopsus. Die ganze Reihe jener Hirtennamen, die durch die Poeten des Altertums bekannt geworden sind, ist verwendet worden. Die Hirtengedichte Virgils lieferten den Wortschatz zum Ruhme des Mistkäfers. Man muß schon zur anmutigen Leichtigkeit der Schmetterlinge emporsteigen, um ähnlich poetischen Namengebungen zu begegnen. Dort ertönen, dem Lager der Griechen und dem Lager der Trojaner entnommen, die Heldennamen der Iliade. Das ist vielleicht ein wenig zu viel des Kriegerischen, haben doch diese friedlichen, beflügelten Blütentiere eine Lebensweise, die in nichts an die Lanzen Achills und Ajax' gemahnen. Da sind denn die Hirtennamen der Mistkäfer weit besser gewählt; sie rufen uns sogleich den wichtigsten Charakterzug des Insekts, den Aufenthalt auf den Weideplätzen, in Erinnerung.

An der Spitze des Mistkäfers steht der Heilige Scarabäus, dessen eigenartiges Verhalten schon die Aufmerksamkeit des Fellachen im Niltal erregte, einige tausend Jahre vor unserem Zeitalter. Dieser ägyptische Bauersmann, wenn er dabei war, sein Zwiebelfeld zu begießen, sah manchmal im Frühjahr einen großen schwarzen Käfer, der, hastig rückwärtsgehend, eine aus Kamelmist hergestellte Kugel davonrollte. Verdutzt schaute er dieser seltsamen Maschinerie nach, nicht anders, als es heute noch der Bauer in der Provence tut.

Jedermann staunt, wenn er zum ersten Male einen Scarabäus sieht, der, sozusagen im Kopfstand, die langen Hinterbeine hochgereckt, die große Pille vorwärts stößt und dabei viele ungeschickte Purzelbäume vollführt. Angesichts dieses eigenartigen Schauspiels mußte der naive Fellache sich fragen, was das wohl für eine Kugel sei und was für ein Interesse das Insekt habe, sie mit solchem Eifer davonzurollen. Der Bauer von heute stellt sich die selbe Frage.

Zur Zeit des Ramses und der Thutmosis mengte sich noch der Aberglaube bei: man erblickte in dieser rollenden Kugel ein Sinnbild der Erde während ihres täglichen Umgangs, der Scarabäus empfing göttliche Ehrung; er wurde der Heilige Pillendreher der modernen Naturforscher, so benannt in der Erinnerung an seinen einstigen Ruhm.

Ist in den sechs- oder siebentausend Jahren, da man von diesem seltsamen Pillendreher spricht, etwas von seiner Lebensweise bekannt geworden? Weiß man, zu welchem Zweck seine Kugel bestimmt ist? Weiß man, wie er seine Familie großzieht? Nichts weiß man. Die berühmten Werke verbreiten und verewigen, was ihn betrifft, nichts anderes als die schreiendsten Irrtümer.

Die alten Ägypter erzählten, der Scarabäus rolle seine Kugel von Osten nach Westen, in der Richtung, in der sich die Erde bewegt, dann vergrabe er sie im Boden während achtundzwanzig Tagen, der Dauer eines Mondumlaufs. Diese Inkubation von vier Wochen haucht dem Stamm der Pillendreher Leben ein. Am neunundzwanzigsten Tage, den das Insekt erkennt, weil dann der Mond in Konjunktion mit der Sonne steht und der Geburtstag der Erde ist, kehrt es zur Kugel zurück, gräbt sie aus, öffnet sie und wirft sie in den Nil. Der Kreis hat sich geschlossen, im heiligen Fluß entsteigt ein neuer Scarabäus der Kugel.
Lächeln wir nicht zu sehr über diese pharaonischen Erzählungen: etwas Wahres ist darin versteckt, trotz der Vermischung mit der närrischen Astrologie. Übrigens träfe ein Teil dieses Spottes unsere eigene Wissenschaft, denn der Grundirrtum, der darin besteht, die dahinrollende Kugel als die Wiege des Scarabäus zu betrachten, steht heute noch in unseren Büchern. Alle Autoren, die vom Heiligen Pillendreher reden, wiederholen ihn. Seit der Zeit, da die Pyramiden erbaut wurden, hat sich diese Überlieferung unverändert erhalten.
Es ist gut, wenn man von Zeit zu Zeit die Axt in die dichte Wildnis der Überlieferungen schlägt; es ist manchmal gut, das Joch der übernommenen Vorstellungen abzuschütteln. Es kann dann geschehen, daß die Wahrheit, von allen Schlacken gereinigt, schließlich heller, prächtiger leuchtet als alles, was man uns bisher gelehrt hat. Ich habe es manchmal gewagt zu zweifeln, und ich habe wohl damit getan, insbesondere was den Scarabäus anbetrifft. Ich kenne heute die Geschichte des Heiligen Pillendrehers von Grund auf. Der Leser wird sehen, um wieviel wunderbarer sie noch ist als alle Märchen Ägyptens.
Die ersten Kapitel meiner Forschungen, Untersuchungen über den Instinkt, haben ausdrücklich bewiesen und dargetan, daß die runden Pillen, die das Insekt über den Boden rollt, keinen Keim, keinen Keimling enthalten und auch gar keinen enthalten können. Das sind keine Behausungen für das Ei und die

Larve; es sind vielmehr ausschließlich Nahrungsmittel, die der Scarabäus so rasch als möglich dem Getümmel entziehen will, um sie zu vergraben und in aller Ruhe im unterirdischen Gelaß zu verzehren.

Seit der Zeit, da ich auf der Hochebene von Angles, in der Nähe von Avignon, mit Leidenschaft die Grundsätze meiner Behauptungen festlegte, die so sehr den übernommenen Vorstellungen widersprachen, sind nahezu vierzig Jahre verflossen. Aber nichts hat meine Aussage entkräftet; im Gegenteil, alles hat sie noch bestärkt. Den unwiderlegbaren, schlüssigen Beweis brachte das Nest des Scarabäus, das echte diesmal, in der Anzahl gefunden, wie ich es wünschte, und manchmal konnte ich sie unter meinen Augen entstehen sehen.

Ich habe die früheren, vergeblichen Versuche, den Aufenthaltsort der Larve zu entdecken, erzählt; ich habe vom kläglichen Mißerfolg meiner Aufzuchtversuche im Käfig berichtet, und vielleicht hat der Leser einiges Mitleid mit mir empfunden, wenn er mich sah, wie ich schamhaft und in aller Heimlichkeit in einem Papiersack die Gaben sammelte, die ein Maultier für meine Zöglinge zurückließ. Also nein, unter diesen Umständen war das Unternehmen nicht leicht. Meine Zöglinge, große Fresser, die sie waren, Verschwender sollte man eigentlich sagen, vertrieben sich die Zeit in der Sonne, indem sie die Kunst um der Kunst willen betrieben. Eine wunderbare runde Kugel folgte der anderen; aber sie wurde dann, nachdem man sie ein bißchen herumgerollt hatte, einfach ohne weitere Verwendung liegen gelassen. Die Haufen von Lebensmitteln, meine mühsam im Schutze der einbrechenden Nacht gesammelte Ernte, wurden mit unsinniger Schnelligkeit vergeudet, und bald fehlte das tägliche Brot. Übrigens sagte das faserige Manna des Pferdes oder des Maultieres dem mütterlichen Unternehmen nicht zu, es bedurfte eines mehr zusammenhängenden, plastischen Materials, wie es das ein wenig schlaffere Gedärme der Schafe liefert.

Um es kurz zu sagen: wenn diese frühen Untersuchungen mich

über das öffentliche Leben des Scarabäus aufklärten, so brachten sie mir, aus verschiedenen Gründen, über sein Privatleben keinerlei Nachricht. Das Problem des Nestbaus blieb dunkel. Um es zu lösen, reichen die beschränkten Mittel einer Stadt und die wissenschaftlichen Apparaturen eines Laboratoriums nicht aus. Es braucht dazu eines langen Aufenthaltes auf dem Lande, in der Nähe der Herden, in vollem Sonnenschein. Diese Bedingungen – Voraussetzung eines sicheren Erfolges, wenn Geduld und guter Wille sich ihnen beigesellen – finde ich zur Genüge in der Einsamkeit meines Dorfes.
Die Nahrungsmittel, meine große Sorge früher, sind in Fülle vorhanden. Auf der Hauptstraße, die an meinem Hause vorbeiführt, kommen und gehen Maultiere; sie ziehen auf die Felder zur Arbeit und kommen wieder zurück. Am Morgen und am Abend gehen die Schafe vorüber auf dem Wege zur Weide, auf der Rückkehr in den Stall. Einen Strick um den Hals, grast die Ziege meiner Nachbarin den ihr bestimmten Kreis ab, ein paar Schritte vor meiner Tür. Und sollte einmal in der nächsten Nachbarschaft Mangel herrschen, so habe ich meine jungen Zuträger, die, für ein Zuckerplätzchen als Lohn, weit in der Runde sich um die Speise meiner Tiere bemühen.
Dutzendweise kommen sie angerückt mit ihrer Ernte, in den unerwartetsten Behältern. In dieser Prozession einer neuen Art von Opfer Darbietenden wird alles Hohle verwendet, das ihnen unter die Hände kommt: ein alter Hut, der Teil eines Dachziegels, das Bruchstück eines Ofenrohrs, Trichter, das Überbleibsel eines Korbes, alte, zu einem Kahn zusammengeschrumpfte Schuhe, ja, wenn es nötig ist, die eigene Mütze des Sammlers. Etwas ganz Leckeres diesmal, scheinen die leuchtenden Augen zu sagen, ausgesuchte, beste Qualität! Die Ware wird gelobt, je nach Verdienst, und bezahlt, wie abgemacht. Ich beendige den Empfang, indem ich die jungen Lieferanten zu meinen Käfigen hinführe und ihnen den Scarabäus zeige, der seine Kugel rollt. Sie bewundern das drollige Tier, das mit seiner Kugel zu spielen scheint, sie lachen über seine Purzelbäume

und über seine ungeschickten Anstrengungen, wenn es auf den Rücken gefallen ist und mit seinen Beinen zappelt. Das ist ein lustiges Schauspiel, besonders wenn die Wange noch angeschwollen ist von einem Stück Kandiszucker in der Backentasche, das so angenehm süß schmilzt. Ich muß nicht befürchten, daß meine Pensionäre je hungern werden; immer wird ihre Speisekammer angefüllt sein.

Was für Pensionäre sind das? Vor allem der Heilige Pillendreher, erstes Objekt meiner gegenwärtigen Forschungen. Die lang hingestreckten Hügelreihen von Sérignan könnten sehr wohl die nördliche Grenze seines Vorkommens darstellen. Hier endet die Flora des Mittelmeeres, deren letzte verholzende Vertreter die Baumheide (Erica arborea L.) und der Erdbeerbaum (Arbutus Unedo L.) sind; auch der Große Pillendreher (Gymnopleurus pilularis Fab.), der große Sonnenfreund, dürfte hier an der Grenze seines Lebensraumes angelangt sein. Er kommt sehr häufig vor auf den heißen Südhängen und in der schmalen, flachen Zone zu Füßen dieser als mächtiger Reflektor wirkenden Hänge. Allem Anschein nach endet hier auch das Vorkommen des anmutigen Bolboceras gallicus Muls. und des kräftigen Copris hispanus L., beide Fröstlinge wie er. Zu diesen seltsamen Mistkäfern, von deren privatem Leben man so wenig weiß, gehören auch der Gymnopleurus, der Minotaurus, der Geotrupes, der Onthophagus. Alle beherbergen meine Volieren, denn alle, das weiß ich zum voraus, werden uns noch Überraschungen bereiten, wenn wir die Einzelheiten ihres unterirdischen Daseins studieren.

Meine Käfige haben ungefähr einen Kubikmeter Rauminhalt. Die Außenseiten sind aus Blech, alles andere ist Schreinerarbeit. So vermeide ich das zu starke Eindringen des Regenwassers, das die Erdschicht meiner Apparaturen unter freiem Himmel rasch in Schlamm verwandeln würde. Zu viel Feuchtigkeit wäre verhängnisvoll für meine Klausner, die in ihrer engen künstlichen Burg nicht unbeschränkt in die Tiefe graben können, bis sie eine für ihre Absichten günstige Umgebung

9 Fabre und sein Sohn, Insekten photographierend

vorfinden, so wie sie es in der Freiheit zu tun pflegen. Sie bedürfen einer wasserdurchlässigen Erde, ganz wenig feucht, aber nie sumpfig. Der Boden meiner Volieren besteht deshalb aus sandiger Erde und ist so gepreßt, daß die zukünftigen Höhlengänge nicht einstürzen. Die Dicke dieser Erdschicht beträgt nicht mehr als drei Dezimeter. In gewissen Fällen ist das zu wenig; aber wenn einige unter ihnen, die Geotrupes zum Beispiel, tiefer gehende Gänge vorziehen, so wissen sie sich sehr gut zu helfen, indem sie, wenn es nicht anders geht, statt senkrecht einfach in waagrechter Richtung weitergraben.

Das Gitter auf der Vorderseite meiner Käfige blickt gegen Süden und läßt die volle Sonne in die Behausung fallen. Die hintere, nach Norden gerichtete Seite setzt sich aus zwei übereinanderliegenden, beweglichen Laden zusammen, die durch Haken oder Riegel festgehalten werden. Der obere wird geöffnet bei der Abgabe der Nahrungsmittel, der Reinigung der Örtlichkeit und der Einführung von neuen Pensionären, je nach der Ergiebigkeit meiner Jagd. Das ist also die Diensttüre zum täglichen Gebrauch. Der untere Laden, der die Bodenschicht zusammenhält, wird nur bei großen Anlässen geöffnet, wenn es sich darum handelt, die häuslichen Geheimnisse des Insekts zu lüften und den Zustand seiner unterirdischen Arbeiten zu prüfen. Dann werden die Riegel zurückgeschoben und das mit Scharnieren versehene Brett heruntergeklappt, so daß der Boden im senkrechten Schnitt sichtbar wird, die günstigste Vorbedingung, um mit der Spitze des Messers die ganze Erdschicht untersuchen zu können, in der sich die Bauten der Mistkäfer befinden. So erfährt man ohne große Schwierigkeiten genaue Einzelheiten über ihre Tätigkeit, was selbst mit mühsamen Nachgrabungen auf freiem Felde sich nicht immer erreichen ließe.

Trotzdem sind die Forschungen auf freiem Felde unumgänglich; sehr oft enthüllen sie uns weit mehr, als es die Aufzucht in den Käfigen vermöchte. Wenn auch einige Mistkäfer, unbeschadet ihrer Gefangenschaft, in den Volieren mit dem gewohnten Eifer weiter arbeiten, zeigen sich andere, vorsichtiger und ängstlicher vielleicht von Natur aus, viel zurückhaltender und enthüllen mir ihre Geheimnisse nur hie und da, wenn es mir gelingt, sie durch meine beharrlichen Dienstleistungen zu verführen. Und dann ist es natürlich notwendig, um meine Menagerie richtig führen zu können, daß ich immer auf dem laufenden bleibe über das, was sich in der Freiheit abspielt, und sei es auch nur über die meinen Absichten am besten entsprechenden Zeiten. Dem Studium der Insekten in der Gefangenschaft müssen sich notwendigerweise eingehende Beobachtungen an Ort und Stelle beigesellen.

Hierzu wäre mir ein Gehilfe sehr nützlich, jemand, der Zeit hat, scharfe Augen und angespornt wird von einer der meinen verschwisterten, unvoreingenommenen Wißbegierde. Gerade eine solche Hilfskraft, wie ich nie eine ähnliche fand, steht mir tatsächlich zur Seite, ein junger, mit uns befreundeter Schafhirte. Nicht ganz unbelesen und voller Wissensdurst, wie er ist, erschrecken ihn die Ausdrücke Scarabäus, Geotrupes, Copris, Onthophagus nicht allzusehr, wenn ich ihm die Insekten bestimme und benenne, die er am Tage zuvor ausgegraben und für mich in einer Schachtel aufbewahrt hat.

In der ersten Morgendämmerung während der heißen Monate Juli und August – der Epoche, in der die Pillendreher ihr Nest herrichten – und am Abend, wenn die ärgste Hitze vorüber ist, bis in die Nacht hinein auf dem Weideplatz, wandelt er inmitten all der Tiere umher, die der Duft der Nahrungsmittel, welche die Herde in so reichem Maße ausstreut, herbeigelockt hat. Unterrichtet über diesen oder jenen Punkt meiner entomologischen Probleme, überwacht er alle Vorkommnisse und gibt mir Bericht darüber. Er erspäht die günstige Gelegenheit, er durchforscht den Rasen. Mit der Spitze seines Messers legt er eine Höhle frei, die er unter einer Erderhöhung erraten hat, er kratzt, er gräbt, er findet: eine herrliche Ablenkung von seinen ziellosen Schäferträumereien.

Ach, was für herrliche Stunden haben wir in kühler Morgen-

dämmerung miteinander verbracht auf der Suche nach dem Nest des Scarabäus und des Copris! Faraud, der Hund, war auch da, saß auf einem kleinen Erdhügel und überblickte das Volk der Schafe. Nichts, selbst eine durch Freundeshand dargebotene Brotrinde, kann ihn von seinem hohen Amt abhalten. Gewiß, schön ist er nicht in seinem schwarzen, zerzausten Pelz, in dem Tausende von Grassamen sich mit ihren Häkchen festgesetzt haben, schön ist er nicht, aber welche Gabe beherbergt sein echter Hundekopf, das Erlaubte und das Unerlaubte voneinander zu unterscheiden! Sofort erkennt er das Fehlen eines unbesonnenen Tieres, das sich hinter einer Geländefalte verzaudert hat! Man könnte wahrhaftig glauben, er wisse um die Zahl der Schafe, die seiner Wachsamkeit unterstellt sind – seiner Schafe, ohne die geringste Hoffnung, jemals eine ihrer Keulen vorgesetzt zu erhalten. Er hat sie gezählt von der Spitze seines Hügels herunter. Eines fehlt. Und schon schießt Faraud davon, und schon kommt er wieder und bringt das Verirrte zur Herde zurück. Du hellsichtiges Tier, ich bewundere deine Rechenkunst, ohne je zu verstehen, auf welche Weise dein einfaches Gehirn sie erworben hat. Ja, wir können auf dich zählen, tapferer Hund, wir können, dein Meister und ich, nach Herzenslust den Mistkäfer suchen, im Buschholz verschwinden; auch während unserer Abwesenheit wird kein Tier sich von der Herde entfernen, und keines wird im angrenzenden Rebgelände weiden gehen.
So, in der Gesellschaft eines jungen Schäfers und unseres gemeinsamen Freundes Faraud, manchmal auch ich allein als Hirte von siebzig blökenden Schäfchen, ist des frühen Morgens, bevor die Hitze der Sonne unerträglich wurde, der Stoff zu dieser Geschichte des Heiligen Pillendrehers und seinesgleichen gesammelt worden.

Wir konnten diesem Kapitel nicht seinen ursprünglichen Titel lassen; »Vorrede« heißt es bei Fabre und leitet den fünften Band der »Souvenirs« ein. Es gibt aber einen so reichen Einblick in das »Laboratorium«

Fabres – sowohl über die Art, wie er seine Insekten und Spinnentiere beobachtet hat, als auch über die Untersuchungen im Freien, die für ihn so wichtig sind. So ergänzt dieser Abschnitt die Schilderung des »Harmas«, die unsere Auswahl eröffnet. Auch mahnt es uns daran, daß Fabre die Brutpflege ein Leben lang zum Gegenstand seines Forschens gemacht hat, weil er in diesem Bemühen um die Arterhaltung die höchste Stufe alles instinktiven Tuns vor sich hatte. Die Einleitung spricht nochmals aus, wie sich Fabres Wissenschaft im weiten Raum eines großen Geheimnisses abspielt und wie dieses Verborgene in all seiner Arbeit stets gegenwärtig ist. Vor diesem Dunkel leuchten die einzelnen Realitäten, die der Forscher aufklärt, in um so hellerem Glanze. Diese geistige Haltung ist völlig anders als die vieler Naturforscher in unseren Tagen, die überzeugt sind, daß sie die Geheimnisse der Natur eines nach dem anderen enträtseln werden. Es geht uns hier nicht um ein Urteil über den Wert oder Unwert der verschiedenen Standpunkte. Wer aber die Eigenart Fabres erfassen will, muß die Ehrfurcht beachten, mit der er der lebendigen Natur begegnet.

IX
DER PROZESSIONSSPINNER

Die Schafe des Viehhändlers Dindenaut folgten dem Hammel, den Panurge boshafterweise über Bord geworfen hatte; eines sprang dem andern nach ins Meer, »denn«, sagt Rabelais (im »Leben des Gargantua und Pantagruel«), »es liegt im Wesen, in der Natur des Schafes, dem dümmsten und unbegabtesten Tier auf Erden, immer dem ersten, dem vorangehenden zu folgen, wohin immer es auch gehen mag«. Die Raupe des Kiefernprozessionsspinners verhält sich, nicht aus Dummheit, sondern aus Naturnotwendigkeit, noch schafsmäßiger: dahin, wo die erste gegangen ist, folgen auch alle anderen, in regelmäßigem Zuge, ohne leeren Zwischenraum.

Sie wandern in Einerkolonne, als ein zusammenhängendes Band, jede Raupe berührt mit dem Kopf das Ende der vorangehenden. Die verschiedenen Windungen, welche die den Reigen eröffnende Raupe, ganz nach ihrer Laune, beschreibt, machen die anderen gewissenhaft mit. Der Zug zu den antiken Festen in Eleusis konnte sich nicht in besserer Ordnung vollziehen. Das erklärt den Namen Prozessionsspinner, den man diesen Nagern an den Kiefern verliehen hat.

Eine weitere Eigentümlichkeit bildet seine lebenslängliche Seiltänzerei: er wandert nämlich sozusagen immer auf einem gespannten Seil, einer seidenen Schiene, die vorweg, während seines Wanderns, gelegt wird. Die Raupe, die der Zufall an die Spitze des Zuges verschlagen hat, verspinnt ununterbrochen einen aus ihrem Munde hervorquellenden Faden und heftet ihn auf den Boden, überall dort, wo hinzugehen es ihr einfällt. Er ist so fein, daß man ihn selbst mit einer Lupe eher mutmaßen als sehen kann.

Aber die zweite Raupe, die diesen zarten Steg betritt, verdoppelt ihn bereits, und die dritte verdreifacht ihn; und alle anderen, so viele als ihrer auch sein mögen, kleben, leimen aus ihren Spinndrüsen den Strahl darauf, so daß, wenn die Prozession vorüber ist, als zurückbleibende Spur ein schmales weißes Band in der Sonne glänzt. Prunkliebender als wir es sind, belegen sie ihre Straßen mit Seide statt mit Asphalt. Wir beschütten unsere Straßen mit Steinen und walzen sie mit schweren Maschinen glatt; sie aber verfertigen eine feine Schiene aus Satin, zu der eine jede von ihnen ihren Faden beisteuert.

Wozu aber dieser Aufwand? Könnten nicht auch sie, wie andere Raupen, ohne solch kostspielige Anordnungen ihres Weges gehen? Diese Art ihrer Fortbewegung führe ich auf zwei Gründe zurück. Die Kiefernprozessionsspinner fressen des Nachts die Nadeln der Kiefern. In tiefster Dunkelheit verlassen sie das auf der Spitze eines Astes liegende Nest; sie steigen die entblätterte, kahle Achse abwärts bis zum nächsten noch nicht abgefressenen Zweig, und so immer weiter und weiter abwärts nach Maßgabe der kahlgefressenen Stockwerke; dann steigen sie an einem noch unberührten Zweig wieder empor und verteilen sich in den grünen Nadeln.

Nachdem die Mahlzeit beendet ist, handelt es sich darum, bei nächtlicher Kälte in den Schutz der Behausung zurückzukehren. In der Luftlinie gemessen, wäre die Entfernung nicht groß, kaum von Armeslänge, doch die Fußgänger können sie nicht überbrücken. Sie müssen von einer Abzweigung zur andern, von der Nadel zum Zweiglein, vom Zweiglein zum Zweig, vom Zweig zum Ast hinabsteigen und von dem wieder, auf einem nicht minder gewundenen Pfad empor bis zum heimischen Herd. Auf diesem langen und wechselvollen Weg kann man sich auf das Auge nicht mehr verlassen. Wohl hat der Kiefernprozessionsspinner zu beiden Seiten des Kopfes fünf Augenpunkte, aber so winzig, so schwer unter der Lupe zu erkennen, daß man ihnen keine große Sehkraft zutrauen kann. Was sollen im übrigen auch diese Linsen für Kurzsichtige nützen bei völligem Fehlen von Licht inmitten der finsteren Nacht?

Auch der Geruchssinn hilft da nichts. Besitzt der Kiefernprozessionsspinner überhaupt einen solchen? Ich weiß es nicht. Ohne eine endgültige Entscheidung über diese Frage treffen zu wollen, kann ich auf jeden Fall behaupten, daß sein Geruchssinn sehr wenig ausgebildet und keinesfalls geeignet ist, ihn zu leiten. Dafür zeugen einige Ausgehungerte in meinen Versuchen, die nach langem Fasten ohne irgendein Anzeichen des Begehrens und Verweilenwollens ganz dicht an einem Kiefernzweig vorbeigehen.

Es ist das Tastgefühl, das sie aufklärt. Solange der Weideplatz nicht zufällig mit den Lippen berührt wird, solange sie nicht zufällig darauf stoßen, setzt sich keiner an den Tisch, mag der Heißhunger noch so groß sein. Sie werden nicht durch den Geruch der Nahrung angezogen; sie benagen einfach den Zweig, den sie auf ihrem Weg finden.

Auge und Geruchssinn ausgeschaltet, was bleibt, um sie zurück zum Nest zu führen? Es bleibt der Faden, den sie unterwegs gesponnen haben. Im Labyrinth von Kreta wäre Theseus verloren gewesen ohne Ariadnes klassischen Garnknäuel. Der endlose Wirrwarr von Kiefernadeln ist, besonders nachts, ein ebenso unentwirrbares Labyrinth wie jenes von Minos. Der Kiefernprozessionsspinner bewegt sich darin mit Hilfe seines Seidenfädchens in voller Sicherheit. Wenn es Zeit ist heimzukehren, findet jede Raupe entweder ihren eigenen Faden wieder oder irgendeinen der Nachbarschaft, wie sie von der weidenden Herde fächerartig ausgebreitet worden sind. Auf diese Weise, von Ort zu Ort, vereinigt sich die verstreute Sippe wieder auf dem gemeinsamen Straßenband, das seinen Ursprung im Nest hat, und auf diese Weise kehrt die gesättigte Karawane mit unfehlbarer Sicherheit wieder an ihren Stammsitz zurück.

Auch bei Tage, selbst im Winter, wenn das Wetter schön ist, werden mitunter weite Ausflüge unternommen. Man steigt vom Baum herab, wagt sich auf den Boden hinaus und zieht bis auf fünfzig Schritte Entfernung in der Runde dahin. Diese Ausgänge dienen nicht der Nahrungssuche, denn die heimatliche Kiefer ist noch lange nicht erschöpft; die abgenagten Zweige zählen kaum in der Masse der Nadeln. Übrigens: solange der Tag währt, üben sie vollkommene Enthaltsamkeit. Diese Unternehmungen haben eher den Charakter eines der Gesundheit dienlichen Spaziergangs, einer Erkundung der weiteren Umgebung, vielleicht auch jener Stellen, an denen man sich später, zur Zeit der Metamorphose, im Sand zu vergraben beabsichtigt.

Selbstverständlich wird auch bei diesen ausgedehnten Märschen der Leitfaden nicht vernachlässigt, ist er doch jetzt wichtiger denn je. Alle steuern sie das Erzeugnis ihrer Spinndrüsen dazu bei, so wie es die unverrückbare Regel will, sobald man sich vorwärts bewegt. Keine der Raupen bewegt sich einen Schritt weiter, bevor sie nicht auf dem Pfad den ihr an den Lippen hängenden Faden befestigt hat.

Hat die Prozession eine beträchtliche Länge, so verbreitert sich das Band so stark, daß es leicht gefunden werden kann; trotzdem geht es nicht ohne Stockungen und Verzögerungen ab. In der Tat bemerkt man, daß die Raupen nie eine Kehrtwendung vollziehen. Eine solche Bewegung auf ihrem Leitband kennen sie gar nicht.

Um wieder auf die bereits begangene Bahn zu gelangen, muß eine Schleife gezogen werden, deren Krümmung und Weite vom Belieben der anführenden Raupe bestimmt wird. Deshalb entstehen mitunter Unsicherheiten, Umwege, Irrwege, auf denen sie von der Dunkelheit überrascht werden können. Doch bleibt der Umstand ohne ernsthafte Folgen. Man sammelt sich, eine kuschelt sich eng und bewegungslos an die andere. Morgen wird man weiter suchen, und früher oder später mit Erfolg. Häufig jedoch erreicht die Wendeschleife schon beim ersten Versuch das Leitband wieder. Sobald sich die Schiene zwischen den Füßen der ersten Raupe befindet, hört jedes Zögern auf: raschen Schrittes macht sich die ganze Schar auf den Rückweg zum Nest.

Auch in anderer Hinsicht noch springt die Nützlichkeit dieser mit Seide belegten Straße in die Augen. Um sich vor der Härte des Winters zu schützen, in dem sie ja arbeiten muß, webt sich die Raupe des Kiefernprozessionsspinners einen Schlupfwinkel, eine Unterkunft, in der sie sich während Stunden und Tagen aufhalten kann, wenn sie durch die schlechte Witterung zur Arbeitslosigkeit gezwungen wird. Allein mit nichts als dem kärglichen Hilfsmittel ihrer Seidendrüse, könnte sie sich auf der Spitze eines vom Sturme gepeitschten Zweiges kaum schützen. Eine feste Wohnung, die dem Schnee, dem Nordwind, den eisigen Nebeln trotzt, bedarf zu ihrer Herstellung des Beistandes einer großen Zahl von Mitarbeitern. Aus aufeinander gelegten Winzigkeiten des einzelnen macht die Gesellschaft etwas Großes und Dauerhaftes.

Das Unternehmen dauert lange. Jeden Abend, wenn das Wetter günstig ist, muß der Bau gesichert und erweitert werden. Es ist deshalb unerläßlich, daß die Gewerkschaft der Arbeiter während der schlechten Jahreszeit und solange das Raupenstadium währt, zusammenbleibt. Ohne besondere Vorkehrungen aber böte jeder Ausgang bei Nacht, jeder Weidegang einen Anlaß zur Auflösung der Gesellschaft. Sobald nämlich der Hunger sich meldet, macht sich auch eine Rückkehr zum Individualismus bemerkbar. Die Raupen zerstreuen sich; einzeln erklettern sie die benachbarten Zweige, jede verzehrt für sich allein ihre Kiefernadel. Wie finden sie sich nachher wieder zu einer Gesellschaft zusammen?

Die Fäden, die eine jede unterwegs gesponnen hat, machen das einfach. Mit diesem Führer findet jede Raupe unfehlbar, und mag sie sich noch so weit entfernt haben, zu ihren Genossinnen zurück. Von den vielen Zweiglein, von da und von dort, von oben, von unten her kommen sie herangeeilt, und bald bildet die ausgeschwärmte Legion wieder eine kompakte Truppe. Der Seidenfaden ist eben mehr als ein Wegweiser, er ist ein soziales Band, ein Netz, das die Glieder der Gemeinde unauflöslich fest zusammenhält.

An der Spitze einer jeden Prozession, sei sie lang oder kurz,

marschiert als erste eine Raupe, die ich den Anführer nennen will, obgleich eine solche Bezeichnung eigentlich nicht recht am Platze ist. Nichts nämlich unterscheidet diese Raupe von den anderen. Der Zufall einer Gruppierung hat sie an den vordersten Rang gestellt, und das ist auch alles. Beim Kiefernprozessionsspinner kann jeder Offizier werden. Für den Augenblick befiehlt der; gleich hernach, wenn die Kolonne wegen irgendeines Zwischenfalles sich aufgelöst hat und sich neu formt, wird es ein anderer sein, der ihm befiehlt.
Aber diese zeitlich beschränkten Aufgaben bestimmen ein besonderes Verhalten. Während die anderen Raupen dem Anführer passiv, schön ausgerichtet, eine hinter der andern folgen, ist er ständig in Bewegung, wirft in einer raschen Bewegung den vorderen Teil des Körpers einmal nach dieser, dann wieder nach jener Seite. Im Gehen scheint er sich fortwährend über etwas zu vergewissern. Erkundet er den Weg? Sucht er die besten Pfade? Oder sind sein Stocken, sein Zögern einfach darauf zurückzuführen, daß er an diesen noch nie durcheilten Örtlichkeiten keinen Leitfaden findet? Die Nachfolgenden, die Untergebenen, folgen ihm vollkommen ruhig, sicher, wie sie sich fühlen, durch das Band zwischen ihren Füßen; er, der Führer, dem diese Stütze fehlt, ist beunruhigt.
Oh, daß ich nicht lesen kann, was sich unter diesem schwarzen Schädel, der wie ein erstarrter Teertropfen glänzt, abspielt! Seinem Benehmen nach muß eine winzige Spur von Unterscheidungsvermögen vorhanden sein, ein Erkennen, nach vorangegangener Prüfung, von zu großer Unebenheit des Bodens, von Flächen, die keinen Halt gewähren, und vor allem von Fäden, die andere Ausflügler bereits auf den Boden geleimt haben. Darauf ungefähr beschränkt sich, was mich ein sehr langer Umgang mit dem Kiefernprozessionsspinner über sein Seelenleben gelehrt hat. Es ist ein armseliges Hirnchen, und es sind arme Tiere, deren Republik an einem Faden hängt!
Die Prozessionen sind von sehr unterschiedlicher Länge. Die schönste, die ich auf dem Erdboden in Bewegung sah, bildete

ein gewelltes Band von zwölf Meter Länge und bestand aus etwa dreihundert schön hintereinander ausgerichteten Raupen. Wären sie nur ihrer zwei gewesen, es hätte an der Ordnung nichts geändert: die zweite berührt die erste und folgt ihr. Vom Februar an gibt es in meinem Gewächshaus Prozessionen von jeder Länge. Welche Fallen könnte ich ihnen wohl stellen? Ich sehe nur zwei: den Anführer beseitigen und den Leitfaden unterbrechen.

Die Beseitigung des Anführers fördert nichts Auffallendes zutage. Wenn das ohne Störung bewerkstelligt wird, ändert sich nichts, selbst am Gang der Prozession. Die zweite Raupe, nun zum Führer aufgerückt, kennt ohne weiteres die Pflichten ihres Ranges: sie wählt und leitet; oder besser gesagt: sie zaudert und tastet.

Auch die Unterbrechung des Seidenbandes bleibt ohne Folgen. Ich nehme aus der Mitte des Zuges eine Raupe heraus. Mit einer Schere schneide ich behutsam, um die Reihe nicht in Verwirrung zu bringen, das Stücklein Seidenband, das sie besetzt hatte, heraus und beseitige es bis auf den letzten Faden. Infolge dieser Unterbrechung erhält die Prozession nun zwei Anführer, die voneinander unabhängig sind. Es ist nun möglich, daß der hintere Anführer die vordere Kolonne, von der er ja nun durch einen kleinen Zwischenraum getrennt ist, wieder erreicht und aufschließt, dann liegen die Dinge wieder wie zuvor.

Noch häufiger kommt es vor, daß sich die beiden Teile nicht wieder zusammenschließen. In diesem Falle irren zwei Prozessionen nach Belieben herum, und sie werden früher oder später auf ihrer Reise das Leitband jenseits des Bruches wieder entdecken und so wieder ins Nest zurückfinden.

Diese beiden Versuche boten nur ein mäßiges Interesse; deshalb sinne ich über einen nach, der fruchtbarer an Einblicken zu sein verspricht. Ich nehme mir vor, die Raupen einen geschlossenen Kreis beschreiben zu lassen, nachdem ich alle nicht zur Kreisfigur gehörenden Fäden zerstört habe, die etwa ein Abweichen von dieser Bahn bewirken könnten. Eine Lokomotive

bringt nichts von ihrer Schiene ab, solange keine Weiche gestellt wird. Werden auch die Raupen des Kiefernprozessionsspinners, solange sie vor sich das seidene Schienenband frei und ohne Abzweigung finden, darauf verbleiben und darauf beharren, auf einer endlosen Schiene endlos zu laufen? Es handelt sich also darum, künstlich einen solchen Kreis herzustellen, den sie unter normalen Lebensverhältnissen nie vorfinden.
Die erste Idee ist natürlich die, mit einer Pinzette das Seidenband an seinem hinteren Ende zu fassen und es sorgsam gegen die Spitze des Prozessionsweges hin zu krümmen. Betritt die anführende Raupe das Band, ist alles in Ordnung; getreulich werden ihr die übrigen folgen. Theoretisch ein sehr einfacher Vorgang, bietet seine Durchführung in der Praxis viele Schwierigkeiten und zeitigt kein brauchbares Resultat. Außerordentlich zart, wie das Fädelchen ist, zerreißt es sogleich unter dem Gewicht der Sandkörner, die daran haften. Reißt der Faden aber nicht, erleiden die letzten Raupen, mag man es noch so sorgfältig anstellen, meistens einen Schock, sie krümmen zusammen und machen nicht mehr mit.
Eine noch größere Schwierigkeit ist die: der Anführer weigert sich, das ihm dargebotene Band zu betreten. Das abgeschnittene Ende macht ihn mißtrauisch. Er weicht nach links, nach rechts oder der Tangente entlang aus, da ihm der Weg nicht ordnungsgemäß vorkommt. Ich versuche einzugreifen und ihn auf den von mir gewünschten Pfad zu bringen; allein er beharrt auf seiner Weigerung, zieht sich zusammen, bewegt sich nicht mehr – bald greift die Verwirrung auf die ganze Prozession über. Geben wir es auf: die Methode ist schlecht, reich an kostspieligen Versuchen mit ganz fragwürdigen Resultaten.
Man sollte so wenig als möglich eingreifen müssen und auf natürlichem Wege einen geschlossenen Kreis erhalten. Ist das möglich? Ja, man kann, ohne sich einzumischen, eine Prozession auf einer vollkommenen kreisförmigen Bahn dahinziehen sehen. Diesen Erfolg, der unsere vollste Aufmerksamkeit verdient, verdanke ich zufälligen Umständen.

10 Nestgespinst einer Raupenkolonie des Kiefernprozessionsspinners (Cueto campapityocampa Schiff.)

Auf dem Sandboden in meinem Gewächshaus, in den ich die Kiefernzweige mit den Nestern des Kiefernprozessionsspinners gesteckt habe, stehen auch einige Palmenkübel, deren obere Öffnungen etwa einen Umfang von anderthalb Metern aufweisen. Die Raupen klettern oft an deren Wänden empor und besteigen den Wulst, der als ein breites Kranzgesimse die ganze Mündung der Kübel umschließt. Das ist ein Platz, der ihnen für ihre Prozessionen besonders zusagt, sei es seiner festen Oberfläche wegen, wo sie nicht, wie unten, Sandverschüttungen zu befürchten haben, sei es wegen der waagrechten Fläche, auf der man sich nach den Mühen des Aufstiegs ausruhen und erholen kann. Da habe ich ja meine gesuchte kreisförmige Piste! Jetzt muß ich nur noch die für meine Absichten günstige Gelegenheit erspähen; sie läßt nicht lange auf sich warten. Am zweitletzten Tag des Januars 1896, ein wenig vor Mittag, entdecke ich eine große Gruppe von Raupen, die sich nach oben auf den Weg macht und das beliebte Kranzgesimse betritt. Langsam, eine hinter der andern, erklettern die Raupen den großen Tonkübel und beginnen, sobald sie den Rand erreicht haben, ihre Prozession, während immer noch neue sich anschließen und so die Gruppe vergrößern. Ich warte, bis die Schlinge sich schließt, das heißt, bis der auf dem Wulst wandernde Anführer wieder auf seinen Anfangspunkt zurückgekommen ist. Nach einer Viertelstunde ist es so weit. In prächtiger Weise wurde hier die in sich geschlossene, fast kreisrunde Bahn verwirklicht.

Es ist nun ratsam, den Rest der aufsteigenden Kolonne, die die gute Ordnung des Zuges stören könnte, fernzuhalten. Wichtig ist auch, alle die Seidenweglein, neue oder alte, welche das Kranzgesimse mit dem Boden verbinden, zu zerstören. Mit einem Pinsel streife ich den Überschuß der Emporkletternden weg; eine grobe Bürste, die keine Geruchsspur mehr bestehen läßt, die später zu einer Fehlerquelle werden könnte, fegt sorgfältig die Wände der Vase frei und bringt alle Fäden, die die Raupen gesponnen haben, zum Verschwinden. Nach

diesen Vorbereitungen erwartet uns ein seltsames Schauspiel.
In dieser auf einer ununterbrochenen Kreislinie sich fortbewegenden Prozession gibt es keinen Anführer mehr. Jede Raupe hat vor sich eine andere, der sie dicht auf den Fersen folgt, geführt von der seidenen Spur, dem gemeinsamen Werke aller. Sie wird von einer Genossin gefolgt, die sich auf die gleiche Weise ihr anschließt. Und so wiederholt sich dies die ganze Kette entlang. Niemand befiehlt oder verändert die Richtung der Prozession, alle gehorchen und vertrauen einem Führer an der Spitze, den es infolge meines Kunstgriffes gar nicht mehr gibt.
Bereits beim ersten Umgang auf dem Rand des Tonkübels wurde der seidene Schienenstrang gelegt, der sich bald in ein schmales Band verbreitert, weil die Prozession fortwährend Seidenfäden absondert. Dieser Schienenstrang kehrt in sich selbst zurück und hat keinerlei Abzweigungen, weil meine Bürste alle zerstört hat. Was werden die Raupen auf diesem trügerischen Pfade tun? Werden sie bis zur Erschöpfung ihrer Kräfte im Kreise herumwandern?
Die alte Scholastik erzählt uns von Buridans Esel, dem berühmten Dummkopf, der zwischen zwei Heubündeln verhungerte, weil er sich nicht für das eine oder das andere entschließen und so das Gleichgewicht zwischen zwei gleichen, aber nach verschiedenen Richtungen zielenden Begehrlichkeiten brechen konnte. Man hat das merkwürdige Tier verleumdet. Nicht dümmer als irgendein anderes Tier, würde der Esel die von der Logik gestellte Frage dadurch umgehen, daß er von beiden Bündeln fräße. Werden meine Raupen nicht ebenso klug sein? Werden sie, nach einer gewissen Probezeit, das Gleichmaß ihres geschlossenen Kreises, der sie auf einer Straße ohne Ende gefangen hält, zu durchbrechen wissen? Werden sie sich entscheiden können, nach dieser oder nach jener, nach der einen oder anderen Seite auszubrechen, was ja die einzige Möglichkeit darstellt, ihr Heubündel, will sagen

den Kiefernzweig, der ganz in der Nähe im Sande steckt, zu erreichen?
Ich glaubte das, und ich hatte unrecht. Ich sagte mir: Eine Zeitlang, eine Stunde, zwei, drei Stunden vielleicht wird die Prozession im Kreis herumgehen, und dann wird sie ihres Mißgriffes gewahr werden. Die Raupen werden die trügerische Piste verlassen und irgendwo über die Wandung des Kübels herabsteigen. Da oben zu bleiben, dem Hunger preisgegeben, ohne Obdach, wo doch nichts die Raupen daran hindert, wegzugehen, schien mir denn doch eine unstatthafte Albernheit. Die Tatsachen zwangen mich, das Unglaubliche anzuerkennen. Erzählen wir also so genau als möglich.
Am 30. Januar, gegen Mittag, beginnt bei prächtigem Wetter die Prozession im Kreise herum. Die Raupen wandern im Gleichschritt dahin, eine jede dicht an die voranschreitende aufgeschlossen. Die lückenlose Kette schließt jeden Anführer, der eine neue Richtung einschlagen könnte, aus, und alle Tiere folgen einander völlig mechanisch und bleiben der Kreislinie treu wie die Uhrzeiger dem Zifferblatt. Die Gruppe ohne Kopf hat keine Freiheit, keinen Willen mehr, sie ist ein Räderwerk geworden. Und dies dauert nun Stunden und nochmals Stunden. Der Erfolg meines Versuches geht weit über meine kühnsten Vermutungen hinaus. Ich bin auf das höchste verwundert. Oder sagen wir besser: ich bin völlig verdutzt.
Die zahlreichen Umgänge haben inzwischen den ursprünglichen Seidenstrang in ein prächtiges Band von etwa zwei Millimeter Breite verwandelt. Auf dem rötlichen Grund des Kübelrandes sehe ich es deutlich schimmern. Der Tag neigt sich seinem Ende zu, und die Piste hat sich kein bißchen verändert. Es gibt einen untrügerischen Beweis dafür.
Die Bahn ist nicht völlig ebenmäßig, sondern beschreibt an gewissen Stellen eine Krümmung, senkt sich ein wenig gegen die innere Seite des Wulstes, in die Mündung des Kübels hinab, um dann nach einigen Dezimetern wieder auf die Oberfläche zu gelangen. Gleich am Anfang habe ich die beiden Beugungs-

punkte auf der Vase mit einem Bleistiftstrich markiert. Während des ganzen Nachmittags, noch besser, während der ganzen folgenden Tage, bis der unsinnige Rundtanz zu Ende war, sah ich, wie die Kolonne der Raupen beim ersten der bezeichneten Punkte in die Tiefe tauchte, um beim zweiten wieder sichtbar zu werden. Mit dem ersten Faden schon ist die Bahn unabänderlich festgelegt.

Bleibt sich der Weg immer gleich, so verändert sich hingegen die Schnelligkeit. Ich messe im Durchschnitt neun Zentimeter durchlaufenen Weg in der Minute. Aber es gibt zwischenhinein mehr oder weniger lange Halte, besonders wenn die Temperatur sinkt. Um zehn Uhr abends geht der Marsch in ein träges Schwenken des Hinterteils über. Ein völliger Stillstand ist vorauszusehen, teils der Kälte, teils der Müdigkeit und zweifellos auch des Hungers wegen.

Denn die Stunde, da sie auf die Weide zu ziehen pflegen, ist gekommen. Aus allen Nestern meines Gewächshauses sind die Raupen massenhaft hervorgekrochen; sie grasen auf Kiefernzweigen, die ich neben ihren Seidenbeuteln, ihren Nestern, in den Boden gesteckt habe. Auch die im Garten tun dasselbe, denn die Witterung ist mild. Die andern, auf dem Wulst des Tonkübels, würden sicherlich ebenfalls gerne an dem Freundschaftsmahl teilnehmen; ihr Spaziergang von zehn Stunden hat sie sicher hungrig gemacht. Der leckere Zweig grünt nur ein kleines Stück weit daneben. Um ihn zu erreichen, hätten sie nichts anderes zu tun, als die Wand ihrer Vase herabzusteigen; aber die Unseligen können sich dazu nicht entschließen, dumme Sklaven des Straßenbandes, die sie sind. Ich verlasse die Ausgehungerten um halb elf Uhr abends, fest davon überzeugt, auch ihnen werde die Nacht guten Rat bringen, und morgen werde wieder alles in Ordnung sein.

Ich irrte mich. Ich überschätzte sie, als ich ihnen den schwachen Schimmer Verstand zumutete, den ein knurrender Magen hätte erwecken können. Beim Morgengrauen schon stattete ich ihnen einen Besuch ab. Wie tags zuvor finde ich sie hinter-

einander aufgereiht, doch völlig bewegungslos. Mit der zunehmenden Wärme schütteln sie ihre Erstarrung ab, fangen sie an, sich wieder zu rühren, und dann setzen sie sich wieder in Bewegung. Die Prozession in der Runde beginnt wieder in der genau gleichen Weise, wie ich sie bereits gesehen habe. Nicht mehr und nicht weniger ist an ihrem starren, maschinenmäßigen Marsch zu bemerken.
Die folgende Nacht ist rauh. Der plötzliche Kälteeinbruch hat sich schon gestern abend im Verhalten der Raupen im Garten angekündigt, die nicht aus ihren Nestern hervorkommen wollten, während ich mit meinen gröberen Sinnesorganen noch immer an ein Weiterdauern des schönen Wetters glaubte. Bei Tagesanbruch schimmerten die Rosmarinhecken im Reif, und zum zweitenmal in diesem Jahr hatten wir starken Frost. Der große Teich im Garten ist zugefroren. Wie steht es wohl mit meinen Raupen im Treibhaus? Gehen wir nachsehen.
Alle sind in ihrem Nest, ausgenommen die hartnäckigen Teilnehmer an der Prozession auf dem Rande des Tonkübels, die ohne ein Schutzdach eine sehr schlimme Nacht verbracht haben müssen. Ich finde sie in zwei ungeordnete Klumpen zusammengedrängt. Auf diese Weise, geteilt und dicht beieinander, haben sie weniger unter der Kälte gelitten.
Das Unglück ist auch zu etwas gut. Die kalte Nacht hat bewirkt, daß der Ring in zwei Hälften zerbrach, und daraus erwächst vielleicht die Rettung. Für jede der beiden Gruppen wird sich, wenn sie sich, neu belebt, wieder in Bewegung setzen, ein Anführer finden, der nicht einer vorangehenden Raupe folgen muß und der deshalb eine gewisse Entschlußfähigkeit und somit die Möglichkeit hat, die Gruppe von ihrem alten Weg abzubringen. Erinnern wir uns daran, daß in den gewöhnlichen Prozessionen die erste Raupe als Kundschafterin wirkt. Während sich die übrigen, werden sie nicht gestört, schön in der Reihe halten, bewegt sie ihren Kopf fortwährend nach der einen und der anderen Seite hin, sich orientierend, suchend, tastend, wählend. Und was sie entscheidet, wird auch ausge-

führt: getreulich folgt ihr der ganze Trupp. Und erinnern wir uns auch daran: selbst auf einem Weg, der schon durchlaufen und mit einem Leitband versehen wurde, fährt die anführende Raupe mit der Erkundung fort.
Man sollte glauben, daß die Verirrten auf dem Wulst des Tonkübels die Gelegenheit wahrnehmen und nun den Ausweg finden werden. Beobachten wir sie also.
Aus ihrer Erstarrung erwacht, stellen sich die zwei Gruppen wieder in Reih und Glied, zwei voneinander getrennte Ketten. So haben wir also zwei Anführer, frei in ihren Bewegungen und unabhängig. Wird es ihnen gelingen, aus dem Bannkreis auszubrechen? Wie sie so ihren großen, schwarzen Kopf zitternd und unruhig bewegen, glaube ich es einen Augenblick lang tatsächlich. Aber bald darauf werde ich eines Bessern belehrt. Da die einzelnen Tiere sich ein wenig strecken, verbinden sich die beiden Hälften des Ringes wieder miteinander, der Kreis ist wieder geschlossen. Die beiden Raupen, die für einen Augenblick Anführer waren, werden wieder einfache Untergebene, und so setzen auch diesen ganzen Tag über die Tiere ihre Runde fort.
Noch einmal bringt die windstille und prächtig gestirnte Nacht starken Frost. Am frühen Morgen finde ich die Raupen der Prozession auf dem Wulst des Kübels – die einzigen, die im Freien genächtigt haben – in einem Klumpen beisammen, der auf beiden Seiten weit über das verhängnisvolle Band hinabreicht. Ich wohne dem Erwachen der Betäubten bei. Die erste Raupe, die zu wandern beginnt, befindet sich zufällig außerhalb des Leitbandes. Sie erreicht den First des Kübelrandes und steigt auf der anderen Seite, in der Innenseite, bis auf die in dem Gefäß sich befindende Erde hinab. Sechs andere folgen ihr, aber nicht mehr. Vielleicht war der Rest der Truppe, der sich von der Erstarrung der Nacht noch nicht ganz erholt hatte, einfach noch zu müde, um sich in Bewegung zu setzen.
Diese kleine Verzögerung hat zur Folge, daß die Dinge wieder ihren früheren Fortgang nehmen. Man betritt den seidenen

Pfad, und damit beginnt der Rundgang von neuem, diesmal in der Form eines Ringes, aus dem ein Stück herausgebrochen ist. Vom Anführer, der nun infolge dieser Bresche an die Spitze gelangt ist, wird kein Versuch zu irgendeiner Neuerung unternommen. Eine Gelegenheit, aus dem magischen Zirkel auszubrechen, hat sich ihm geboten, aber er wußte keinen Gebrauch davon zu machen.

Die Raupen, die in das Innere des Topfes gelangt sind, haben ihr Los nicht verbessert. Sie klettern, vom Hunger getrieben, bis zur Spitze der Palme empor und suchen sich dort einen Weideplatz. Da sie nichts nach ihrem Geschmack vorfinden, kommen sie längs des Fadens, den sie auf ihre Spur geklebt haben, wieder zurück, klettern die Innenwand des Kübels empor, stoßen auf die Prozession und fügen sich ihr ohne weiteres wieder ein. Nun ist der Ring wieder vollständig, und vollständig der sich drehende Kreis.

Wann kommt wohl die Erlösung? Manche Legenden wissen von armen Seelen zu berichten, die in einem endlosen Reigen sich so lange drehen müssen, bis ein Tropfen Weihwasser den Zauber bannt. Welchen Tropfen wird ein gutes Geschick auf meine Prozession herniederfallen lassen, um ihren Höllenkreis zu brechen und sie zum Nest zurückzuführen? Ich sehe nur zwei Mittel, um ihr Schicksal zu bannen und sie zu befreien. Beides sind harte Prüfungen. Ein seltsamer Ablauf von Ursache und Wirkung: aus Schmerz und Elend soll das Heil kommen.

Zuerst einmal der durch die Kälte hervorgerufene Schrumpfungsvorgang, das durch die Kälte bedingte Zusammenrücken der Raupen. Sie drängen sich ohne Plan und Ordnung aneinander, häufen sich teils auf dem Weg, viele noch außerhalb des Weges. Unter den letzteren wird sich über lang oder kurz ein Anführer, ein Eigenbrötler finden, der die vorgezeichneten Wege verschmäht, einen neuen Pfad wählt und so die Schar ins Nest zurückbringt. Wir haben davon ein Beispiel. Sieben Raupen sind ins Innere des Topfes eingedrungen und haben die

Palme erklettert. Der Versuch ist allerdings gescheitert, aber immerhin wurde ein Versuch unternommen. Um erfolgreich zu sein, hätte es genügt, die gegenüberliegende Wand des Kübels zu besteigen. Eine Chance auf zwei, das ist viel. Ein anderes Mal wird sich der Erfolg einstellen.
Die zweite Möglichkeit bringt die Erschöpfung durch den langen Marsch, durch den Hunger. Auf einmal hält so ein Nachzügler inne, kann einfach nicht mehr weiter. Vor der niedergebrochenen Raupe geht die Prozession eine Weile noch weiter. Die Teilnehmer schließen auf, und es entsteht eine Lücke. Nachdem sich die erschöpfte Raupe, die den Bruch des Ringes verursachte, wieder erholt hat und ihren Marsch fortsetzt, wird sie der Anführer, denn sie hat nun kein Leittier mehr vor sich. Es bedarf also nur der leisen Anwandlung eines Befreiungswillens, um die ganze Schar auf ein neues Geleise zu bringen, das vielleicht den Weg in die Freiheit darstellt.
Um es kurz zu sagen: um den in Not geratenen Zug der Kiefernprozessionsspinner zu retten, bedarf es, im Gegensatz zu dem, wie es bei uns zugeht, einer Entgleisung. Die Abweichung von der Schiene hängt vom Belieben des Anführers ab, der allein die Möglichkeit besitzt, nach links oder nach rechts vom Wege abzugehen. Solange aber der Ring nicht durchbrochen ist, gibt es keinen Anführer, kann es keinen Anführer geben. Der Glücksfall, der Bruch des Ringes, ist die Folge der Übermüdung oder des Frostes.
Dieser die Befreiung bringende Unfall, besonders infolge der Müdigkeit, kommt noch ziemlich häufig vor. Im Laufe eines Tages teilt mein lebender Kreis sich mehrmals in zwei oder drei Bogenteile; doch rasch wird der Zusammenhang wiederhergestellt, und alles bleibt beim alten. Der kühne Befreier ist noch nicht erleuchtet worden. Vom vierten Tag, nach einer Frostnacht wie die vorangegangenen, gibt es nichts Neues zu melden, ausgenommen die folgende Kleinigkeit. Gestern löschte ich die Spur der sieben Raupen, die in das Innere des Topfes hinabgestiegen waren, nicht aus. Und diese Spur, mit ihrer

Verbindung zum Kreisgang, wurde am Morgen wieder gefunden. Ein Teil der Herde hat sie benützt, um die Erde im Topf zu besuchen und an der Palme emporzuklettern; der andere Teil blieb auf dem Wulst und wandelte auf der alten Schiene weiter. Am Nachmittag kommen auch die Auswanderer wieder zurück, gesellen sich ihren Genossen bei, der Kreis schließt sich, und alles ist wieder wie zuvor.

Wir sind nun am fünften Tag. Der Nachtfrost wird stärker, ohne jedoch ins Gewächshaus einzudringen. Ein schöner Tag folgt der kalten Nacht, die Sonne steht am ruhigen und klaren Himmel. Sobald ihre Strahlen die Verglasung ein bißchen erwärmt haben, erwachen die zu einem Klumpen zusammengeballten Raupen und nehmen ihren Rundlauf wieder auf. Diesmal wird die gute Ordnung gleich am Anfang schon gestört, und damit scheint sich die bevorstehende Befreiung anzukündigen. Der Erkundungsweg ins Innere des Topfes, der von gestern und vorgestern her durch eine Seidenspur bezeichnet ist, wird gleich am Anfang von einem Teil der Herde begangen und dann nach einer kurzen Schleife wieder aufgegeben. Die übrigen folgen dem gewohnten Band. Diese Gabelung hat zwar zur Folge, daß auf dem Wulst nun zwei ungefähr gleich breite Spurbänder in der gleichen Richtung, nahe beieinander, manchmal sich berührend, manchmal sich weiter voneinander entfernend, doch ziemlich ungeordnet nebeneinander herlaufen.

Die Müdigkeit erhöht die Verwirrung. Zahlreich sind die Nachzügler, die nicht mehr weitergehen wollen. Immer mehr Unterbrechungen treten ein; die Gruppen zerstückeln sich, und jedes dieser Bruchstücke hat nun einen Anführer, der den Vorderteil des Körpers nach allen Seiten hin krümmt, um die Gegend zu erkunden. Alles scheint nun die vollständige Auflösung anzukündigen und damit die Rettung. Aber einmal mehr wird meine Hoffnung zunichte. Noch vor Einbruch der Nacht ist die Einerkolonne wiederhergestellt und das unaufhaltsame Kreisen hat wieder begonnen.

So plötzlich, wie es kalt wurde, so rasch hat sich auch die Wärme wieder eingestellt. Heute, am 4. Februar, haben wir einen herrlich milden Tag. Im Treibhaus geht es lebhaft zu. Zahlreiche Gehänge von Raupen, die ihr Nest verlassen haben, wallen über den Sand. Oben, auf dem Rand des Topfes, bricht die Prozession jeden Augenblick auseinander, um sich gleich darauf wieder zusammenzuschließen. Zum erstenmal sehe ich, wie kühne Anführer, berauscht von der Wärme und nur vom letzten Paar ihrer Scheinfüße, Afterfüße, am äußersten Ende des tönernen Wulstes festgehalten, ihren Körper in den freien Raum hinausstrecken, sich drehen und winden, als wollten sie die Tiefe ermessen. Unzählige Male wird das wiederholt, während die ganze Gruppe stillsteht. Die Köpfe wackeln in hastigen, heftigen Zuckungen, die Leiber bewegen sich hin und her.

Einer der Neuerer wagt den Tauchsprung. Er gleitet unter den Wulst. Vier Raupen folgen ihm. Die übrigen, immer noch der heimtückischen Seidenspur vertrauend, getrauen sich nicht, sich ihnen anzuschließen, und wandern auf dem alten Weg weiter.

Die kleine Reihe, die sich von der Kette gelöst hat, zaudert lange Zeit an der Wand des Topfes; sie steigt bis zur Mitte ab, dann klettert sie wieder schräg aufwärts, erreicht die Prozession wieder und fügt sich ihr ein. Für diesmal ist der Versuch gescheitert, obgleich sich nur ein paar Handbreit vom Fuße des Topfes entfernt ein Büschel von Kiefernzweigen befand, das ich, eben um die Ausgehungerten anzuziehen, dort hingelegt hatte. Weder der Geruchssinn noch das Auge haben sie geführt; so nah schon am Ziel, kletterten sie wieder am Topf empor.

Wie dem auch sei, der Versuch war nicht nutzlos. Unterwegs wurden ja jene Seidenfäden ausgelegt, die zu neuen Unternehmungen verlocken werden. Die ersten Marksteine zum Weg in die Freiheit sind gelegt. Und in der Tat, am übernächsten Tage, dem achten Tag der Prüfung, steigen die Raupen, manchmal einzeln, manchmal in kleinen Gruppen oder in Kettenstücken

von einiger Länge, über den Randwulst herab und folgen dem bezeichneten Pfad. Bei Sonnenuntergang haben auch die letzten Nachzügler ihr Nest erreicht.
Und jetzt wollen wir ein wenig rechnen. Siebenmal vierundzwanzig Stunden sind die Raupen auf dem Rande des Topfes geblieben. Streichen wir für die Stockungen infolge der Ermüdung und besonders für die Rast während der kältesten Nachtstunden, gut gerechnet, die Hälfte der Zeit, so bleiben vierundachtzig Marschstunden. Durchschnittlich legen sie neun Zentimeter in der Minute zurück. Die gesamte von ihnen durchlaufene Strecke beträgt also 453 Meter, fast einen halben Kilometer; ein schönes Stück Weg für diese kleinen Trippler. Der Umfang des Topfes mißt genau 1,35 Meter. Also wurde der Kreis, immer in derselben Richtung und ohne irgendein Ergebnis, 335 mal umlaufen.
Diese Zahlen erstaunen mich, auch wenn ich über die vollkommene Unbeholfenheit der Insekten, sobald der kleinste Zwischenfall eintritt, Bescheid weiß. Ich frage mich, ob die Raupen des Kiefernprozessionsspinners nicht eher wegen der Gefahr des Abstieges so lange dort oben geblieben sind als wegen des Fehlens eines Denkvorgangs in ihrem armseligen Verstand. Aber die Tatsachen antworten eindeutig: der Abstieg ist für sie so leicht wie der Aufstieg.
Die Raupe hat ein sehr geschmeidiges Rückgrat, das sich um Höcker winden und leicht darüber hinweg gleiten kann. Mit gleicher Leichtigkeit bewegt sie sich sowohl in senkrechter als auch in waagrechter Richtung fort, den Rücken oben oder unten. Zudem tut sie keinen Schritt, bevor sie nicht ihren Seidenfaden am Boden festgeleimt hat. Mit einem solchen Zügel zwischen den Händen ist in keiner Lage ein Sturz zu befürchten.
Acht Tage lang habe ich den Beweis vor meinen Augen. Die Piste, erinnern wir nochmals daran, hält sich nicht immer auf der gleichen Höhe. Zweimal krümmt sie sich ab, gleitet sie unter den Randwulst und steigt ein wenig weiter vorn wieder empor. Während eines Teils ihres Umlaufs also wandern die

Raupen auf der Unterseite des Wulstes, doch diese verkehrte, unbequeme Lage, mit dem Rücken nach abwärts, ist für sie so wenig gefährlich, daß sie von allen Raupen während jeden Umgangs immer wieder eingenommen wird, vom Anfang bis zum Ende des ganzen Unternehmens.

Es ist also nicht möglich, in der Angst vor einem Fehltritt auf dem Rand des Wulstes einen Grund für ihr Verhalten zu sehen. Die in Not geratenen, ausgehungerten, obdachlosen, durchfrorenen Raupen bleiben hartnäckig auf ihrem Seidenband, dem sie hundert- und aber hundertmal gefolgt sind, weil ihnen jener Schimmer von jener Intelligenz fehlt, die ihnen raten müßte, es zu verlassen.

Die Fähigkeit, aus der Erfahrung etwas zu lernen, die Fähigkeit der Überlegung, fehlt ihnen. Die schwere Prüfung, ein Weg von einem halben Kilometer Länge und drei- oder vierhundert Umläufe, lehrt sie nichts: es braucht zufälliger Umstände, um sie zum Nest zurückzuführen. Sie wären auf ihrer verhängnisvollen Seidenstraße zugrunde gegangen, hätten nicht die Unordnungen des nächtlichen Lagers und die durch die Erschöpfung verursachten Marschhalte ein paar Fäden zufällig über den Rand der Rundpiste hinausgetragen. Einige der Raupen folgen ihnen, lassen sich von ihnen verlocken, die große Straße zu verlassen, weichen von der großen Piste ab, irren ein wenig herum und bereiten so den Abstieg vor, der sich schließlich in kurzen, sich zufällig bildenden Kettenstücken vollzieht. Jener heute hoch in Ehren stehenden Schule, die so begierig ist, den Ursprung der Vernunft in den Niederungen des Tierischen aufzufinden, schlage ich die Raupe des Kiefernprozessionsspinners als Versuchstier vor.

Fabre hat diesem Nachtfalter, dessen Gespinste an Pinien im Süden so häufig sind, volle sechs Kapitel seiner »Souvenirs« gewidmet. So ist es vielleicht gut, unseren Ausschnitt über die Prozession durch einen Blick auf den gesamten Lebensgang des Insekts zu ergänzen.

Die Raupen spinnen ein leichtes Seidengeflecht, an dem stets fortge-

baut wird. Von Zeit zu Zeit, wenn die Nadeln im Nestbereich abgeweidet sind, siedelt die ganze Gesellschaft auf einen neuen Zweig über und vergrößert, dem Wachstum der Raupen entsprechend, das Gespinst. Sind die Raupen etwa zwanzig Millimeter lang, so spinnen sie ein besonders großes und dichtes Seidennest, das mehrere Nadelbüschel umfaßt und Ausgangspunkt der Prozession wird. Nun wandern sie – aber nur in der Nacht – aus ihrem Seidenhaus; eine Temperatur unter zehn Grad Celsius lähmt das Raupenleben fast ganz, bei siebzehn bis zwanzig Grad sind die Tiere besonders aktiv. Das Gesellschaftsleben wirkt stimulierend: Raupen fressen in Gruppen insgesamt fast doppelt soviel wie die gleiche Zahl von Tieren, die isoliert gehalten werden.
Am Ende der Raupenzeit, die fast ein Jahr währt, wandern die Tiere in kleineren Gruppen zur Erde, wo sie unter Laub und Nadeln, zuweilen aber auch bis zwanzig Zentimeter in lockerer Erde sich einen Seidenkokon spinnen, in dem sie sich verpuppen, immer in kleinen Gruppen, die vor der Puppenruhe ein gemeinsames Gespinst anfertigen. Auch auf Eichen lebt eine Art derselben Gattung.

X

EINE UNVERGESSLICHE LEKTION

Mit großem Bedauern verlasse ich die Pilze; wie manche Fragen, die sie stellen, wären noch zu lösen! Warum fressen die Maden der Zweiflügler den Satanspilz und verschmähen sie den Kaiserling? Wieso ist für sie köstlich, was für uns schädlich ist, und warum ist das, was nach unserem Geschmack köstlich ist, für sie widerwärtig? Finden sich vielleicht in den Pilzen besondere Zusammensetzungen, Alkaloide wahrscheinlich, die sich, je nach der Art der Pflanze, ändern? Könnte man vielleicht diese Alkaloide absondern und sie so in ihren Eigenschaften erschöpfend erforschen? Wer weiß, ob die Medizin sie nicht zur Linderung unserer Nöte verwenden könnte, wie das Chinin, das Morphium und andere?

Man müßte nach dem Grund der Verflüssigung der Tintenpilze fragen und nach der Ursache der Verflüssigung der Steinpilze nach der Dazwischenkunft der Maden. Verzehrt, verdaut der Tintenpilz vermittels eines Pepsins sich selbst, wie die Fleischmade?

Wie gerne möchte man jenen oxydierbaren Stoff kennen, der dem Olivenblätterpilz seine weiße und milde Leuchtkraft verleiht, dem Schimmer des Vollmondes vergleichbar. Es wäre wissenswert, zu erfahren, ob gewisse Steinpilze durch eine Indigofarbe blau werden, die leichter Veränderungen unterworfen ist als jene, die die Färbereien verwenden, ob das Grünwerden des Reizkers die gleiche Ursache hat.

Diese chemischen Untersuchungen würden mich locken, wenn meine dürftige Ausrüstung, vor allem aber das unwiederbringliche Schwinden langgehegter Hoffnungen mich nicht daran hinderten. Es bleibt keine lange Zeit mehr dafür. Trotzdem, reden wir doch noch ein wenig von der Chemie und erwecken wir, da wir nichts Besseres zu bieten haben, wenigstens alte Erinnerungen. Wenn der Chronist sich von Zeit zu Zeit selbst ein Plätzchen in der Geschichte seiner Tiere einräumt, möge es der Leser ihm verzeihen: das hohe Alter ist solchen Reminiszenzen unterworfen, sie sind die Blüten der späten Tage.

Im ganzen habe ich in meinem Leben zwei wissenschaftliche Unterrichtsstunden genossen, eine in der Anatomie und eine in der Chemie. Die erste verdanke ich dem Naturwissenschafter Moquin-Tandon, der, nach einer botanischen Exkursion auf den Monte Renoso in Korsika, mir in einer mit Wasser gefüllten Schüssel den anatomischen Bau der Schnecke erklärte. Das war kurz, aber reich an Früchten. Ich war eingeweiht worden. Von da an konnte ich, ohne eines Meisters Ratschlag, das Seziermesser handhaben und das Innere der Tiere mit Anstand untersuchen. Die zweite Lektion, jene über die Chemie, verlief weniger glücklich. Die Sache ging so zu.

Im Lehrerseminar, das ich besuchte, war der Unterricht in den exakten Wissensgebieten mehr als bescheiden. Das Rechnen und einige Brocken Geometrie, das war so ziemlich alles. Von der Physik sozusagen nichts. Man lehrte uns oberflächlich einige Andeutungen aus der Meteorologie, über die Zeit des Aprilmondes, den weißen Frost, den Tau, den Schnee, den Wind, und so, ein bißchen über die landwirtschaftliche Wetterkunde aufgeklärt, hielt man uns befähigt, mit den Bauern über Regen und schönes Wetter reden zu können.

Von Naturkunde überhaupt nichts. Nie wurde über die Pflanze ein Wort verloren, diesen anmutigen Zeitvertreib auf ziellosen Spaziergängen, niemals eines über die Insekten, deren Lebensgewohnheiten so anziehend sind, niemals eines über die Gesteine und die Versteinerungen. Diese bezaubernden Blicke in die Fenster der Welt waren uns versagt. Die Grammatik erstickte das Leben.

Von der Chemie keine Erwähnung, selbstverständlich. Immerhin, der Ausdruck war mir bekannt. Zufällig Gelesenes, mangels vorgeführter Tatsachen nur schlecht Verstandenes, hatte mich darüber unterrichtet, daß die Chemie sich mit der Umwandlung der Stoffe befaßt, indem sie die Grundelemente miteinander verbindet oder voneinander trennt. Aber welch eine seltsame Vorstellung machte ich mir von deren Studium! Mich gemahnte es an Hexerei, an die schwarze Magie. Ich stellte mir vor, jeder Chemiker habe einen Zauberstab in der Hand und auf dem Kopf die spitze, mit Sternen besäte Mütze des Zauberers.

Eine bedeutende Persönlichkeit, die in ihrer Eigenschaft als Honorarprofessor der Schule uns besuchte, war nicht geeignet, mich von derart läppischen Vorstellungen abzubringen. Er lehrte im Lyceum Physik und Chemie. Zweimal wöchentlich hielt er einen öffentlichen und unentgeltlichen Kursus ab, in einem mächtigen, der Schule benachbarten Lokal, der ehemaligen Kirche von Saint-Martial, dem heutigen protestantischen Gotteshaus.

Das war nun so richtig die Klause des Geisterbeschwörers, so wie ich sie mir vorgestellt hatte. Auf der Spitze des Glockenturms knarrte jämmerlich eine verrostete Wetterfahne, in der Abenddämmerung umflogen große Fledermäuse das Gebäude und tauchten in den Schnauzen einer Traufröhre unter, nachts kreischten die Eulen auf den Mauerkrönungen. Und da drinnen, unter den unendlich hohen Gewölben, wirkte mein Chemiker. Welch höllische Mischungen bereitete er? Würde ich das jemals erfahren?

Aber, wie gesagt, heute visitierte er uns, ohne einen spitzen Hut, in Zivil, ganz unauffällig. Wie ein Wirbelwind kommt er ins Schulzimmer. Sein rotangelaufenes Gesicht ist im Napf eines großen gestärkten Kragens versenkt, dessen Ränder ihm in die Ohren sägen. Einige Strähnen rötlichen Haares zieren seine Schläfen; oben glänzt der Schädel wie eine alte Billardkugel. Mit scharfer, hochfahrender Stimme, begleitet von eckigen Bewegungen, befragt er einen oder zwei Schüler, dreht sich auf dem Absatz um und verläßt wie im Sturm das Zimmer. Nein, das ist nicht der Mann, so vortrefflich er im Grunde sein mag, der mir eine gute Vorstellung der Dinge zu geben vermöchte, die er lehrt.

Zwei Fenster seiner Arbeitsstätte, seines Laboratoriums, blikken in Brusthöhe auf den Schulgarten hinaus. Oft stütze ich meine Ellbogen auf das Gesimse, spähe hinein und versuche mit meinem armseligen Verstand zu erraten, was es wohl mit der Chemie für eine Bewandtnis habe. Leider ist der Raum, in den ich sehen kann, nicht das eigentliche Sanktuarium, sondern lediglich eine Nebenkammer, in der das gelehrte Geschirr gewaschen wird.

Bleiröhren, mit Hähnen versehen, laufen den Wänden entlang; Holzbottiche stehen in den Ecken. Manchmal siedet es darin, weil sie von einem Dampfstrahl geheizt werden. Ein rötliches Pulver wird gekocht, das aussieht wie zerstoßene Backsteine. Ich erfahre, daß hier, bei gelindem Feuer, eine zum Färben geeignete Wurzel, der Krapp, gesotten wird, um sich dadurch in ein reineres, verdichtetes Produkt umzuwandeln. Das ist des Meisters Steckenpferd.

Das Schauspiel, das mir die beiden Fenster gewährten, genügte mir nicht. Gar zu gerne wäre ich weiter vorgedrungen, in den Saal, in dem der Kurs stattfand. Dieser Wunsch ging mir in Erfüllung. Es war am Ende des Schuljahres. Dem reglementarischen Studium um eine Etappe voraus, hatte ich mein Diplom als Lehrer erhalten. Ich war frei. Noch blieben einige Wochen, bevor die Schule ihr Jahr beschloß. Sollte ich diese Zeit irgendwo draußen in der Freiheit zubringen, im Rausch meiner achtzehn Jahre? Nein, ich würde weiterhin in der Schule bleiben, die mir während zweier Jahre ein friedliches Nest und sicheres Futter gewährt hatte. Hier würde ich warten, bis man mir eine Stelle zuwies. Verfügt über mich nach Belieben, macht mit mir, was ihr wollt; wenn ich nur studieren darf, der Rest ist mir gleichgültig.

Der Leiter der Schule, ein herrlicher Mensch, hatte Verständnis für meine Lernbegierde. Er bestärkte mich in meinem Ent-

schluß; er nahm sich vor, mich wieder Horaz und Virgil zuzuführen, die ich so lange vernachlässigt hatte. Er beherrschte das Lateinische, der wackere Mann; er fachte das erloschene Feuer wieder an, indem er mir einige Stücke zum Übersetzen gab.
Aber er tat noch mehr: er lieh mir eine Imitation, eine Nachfolge Jesu Christi (Thomas a Kempis) in doppeltem Text, lateinisch und griechisch. Mit dem erstgenannten, den ich einigermaßen verstehe, entzifferte ich den zweiten, wodurch es mir gelang, meinen kleinen Wortschatz, den ich mir bei der Übersetzung der Fabeln des Äsop erworben hatte, ein bißchen zu vergrößern. Ein Vorschuß auf mein künftiges Studium! Welch ein wunderbares Arrangement war das: das Lager, das Gedeck, die antike Poesie, die alten Sprachen, alles Gute miteinander.
Ich bekam noch mehr. Unser Professor der Naturwissenschaften, der richtige, nicht der »ehrenhalber«, der uns zweimal in der Woche den Dreisatz und die Eigenschaften des Dreiecks lehrte, hatte den guten Einfall, das Jahresende durch eine gelehrte Festlichkeit zu feiern. Er versprach, uns den Sauerstoff zu zeigen. Als Kollege des Chemieprofessors im Lyceum erhielt er die Erlaubnis, uns in das berühmte Laboratorium zu führen und uns dort den Gegenstand der Lehrstunde kunstgerecht darzustellen. Den Sauerstoff, ja, den Sauerstoff, das Gas, das alles verbrennt, das würden wir also morgen zu sehen bekommen! Ich konnte die ganze Nacht hindurch kein Auge schließen.
Am Donnerstag nach dem Essen, sobald diese Chemiestunde zu Ende war, würden wir einen Ausflug unternehmen nach Angles, dem kleinen lieblichen Dorf oben auf dem Plateau. Alle waren wir deshalb schon in den Sonntagskleidern, zum Spaziergang bereit, in Gehrock und Zylinder. Die Schule ist vollzählig beisammen, etwa unser dreißig, unter der Aufsicht eines Studienaufsehers, eines Neulings wie wir in den Dingen, die wir zu sehen bekommen sollten.
Nicht ohne eine gewisse Aufregung wird die Schwelle des La-

boratoriums überschritten. Ich betrete das große Schiff unter den mächtigen Spitzbogen, eine alte, kahle Kirche, in der die Stimme widerhallt und in die ein gedämpftes Licht durch die von erhabenen Rippen und steinernen Rosetten umrahmten Fenster fällt. In der Tiefe stehen große, stufenweise erhöhte Bankreihen, in denen Hunderte von Zuhörern Platz finden können. Ihnen gegenüber, dort, wo sich früher der Chor befand, nimmt ein ungeheurer Rauchfang die ganze Breite der Wand ein; in der Mitte steht ein großer, schwerer, von Chemikalien zerfressener Tisch. An einem Ende dieses Tisches befindet sich ein geteerter, innen mit Blei ausgeschlagener Kasten, der mit Wasser gefüllt ist. Dies ist, wie ich soeben vernehmen sollte, die pneumatische Wanne, in der die Gase gewonnen werden.

Der Professor beginnt mit der Vorführung. Er ergreift eine Art lange und geräumige Feige aus Glas, die in der Gegend des Bauches stark geknickt ist – eine Retorte, wie er uns erklärt. Vermittels einer kleinen Papiertüte schüttet er ein gewisses schwarzes Pulver hinein, das aussieht wie zerstoßene Kohle. Das sei Braunstein (Mangansuperoxyd), teilt uns der Meister mit. Es enthält in großer Menge, verdichtet und zurückgehalten infolge seiner Verbindung mit dem Metall, das zu gewinnende Gas. Eine ölig aussehende Flüssigkeit, die Schwefelsäure, eine mächtig wirkende Chemikalie, wird es befreien. So versehen, wird die Retorte auf einen brennenden Ofen gestellt. Eine Glasröhre verbindet sie mit einer mit Wasser gefüllten Glocke, die auf einem Brettchen der pneumatischen Wanne ruht. Das sind die ganzen Vorbereitungen. Was wird geschehen? Warten wir ab, bis die Wärme zu wirken beginnt.

Meine Kameraden drängen sich um die Apparatur, können nicht nahe genug sein. Einige Wichtigtuer machen sich eine Ehre daraus, bei den Vorbereitungen zu helfen. Sie setzen die Retorte gerade, blasen auf die Kohlen. Ich liebe diesen vertraulichen Umgang mit dem Unbekannten nicht. Nachsichtig, wie er ist, läßt der Lehrer sie gewähren. Ich habe von jeher einen

Widerwillen gegen die Zwängeleien von Neugierigen gehabt, jenen Leuten, die sich mit den Ellbogen einen Weg bahnen, um zuvorderst zu sein, wenn es etwas zu sehen gibt, und sei es auch nur die Rauferei zweier Köter. Ziehen wir uns also zurück und lassen wir die Betriebsamen. Es gibt ja hier so viel zu sehen, während der Sauerstoff sich zubereitet. Machen wir uns die Gelegenheit zunutze und werfen wir einen flüchtigen Blick in die Rüstkammer des Chemikers.

Unter dem weiten Rauchfang des Kamins steht eine Sammlung seltsam geformter Schmelzöfen, die alle von Eisenblechstreifen zusammengehalten werden. Es gibt lange und kurze, hohe, niedrige, alle mit kleinen Öffnungen, Fenstern, versehen, die sich mittels eines Tonplättchens verschließen lassen. Da sieht einer aus wie ein kleiner Turm, der sich aus verschiedenen aufeinandergestellten Teilen zusammensetzt, von denen ein jeder mit großen Ohrenklappen versehen ist, die als Handgriffe dienen, wenn man das Gebäude abtragen will. Eine Kuppel mit einem Kamin aus Eisenblech krönt das Ganze. Dieser Ofen muß um eines zu erhitzenden Steinchens willen wohl eine Höllentemperatur entwickeln.

Ein anderer, flacher, verlängert sich zu einer zusammengedrückten Kurve. Auf beiden Seiten befindet sich ein rundes Loch, und durch dieses ragt, ebenfalls zu beiden Seiten, eine Porzellanröhre heraus. Ich kann mir nicht vorstellen, zu welchen Zwecken diese Apparate dienen. Jene, die den Stein der Weisen suchten, benutzten wohl ähnliche Dinge. Das sind Folterinstrumente, bestimmt, den Metallen ihre Geheimnisse zu erpressen.

Auf den Schäften sind die Glaswaren versorgt. Ich sehe Retorten von verschiedenster Größe, und eine jede von ihnen weist jenen Knick in der Bauchgegend auf. Außer einem langen Schnabel haben andere noch Öffnungen zum Einsetzen von Röhren. Schau nur, Kleiner, aber versuche nicht, den Zweck dieses eigenartigen Geschirrs zu begreifen. Ich sehe konische und tiefe Gläser, ich bewundere bizarr geformte Fläschchen mit doppeltem oder dreifachem Hals, ballonförmige Flaschen mit langen Röhren. Ach, was für ein seltsames Handwerkszeug war doch das alles.

Da finden sich Schränke mit einer Unmenge von Fläschchen, Pokalen, die alle mit tausenderlei Chemikalien gefüllt sind. Die Etiketten lauten: Ammoniaksäure, Chlorhaltiges Antimon, Kaliumpermanganat und vieles andere, Bezeichnungen, die mich ratlos lassen. Nie in meinem Leben war ich einer so abstoßenden Sprache begegnet.

Plötzlich: bumm! Und dann Trampeln, Rufe, Schmerzensschreie! Was ist geschehen? Ich eile ans andere Ende des Raumes. Die Retorte ist geplatzt und hat ihren Vitriolbrei weit in die Runde herum geschleudert. Selbst die Mauer gegenüber ist voller Flecken. Fast alle meine Mitschüler, die einen mehr, die anderen weniger, haben etwas davon abbekommen. Ein Unglückseliger erhielt die Spritzer gerade ins Gesicht, in die Augen, und er brüllt wie ein Verzweifelter.

Mit Hilfe eines Kameraden, der weniger getroffen ist, bringe ich ihn mit Gewalt ins Freie, führe ihn an den glücklicherweise nahen Brunnen und halte ihm das Gesicht unter den Hahn. Die sofortige Abwaschung wirkt. Der furchtbare Schmerz wird so weit gelindert, daß der Patient sich wieder beruhigt und aus eigener Kraft die Abspülung fortsetzen kann.

Sicherlich hat ihm meine rasche Hilfe das Augenlicht erhalten. Nach einer Woche ärztlicher Behandlung war alle Gefahr vorüber. Wie gut aber war ich beraten, als ich mich fernhielt! Meine Absonderung, mein Verweilen vor dem Chemikalienschrank belohnte mich mit Geistesgegenwart und raschem Handeln. Und was tun die anderen, die sich zu nahe der Bombe befanden und ebenfalls ihre Spritzer abbekommen haben?

Ich kehre in den Saal zurück. Der Anblick, der sich mir bietet, ist nicht fröhlich. Reichlich bedacht, wie er wurde, sind des Lehrers Hemdenbrust, seine Weste und der obere Teil seiner Hosen von der scharfen Beize besudelt. Überall raucht und frißt sie. Eilig entledigt er sich der gefährlichen Kleidungsstük-

ke. Die am besten Gekleideten unter uns helfen ihm aus, damit er wenigstens auf anständige Art nach Hause kann.
Eines der großen konischen Gläser, die ich soeben noch bewunderte, steht auf dem Tisch, mit Ammoniak gefüllt. Hustend und tränenden Auges netzt ein jeder sein Taschentuch damit und reibt den Hut, den Gehrock. So verschwinden die roten Flecken, die die widerwärtige Brühe hinterlassen hat. Mit ein bißchen Tinte stellt man dann die alte Farbe wieder her.
Und der Sauerstoff? Davon war natürlich keine Rede mehr. Der wissenschaftliche Schmaus hatte ein vorzeitiges Ende gefunden. Trotzdem: diese unglückselige Lektion wurde für mich ein Ereignis von höchster Bedeutung. Ich war im Laboratorium des Chemikers gewesen, ich hatte seine Ausstattung flüchtig gesehen, ich hatte einen flüchtigen Blick auf seine Gerätschaften werfen können. Was im Unterricht ausschlaggebend ist, ist nicht das, was man lehrt und was mehr oder weniger gut verstanden wird, sondern das, was die schlummernden Fähigkeiten des Schülers weckt, der zündende Funke, der die schlafenden Explosivkräfte auslöst. In meinem Verstand hatte es auf diese Weise aufgeblitzt. Eines Tages würde ich selbst diesen Sauerstoff herstellen, den zu sehen das Unglück mir heute verweigert hatte; eines Tages würde ich, ohne Lehrer, die Chemie lernen.
Und diese Chemie, die so unheilvoll begonnen hatte, wie würde ich sie lernen? Indem ich sie unterrichtete! Nie würde ich diese Methode jemandem empfehlen! Glücklich der, den das Wort und das Beispiel eines Meisters leiten! Vor ihm öffnet sich der leichte, gerade, geebnete Weg! Der andere geht einen steinigen Pfad, auf dem der Fuß oft strauchelt und ausgleitet; er tastet sich blind im Unbekannten fort und verirrt sich oft. Um wieder auf den richtigen Weg zu kommen, kann er, falls der Mißerfolg ihn nicht entmutigt, nur auf die Ausdauer zählen, diesen einzigen Kompaß des Armen. Dies war mein Los. Ich habe mich gebildet, indem ich andere unterrichtete, indem ich ihnen das geringfügige Körnchen Wissen weitergab, das in der

mageren Steppe reifte, die mein beharrlicher Pflug von einem Tag zum andern urbar machte.
Ein paar Monate nach den Ereignissen mit der Vitriolbombe wurde ich nach Carpentras versetzt, als Primarlehrer am Collège. Das erste Jahr war mühselig, überlastet wegen der großen Zahl der Schüler, von denen die meisten im Latein sitzengeblieben waren und die in der Orthographie die verschiedensten Ausbildungsstufen aufwiesen. Im nächsten Jahre wird meine Klasse zweimal geführt; ich bekomme eine Hilfskraft. Im Haufen meiner Wildfänge treffe ich eine Auswahl. Ich behalte die Älteren, Fähigeren; die andern kommen in eine Vorbereitungsklasse.
Von diesem Tage an zeigen die Dinge ein anderes Gesicht. Ein Schulprogramm gibt es nicht. In jenen glückseligen Zeiten zählte der gute Wille des Lehrers noch; von einem regelmäßig wie eine Maschine funktionierenden Schulbetrieb wußte man damals noch nichts. An mir war es, zu handeln, wie ich es für gut hielt. Was aber konnte man tun, um den Titel Höhere Primarschule zu rechtfertigen?
Bei Gott, unter anderem natürlich die Chemie unterrichten. Aus Büchern lerne ich, daß es nicht schlecht wäre, etwas von ihr zu wissen, wenn man Ackerbau treibt. Viele meiner Schüler kommen vom Lande; sie werden dorthin zurückkehren und ihre Felder bewirtschaften. Zeigen wir ihnen also, woraus der Boden besteht und womit die Pflanze sich ernährt. Andere werden sich den gewerblichen Tätigkeiten zuwenden, als Gerber, Metallgießer, Schnapsbrenner, Krämer von Seife und Sardellenfäßchen. Erklären wir ihnen das Pökeln, die Seifensiederei, die Brennerei, das Gerben.
Natürlich weiß auch ich von all diesen Dingen nichts; aber ich werde sie lernen, um so mehr als ich gezwungen bin, sie andere zu lehren, die von gnadenloser Schadenfreude sind, wenn der Lehrer zu faseln beginnt.
In der Schule gibt es ein kleines Laboratorium, das gerade mit dem Allernötigsten ausgerüstet ist. Es hat da eine pneumatische Wanne, ein Dutzend Glasballone, einige Röhren und eine

magere Auswahl von Chemikalien. Es würde genügen, wenn ich darüber verfügen könnte. Aber das ist das Allerheiligste, nur den Schülern der Philosophieklassen des Gymnasiums vorbehalten. Niemand darf es betreten als der Professor und seine Schüler, die sich auf das Bakkalaureat der schönen Wissenschaften vorbereiten. Daß ich, ein Laie, mit meinen Schlingeln das Heiligtum benütze, wäre durchaus unziemlich; der Hausherr könnte das nicht dulden. Ich fühle es wohl: ein Primarlehrer darf an solche Vertraulichkeiten mit der großen Kultur, mit den Hochgebildeten, gar nicht denken. So sei es denn: wir würden nicht hierher kommen; wenn man uns nur die Gerätschaften, das Handwerkszeug lieh.
Ich unterbreite meinen Plan dem Rektor, dem Verwalter dieser Reichtümer. Als Philologe fast ohne eine Vorstellung von der Naturwissenschaft, die damals nicht besonders angesehen war, versteht er überhaupt nicht, worum es mir geht. Untertänigst beharre ich, versuche ich ihn zu überreden. Unmerklich ziehe ich den Knoten fester. Ich habe viele Schüler. Meine Schulklasse ist groß. Mehr als jede andere verzehrt sie Butter und Gemüse, die große Sorge jedes Schuldirektors. Gerade dieser Gruppe von Schülern muß man etwas bieten, das ihren Bedürfnissen entspricht; man muß sie anlocken, ihre Zahl womöglich noch vergrößern. Die Aussicht auf einige Suppenesser mehr verhilft mir zum Erfolg. Arme Naturwissenschaft, welcher diplomatischen Künste bedarf es, um dich zu den Unwissenden, die nicht von der Weisheit Ciceros und Demosthenes' genährt sind, hin zu bringen!
Ich erwirke also die Erlaubnis, die Gerätschaften, deren ich zur Ausführung meiner ehrgeizigen Pläne bedarf, einmal in der Woche zu holen. Vom ersten Stock, den heiligen Gemächern der Wissenschaft, bringe ich sie in die Art von Keller hinunter, in dem ich Schule halte. Das Umständlichste ist der pneumatische Bottich. Der muß für den Umzug geleert und nachher wieder gefüllt werden. Ein externer Schüler, ein eifriger Anhänger, schlingt rasch ein Mittagessen herunter und kommt

zwei Stunden vor Beginn des Unterrichts, um mir beizustehen. Zu zweit vollziehen wir den Umzug. Es handelt sich darum, den Sauerstoff zu gewinnen, das Gas eben, das seinerzeit so plötzlich versagte.
In aller Ruhe und gründlich arbeite ich mit Hilfe eines Buches meinen Plan aus. Das werde ich tun und das, so würde ich es anstellen und so. Vor allem bringen wir uns nicht in Gefahr, besonders die Augen nicht, denn wiederum muß ja das heiße Mangansuperoxyd mit Schwefelsäure zusammengebracht werden. Besorgnisse und Befürchtungen kommen mir wieder, wenn ich an meinen Kameraden denke, der brüllte wie einer, der am Spieß gebraten wird. Aber versuchen wir es trotzdem; das Glück liebt ja die Wagemutigen. Übrigens, eine Bedingung, von der ich keine Ausnahme dulde, ist, daß sich niemand als ich am Experimentiertisch aufhalten darf. Sollte es einen Unfall geben, so bin ich allein der Leidtragende; und meiner Ansicht nach ist die Begegnung mit dem Sauerstoff ein wenig verbrannte Haut wohl wert.
Zwei Uhr: die Schüler betreten das Klassenzimmer. Mit Absicht übertreibe ich die Gefährlichkeit des Versuchs. Jeder gehe an seinen Platz und bleibe dort. Man läßt es sich gesagt sein. Ich habe die Ellbogen frei. Niemand ist bei mir als mein Gehilfe, der mir im entscheidenden Moment beistehen wird. Jeder blickt gespannt, ehrfürchtig angesichts des Unbekannten. Tiefe Stille herrscht.
Bald vernehmen wir das »Gluglu« der Luftkugeln, die durch das Wasser der Glocke emporsteigen. Sollte das schon mein Gas sein? Das Herz pocht mir vor Aufregung. Sollte ich es auf den ersten Anhieb schon geschafft haben? Wir wollen sehen. Eine eben gelöschte Kerze, die im Docht noch einen roten Glutfunken bewahrt, wird an einem Draht in ein Reagenzglas hinabgelassen, das mit meinem Produkt gefüllt ist. Ausgezeichnet! Mit einem kleinen Knall entzündet sich meine Kerze wieder und brennt mit außergewöhnlicher Helligkeit. Das ist tatsächlich der Sauerstoff!

Dem Augenblicke eignet eine gewisse Feierlichkeit. Meine Zuhörer sind entzückt. Ich bin es ebenfalls, mehr noch meines Erfolges wegen als wegen der brennenden Kerze. Ein Anflug von Eitelkeit steigt mir zu Kopf, in meinen Adern wärmt mich die Begeisterung. Aber ich verrate nichts von meinen Gefühlen. In den Augen der Schüler muß der Lehrer längst mit den Dingen vertraut sein, die er lehrt. Was würden die kleinen Schlingel von mir denken, wenn ich ihnen meine eigene Überraschung verriete, wenn sie ahnten, daß ich selbst ebenfalls zum erstenmal das wunderbare Ergebnis meines Versuches zu Gesicht bekommen habe! Ich büßte ihr Vertrauen ein, ich sänke zum Rang eines Schülers hinab.
Mut! Fahren wir also weiter, als wäre die Chemie mir völlig vertraut. Jetzt kommt das Stahlband an die Reihe, eine alte Uhrfeder, die zu einem Zapfenzieher ausgezogen und mit einem Stück Zunder versehen wird. Mit diesem mottenden Köder sollte sich der Stahl in dem mit dem Gas gefüllten Pokal entzünden. In der Tat, er brennt! Er verbrennt darin zu einem prächtigen Feuerwerk, mit Prasseln, gleißenden Funken und rostrotem Rauch, der sich als Pulver niederschlägt. Von der Spitze der brennenden Spirale löst sich manchmal ein roter Tropfen, der zitternd das Wasser im Pokal durchschießt und sich in die plötzlich weich gewordene Glaswand einfügt.
Diese heißen metallischen Tränen lassen uns alle erschauern. Man trampelt, Ausrufe ertönen, man klatscht Beifall. Die Furchtsamen legen die Hände auf die Augen und wagen nur noch durch die gespreizten Finger hindurch zu gucken. Mein Auditorium jauchzt, ich selbst frohlocke. Nicht wahr, meine Freunde, die Chemie, ist sie nicht großartig?
Im Leben eines jeden von uns gibt es glückliche Tage, die man mit einem weißen Steinchen bezeichnen sollte. Die einen, die Handgreiflichen, die Positivisten, haben Geschäfte gemacht, Geld verdient, gehen stolz und zufrieden einher und tragen den Kopf hoch. Andere, die Kontemplativen, die Denkenden, haben neue Einsichten gewonnen, haben im Buche der Erkennt-

nisse ein neues Blatt aufgeschlagen, ein neues Konto eröffnet, und in aller Stille freuen sie sich, genießen sie die heiligen Wonnen der Erkenntnis.

Einer dieser bemerkenswerten Tage bleibt für mich diese erste Bekanntschaft mit dem Sauerstoff. An diesem Tag, nach Schulschluß, und nachdem alle Sachen wieder versorgt waren, fühlte ich mich um eine Handbreit gewachsen. Gehilfe ohne Lehre, führte ich anderen mit Erfolg vor, was mir einige Stunden zuvor selbst noch unbekannt gewesen war! Und ohne Unfall, ohne den kleinsten Säureflecken! Es war also doch nicht so gefährlich und so schwierig, wie der klägliche Ausgang der Lektion in Saint-Martial hätte vermuten lassen. Ließe ich weiter Umsicht und Vorsicht walten, würde ich weiterfahren können. Diese Aussicht entzückte mich.

Der Wasserstoff wird zu gegebener Zeit folgen, gut verarbeitet beim Lesen, gesehen und wieder gesehen mit den Augen des Geistes, bevor ihn die Augen des Leibes erblicken. Ich erfreue meine Schlingel, indem ich die Flamme des Wasserstoffgases in einer Glasröhre singen lasse, an der die Wassertröpfchen niederrieseln, die von der Verbrennung herrühren; ich erschrecke sie mit den Explosionen von Knallgas.

Später kommen, immer mit gleichem Erfolg, die Herrlichkeiten des Phosphors, das wilde Chlor, der Gestank des Schwefels, die Verwandlungen der Kohle an die Reihe. Kurz, von Stunde zu Stunde werden so im Laufe eines Jahres die hauptsächlichsten Nichtmetalle und ihre Verbindungen durchgenommen.

Die Sache wurde bekannt. Neue Schüler stellten sich ein, von der Eigenart der Schule angezogen. Im Speisesaal mußten ein paar neue Gedecke aufgelegt werden, und der Direktor, der sich mehr um die Erbsen und den Speck als um die Chemie kümmerte, beglückwünschte mich wegen der Zunahme seiner Kostgänger. Meine Laufbahn hatte begonnen. Die Zeit und ein unbeugsamer Wille würden das Weitere besorgen.

Daß ein so unzoologisches Kapitel der »Souvenirs« in unserer Auswahl erscheint, braucht vielleicht ein Wort der Rechtfertigung.
Die wichtigste scheint uns die, daß Fabre dieses Erinnerungsbild in hohem Alter in seinen letzten Band aufgenommen hat und daß es von einem tiefen Interesse am chemischen Geschehen zeugt, das der große Insektenforscher zeitlebens bewahrt hat. Auch führt uns dieses »unentomologische Souvenir« in die Jahre zurück, in denen der junge Fabre um die Freiheit seines Schaffens kämpfte. Es spricht zudem von der großen, stetigen Liebe des Forschers zum Leben der Pilze, deren heimliche Chemie Fabre immer wieder beschäftigt hat.
Wer dächte bei den Eingangsworten dieses Kapitels nicht an die großen Entdeckungen, die in den letzten Jahrzehnten durch die biochemische Ergründung von Pilzstoffen die Kunst des Arztes um unschätzbare Hilfsmittel bereichert haben. Die Phantasie Fabres hat diese geheimnisvollen Substanzen erahnt, die so vielseitig auf Leib und Seele einwirken und die heute viele Forscher in den größten Laboratorien der Biochemie zu ergründen suchen. Drei Hunderttausendstel eines Gramms von Lysergsäure-Diäthylamid – das ist einer dieser neu erforschten Pilzstoffe – bringen bereits auffällige Verwandlungen unseres Erlebens hervor.

XI
MANTIS RELIGIOSA

Die Jagd der Gottesanbeterin

Dies ist ein Tier des Südens, das mindestens soviel Aufmerksamkeit und Anteilnahme verdient wie die Zikade, aber lange nicht so berühmt ist wie diese, weil es keinen Lärm verursacht. Hätte es der Himmel mit Zimbeln ausgestattet, eine der ersten Bedingungen für eine große Volkstümlichkeit, würde es die berühmte Sängerin ohne weiteres in den Schatten stellen, so eigenartig sind sowohl seine Gestalt als auch seine Sitten. Hier nennt man es »lou Prègo-Diéu«, das Tier, das zu Gott betet. Sein offizieller Name ist die Gottesanbeterin (Mante religieuse, Mantis religiosa L.).

Die wissenschaftliche Bezeichnung und der einfache Wortschatz des Bauern stimmen miteinander überein und machen aus der seltsamen Kreatur eine Wahrsagerin, im Begriffe, ihr Orakel zu verkünden, eine Büßerin in mystischer Verzückung. Der Vergleich reicht weit zurück; schon die Griechen nannten das Insekt Mantis, den Seher, den Propheten. Der Landmann ist, was Vergleiche anbelangt, nicht wählerisch, er folgt gerne den unbestimmten Andeutungen einer Erscheinung. Er hat inmitten von durch die Sonne ausgedorrten Grasplätzen ein Insekt von stattlichem Aussehen gesehen, würdevoll halb aufgerichtet. Er sah die weiten zarten, grünen Flügel, die ihm wie ein langer Nonnenschleier über den Rücken fallen; er hat die langen Vorderbeine gesehen, die Arme sozusagen, die sich flehend zum Himmel recken. Mehr brauchte es nicht, die volkstümliche Einbildungskraft besorgte den Rest, und so sind seit undenklichen Zeiten schon die Gestrüppe von wahrsagenden Seherinnen, von betenden Nonnen bevölkert.

Oh, ihr lieben Leute mit euerer kindlichen Einfalt, welch ein Irrtum! Dieser scheinheilige Anblick verbirgt gräßliche Sitten, diese flehend erhobenen Arme sind furchtbare Werkzeuge der Straßenräuberei; nicht Rosenkränze beten sie, sondern sie überwältigen alles, was sich ihnen nähert. Als eine überraschende Ausnahme unter den pflanzenfressenden Geradflüglern (Orthoptera) ernährt sich nämlich die Mantis ausschließlich von lebender Beute. Sie ist der Tiger unter den friedliebenden Insektenvölkern, der im Hinterhalt lauernde Oger, der seinen Tribut an frischem Fleisch fordert. Wenn wir uns die Gottesanbeterin, mit ihrer Gier nach Fleisch und der furchtbaren Vollkommenheit ihrer Fanggeräte, größer und stärker vorstellen, so wäre sie der richtige Schrecken der Länder, der Prègo-Diéu wäre der satanische Vampir.

Von ihrer Mordwaffe abgesehen, hat die Gottesanbeterin nichts, was Furcht einflößen könnte. Mit ihrem schlanken Wuchs, dem zierlichen Leib, der zartgrünen Färbung und ihren langen Schleierflügeln entbehrt sie sogar einer gewissen Anmut nicht. Da sind keine drohenden Kiefer, wie Scheren geöffnet, sondern im Gegenteil eine feine, spitze Schnauze, wie zum Schnäbeln geschaffen. Mit dem biegsamen Hals, der sich vom Bruststück gut absetzt, kann der Kopf sich drehen, nach rechts und nach links wenden, sich beugen und emporrichten. Als einzige unter den Insekten kann die Mantis ihren Blick lenken, richten; sie mustert, sie untersucht, beinahe besitzt sie einen Gesichtsausdruck.

Groß ist der Gegensatz zwischen dem ganz friedlich aussehenden Körper und der mörderischen Apparatur der Vorderbeine, mit Recht als Raubbeine, Fangbeine bezeichnet. Die Hüftkeule ist auffallend lang und kräftig. Sie hat die Aufgabe, die Wolfsfalle nach vorwärts zu schnellen, denn die Mantis wartet nicht auf ihr Opfer, sondern sie sucht es. Die Fangvorrichtung ist nicht ohne Schmuck. Die Innenseite der Hüftkeule ziert ein schöner schwarzer Fleck mit einem weißen Auge darin; einige Reihen feiner weißer Perlchen vervollständigen den Zierat.

11 Junge Gottesanbeterin (Mantis religiosa) ihr Nest verlassend – Die Gottesanbeterin in Lauerstellung – Gottesanbeterin, ihr Männchen verzehrend – Gottesanbeterin, ihren Nestbau beendigend.

Der Schenkel, noch länger als die Hüftkeule und von der Form einer plattgedrückten Spindel, ist auf der unteren Hälfte mit einer Doppelreihe scharfer Stacheln besetzt. Die innere Reihe umfaßt etwa ein Dutzend, abwechselnd schwarze, längere, und grüne, kürzere. Dieses Abwechseln der Stacheln von ungleicher Länge vermehrt die Verzahnungspunkte und macht die Waffe noch wirksamer. Die äußere Reihe ist einfacher gestaltet; sie besteht aus nur vier Zähnen. Schließlich erheben sich hinter der Doppelreihe noch drei Dornen, die länger sind als alle Zähne. Kurz, der Schenkel ist eine Säge mit zwei parallelen Blättern, die durch eine Rinne voneinander getrennt sind, in die das zurückgezogene Unterbein hineinpaßt.
Dieses Unterbein, das in seiner Gelenkverbindung mit dem Schenkel sehr beweglich ist, stellt ebenfalls eine doppelte Säge dar, mit Zähnen, die jedoch kleiner, zahlreicher und enger beieinander stehen als jene des Schenkels. Es endet mit einem kräftigen Haken, dessen Spitze so hart ist wie die einer Nadel und auf dessen unterer Seite eine Rinne zwei Klingen, scharf und gebogen wie Winzermesser, voneinander trennt.
Diese Harpune, ein vollendetes Werkzeug zum Durchstechen und Zerreißen, hat mir empfindliche Andenken hinterlassen. Wie manchmal doch auf meinen Jagden, wenn ein Tier, das ich ergriffen hatte, sich an mir festkrallte, und ich nicht beide Hände frei hatte, mußte ich die Hilfe eines Begleiters anrufen, um mich von meiner sich an mich anklammernden Gefangenen zu befreien! Wer sie sich gewaltsam vom Halse schaffen wollte, ohne zuvor die ins Fleisch eingeschlagenen Haken zu lösen, würde sich Kratzer wie von einem Rosendorn zuziehen. Keinem Insekt ist schwerer beizukommen. Das ritzt mit den Messerspitzen, sticht mit seinen Nadelzähnen, klammert sich an wie mit einem Schraubstock und macht einen sozusagen wehrlos, wenn man die Beute lebend erhalten und das Tier nicht mit einem Daumendruck töten will.
Im Zustand der Ruhe wird der Fangapparat zusammengeklappt und gegen die Brust gehalten. Das ist dann eben das In-

sekt, das betet. Sobald jedoch ein Beutetier in die Nähe kommt, hört die Gebethaltung sofort auf. Plötzlich schnellen die drei langen Teile der Maschinerie den an ihrem Ende befindlichen Enterhaken nach vorn, harpunieren das Opfer, klappen wieder zusammen und holen die Beute zwischen die zwei Sägen. Diese schließen sich wie ein Schraubstock, mit einer Bewegung, die etwa jener unseres Unterarms gegen den Oberarm gleicht, und damit ist alles zu Ende: Grashüpfer, Heuschrecken und noch größere Insekten, einmal zwischen der vierfachen Verzahnung der Stacheln eingeklemmt, sind rettungslos verloren. Weder ihr verzweifeltes Zappeln noch ihr Ausschlagen bringen die furchtbare Falle dazu, sie wieder loszulassen.
Da eine eingehende Beobachtung der Lebensgewohnheiten des Insekts auf freiem Felde nicht möglich ist, muß man die Mantis zu Hause aufziehen, ein Unternehmen, das keinerlei Schwierigkeiten bietet, da die Gottesanbeterin sich aus dem Eingesperrtsein nichts macht, vorausgesetzt, daß sie genügend Nahrung erhält. Jeden Tag ein Lieblingsgericht, und sie trauert Büschen und Sträuchern nicht nach. Ich benütze als Käfig für meine Gefangenen ein Dutzend geräumiger Drahtglocken, wie man sie für gewisse Speisen verwendet, die man vor den Fliegen schützen will. Jede von ihnen ruht auf einer mit Sand gefüllten Schüssel. Ein vertrocknetes Büschel Thymian und ein flacher Stein für die spätere Eiablage bilden die ganze Ausstattung. Diese Landhäuschen stehen nebeneinander auf dem großen Tisch meines Arbeitsraumes, wo sie den ganzen Tag über von der Sonne beschienen werden. Darin also bringe ich meine Gottesanbeterinnen unter, einzeln und gruppenweise.
In der zweiten Augusthälfte begegne ich dem ausgewachsenen Insekt im welken Gras, in Sträuchern am Wegrand. Die Weibchen, deren Hinterleib schon stark angeschwollen ist, werden von Tag zu Tag häufiger. Die schmächtigen Männchen hingegen sind ziemlich selten, und es kostet mich manchmal Mühe, vollständige Paare zu halten, denn es vollzieht sich in den Volieren ein tragischer Verschleiß dieser Zwerge. Doch behalten

wir die Schilderung dieser Scheußlichkeiten für später vor und sprechen wir zunächst von den Weibchen.
Diese Weibchen sind starke Fresserinnen, deren Unterhalt, falls er mehrere Monate dauern soll, nicht ohne Schwierigkeit ist. Die Vorräte müssen fast täglich erneuert werden, und der größte Teil davon wird in verächtlichem Naschen vergeudet. Im heimatlichen Buschwerk verfährt die Mantis wohl sparsamer, nehme ich an. Wenn das Wild nicht allzu häufig ist, wird jede Beute wohl voll ausgekostet; in meinen Volieren geht sie jedoch verschwenderisch damit um. Oft kommt es vor, daß sie schon nach wenigen Bissen ihre Mahlzeit beendet und den fetten Brocken einfach liegen läßt, ohne weiteren Vorteil aus ihm zu ziehen. Es scheint, daß sie auf diese Weise sich die Zeit in der Gefangenschaft vertreibt.
Um diese reiche Tafel stets erneuern zu können, bedarf ich der Hilfe. Zwei oder drei kleine Nichtsnutze aus der Nachbarschaft, die ich für ein Butterbrot und eine Melonenscheibe in meinen Dienst gestellt habe, gehen jeden Morgen und Abend auf die umliegenden Rasenplätze und füllen dort ihre viereckigen, henkellosen Körbe aus Schilf mit Grillen und Heuschrekken. Ich selbst streife mit dem Netz in der Hand täglich durch den Harmas, um meinen Kostgängern etwas Auserlesenes zu verschaffen.
Diese ausgewählten Stücke sollen mir zeigen, wie weit die Kühnheit und die Stärke der Mantis reicht. Es befinden sich darunter die Aschenfarbige Wanderheuschrecke (Pachytylus cinerascens Fabr.), deren Größe die des Insekts, das sie fressen soll, übertrifft, der Weißstirnige Dektikus, ausgerüstet mit mächtigen Kiefern, vor denen man seine Finger in acht nehmen muß, die bizarre Schnabelschrecke (Tryxalis), deren Kopf mit einer pyramidenförmigen Mitra endet, und der Weinberg-Ephippiger, der mit der Zimbel knarrt und am Ende seines Bäuchleins einen Säbel trägt. Diesen sicher nicht sehr gemütlichen Wildstücken füge ich noch zwei ausgesprochene Scheusale bei, die Seidenspinne, deren scheibenförmiger verzierter

Hinterleib die Größe eines Frankenstückes hat, und die Gemeine Kreuzspinne (Epeira diademata L.), abscheulich behaart und dickbäuchig.

Daß die Gottesanbeterin in der Freiheit solche Gegner angreift, daran kann ich nicht mehr zweifeln, wenn ich sehe, wie sie unter meinen Glocken allem zu Leibe geht, was ihr begegnet. Auf der Lauer im Buschwerk wird sie sich die reichen Gelegenheiten ebenso zunutze machen, wie ihr die reichen Leckerbissen, die ich ihr unter der Drahtglocke zuschanze, willkommen sind. Die großen, gefährlichen Jagdzüge lassen sich nicht aus dem Stegreif veranstalten; die Mantis muß daran gewöhnt sein. Immerhin scheinen sie wegen mangelnder Gelegenheit eher selten zu sein, zum Bedauern der Gottesanbeterin wahrscheinlich.

Grillen jeder Art, Schmetterlinge, Libellen, große Fliegen, Bienen und andere Insekten von mittelgroßer Gestalt, das ist die Beute, die man gewöhnlich zwischen ihren Fangarmen findet. Ganz sicher ist es, daß in meinen Käfigen die kühne Jägerin vor nichts zurückschreckt. Die Aschenfarbige Heuschrecke, der Dektikus, Spinnen, Tryxalis – über lang oder kurz werden sie harpuniert, zwischen den Sägezähnen unbeweglich festgehalten und mit Behagen verzehrt. Die Sache verdient, näher beschrieben zu werden.

Beim Anblick der dicken Wanderheuschrecke, die sich leichtfertig dem Drahtgeflecht der Glocke genähert hat, nimmt die Mantis unter krampfhaften Zuckungen eine schreckenerregende Stellung ein. Ein elektrischer Schock könnte nicht schneller wirken. Der Übergang ist so rasch und die Mimik so drohend, daß ein daran nicht gewöhnter Beobachter sofort stutzt, die Hand zurückzieht, eine unbekannte Gefahr befürchtend. Selbst ich werde, eine alte Bekanntschaft, die ich doch bin, noch überrascht, wenn ich nicht ganz bei der Sache bin. Unvermutet hat man da vor sich eine Art Vogelscheuche, ein Teufelchen, das aus dem Kasten springt.

Die Flügeldecken werden geöffnet und schräg seitwärts ausgespannt. Die Flügel selbst breiten sich in ihrem ganzen Umfang als parallele Segel davor aus und wachsen wie ein Helm über den Rücken empor. Das Ende des Hinterleibes rollt sich spiralförmig zusammen, steigt empor, senkt sich wieder und entspannt sich unter heftigen Erschütterungen, mit einer Art Blasgeräusch »puff, puff«, an jenes erinnernd, das der Truthahn verursacht, wenn er das Rad schlägt. Man denkt unwillkürlich an das Zischen einer überraschten Natter.

Herausfordernd auf seinen vier Hinterbeinen stehend, hebt das Insekt seinen Vorderleib fast senkrecht empor. Die Fangarme, die bis jetzt zusammengefaltet vor der Brust lagen, öffnen sich in ihrer ganzen Länge, wie die Querbalken eines Kreuzes, enthüllen die Achselhöhlen mit den Reihen von Perlchen und die schwarzen Flecken mit dem weißen Auge in der Mitte. Diese beiden Augen, die ein wenig an jene des Pfauengefieders erinnern, bilden mit den feinen, wie elfenbeinernen Buckeln den Kriegsschmuck, der in gewöhnlichen Zeiten verborgen gehalten wird. Nur dann wird er aus dem Schrein genommen, wenn es gilt, sich für den Kampf schreckenerregend und großartig zu schmücken.

Unbeweglich in dieser seltsamen Haltung überwacht die Mantis die Heuschrecke, den Blick starr auf sie gerichtet, den Kopf immer ein wenig drehend, je nachdem, wie das andere Insekt seine Stellung verändert. Der Zweck dieser Mimik ist einleuchtend: die Mantis will Furcht einjagen, das mächtige Wild soll durch Entsetzen gelähmt werden, denn es könnte, wenn seine Widerstandskraft nicht auf solche Weise untergraben würde, noch gefährlich sein.

Gelingt dies der Mantis? Niemand weiß, was unter dem glänzenden Schädel, hinter dem langen Gesicht der Wanderheuschrecke vorgeht. Kein Zeichen eines Gefühls vermögen unsere Blicke auf ihrer starren Maske wahrzunehmen. Trotzdem ist es sicher, daß die Bedrohte die Gefahr kennt. Sie sieht vor sich ein Gespenst, mit erhobenen Krallen, bereit, zuzuschlagen. Sie spürt, daß sie im Angesicht des Todes steht, und trotzdem

flieht sie nicht, obwohl sie dazu noch Zeit hätte. Sie, eine Meisterin des Weitsprungs, der es eine Leichtigkeit wäre, sich aus dem Bereich der Klauen zu retten, sie, die Hüpferin mit ihren dicken, kräftigen Oberschenkeln, bleibt gebannt an ihrem Platz oder kommt sogar mit kleinen Schritten näher.
Man sagt, daß kleine Vögel schreckgelähmt vor dem offenen Rachen der Schlange verharren, versteinert durch den Blick des Reptils, sich schnappen lassen, unfähig, fortzufliegen. So ungefähr verhält sich offenbar die Heuschrecke. Jetzt ist sie in der Reichweite der Behexerin. Die beiden Enterhaken fallen auf sie herab, die Harpunen krallen sich ein, die zwei Sägen schließen sich, halten sie fest. Vergeblich wehrt sich die Unglückliche, ihre Kiefer schnappen ins Leere, ihr verzweifeltes Ausschlagen trifft nur die Luft. Sie muß sich in ihr Schicksal ergeben. Die Gottesanbeterin faltet ihre Flügel, die Kriegsflagge, zusammen, nimmt wieder ihre gewöhnliche Haltung ein, und die Mahlzeit beginnt.
Beim Angriff auf die Schnabelschrecke und den Ephippiger, die nicht so gefährlich sind wie die Wanderheuschrecke und der Dektikus, ist die Gespensterstellung weniger eindrucksvoll und von kürzerer Dauer. Oft genügen schon die ausgeworfenen Enterhaken. Auch der Kreuzspinne gegenüber sind sie ausreichend; sie wird einfach quer um den Körper gepackt, ohne Furcht vor ihren giftigen Kieferklauen. Bei den bescheidenen Feldheuschrecken, der täglichen Kost sowohl unter der Drahtglocke wie auch in der Freiheit, wird das Schreckmittel höchst selten angewandt; meist packt die Mantis ohne weitere Umstände so einen Leichtfuß, wenn er ihr über den Weg läuft. Für den Fall, daß das zu fangende Wild ernstlichen Widerstand leisten könnte, hat die Gottesanbeterin also eine Pose zur Verfügung, welche das Beutetier in einen Zauberbann schlägt und so den Enterhaken erlaubt, es mit Sicherheit zu erhaschen. Die Wolfsfalle schnappt über einem Opfer zusammen, das bereits demoralisiert und unfähig zum Widerstand ist.
In dieser phantastischen Pose spielen die Flügel eine große Rol-

le. Sie sind sehr breit, grün an den Rändern, sonst aber farblos und durchsichtig. Zahlreiche Nervenschnüre durchlaufen sie fächerförmig in der Längsrichtung. Andere, feinere, laufen quer und schneiden die Erstgenannten rechtwinklig, so daß sie zusammen eine Art Netz bilden. In der Gespensterhaltung entfalten sich die Flügel und richten sich zu zwei parallelen, sich beinahe berührenden Flächen auf, ähnlich wie in der Ruhestellung die Tagschmetterlinge. Zwischen ihnen bewegt sich in heftigen Zuckungen das spiralförmig zusammengerollte Ende des Hinterleibs. Von der Reibung des Bauches am Nervennetz der Flügel rührt jene Art von Fauchen her, das ich mit dem Zischen einer angegriffenen Natter verglichen habe. Um dieses Geräusch selbst zu erzeugen, genügt es, mit der Spitze des Fingernagels über die Oberfläche eines ausgebreiteten Flügels zu streichen.

Die Flügel sind notwendig für das Männchen, den zarten, schmächtigen Zwerg, damit es zur Zeit der Paarung von einem Gebüsch zum andern streichen kann. Sie sind bei ihm gut entwickelt, mehr als genügend für seine Flüge, die kaum vier oder fünf unserer Schritte weit reichen. Er ist sehr mäßig in seinen Ansprüchen, der Armselige. In meinen Käfigen ertappe ich ihn selten mit einer anderen Beute als einer mageren Heuschrecke, mehr als dürftig und vollkommen ungefährlich. Deshalb kennt er auch die Gespensterstellung nicht, die ihm, dem Jäger ohne Ehrgeiz, doch nichts nützen würde.

Dagegen begreift man die Zweckmäßigkeit der Flügel beim Weibchen, das mit der Reife der Eier übermäßig dick wird, nicht. Es klettert, es läuft, aber nie fliegt es, schwer, wie es durch seine Beleibtheit geworden ist. Wozu also, zu welchem Zweck dienen die Flügel, und Flügel von einer seltenen Größe.

Die Frage wird noch unausweichlicher, wenn man eine nahe Verwandte der Gottesanbeterin, die Farblose Mantis (Ameles decolor), betrachtet. Das Männchen ist mit Flügeln ausgerüstet, und sein Flug ist sehr rasch. Das Weibchen hingegen, das einen mit Eiern vollgepfropften Hinterleib nachschleppt, verkleinert die Flügel zu Stummeln und trägt ein kurzes Röcklein, wie es die Käser aus der Auvergne oder aus Savoyen tragen. Für jemand, der die trockenen Grasplätze und die Kieshaufen nie verläßt, paßt so ein gestutztes Kleid besser als so ein nutzloser Firlefanz aus Gaze. Die Farblose Mantis hat vollkommen recht, wenn sie sich nur noch mit einer einfachen Andeutung des lästigen Segelwerks begnügt.

Aber die andere, die Mantis religiosa, hat sie unrecht, die Flügel zu bewahren und sie sogar noch zu vergrößern, obgleich sie gar nicht fliegt? Keineswegs. Ihre Jagd gilt dem großen Wild. Manchmal, wenn sie auf dem Anstand liegt, zeigt sich eines, dessen Überwältigung nicht ohne Gefahr wäre. Dann ist es angezeigt, den Ankömmling einzuschüchtern, seinen Widerstand durch Schrecken zu lähmen. Um das zu erreichen, entfaltet sie plötzlich ihre Flügel wie das Leichentuch einer Gespenstererscheinung. Die großen Schleier, für den Flug kaum mehr geeignet, verwandeln sich in ein Jagdgerät. Für die kleine Farblose Mantis ist eine solche Kriegslist überflüssig, da sie nur schwaches Wild jagt, Schnaken und junge Heuschrecken. Von gleichen Lebensgewohnheiten beide und ihrer Leibesfülle wegen beide unfähig geworden zu fliegen, haben sie sich in ihrer Ausrüstung genau den Erfordernissen ihrer Jagdweise, ihres Auflauerns im Hinterhalt angepaßt. Die Gottesanbeterin, die gewalttätige Amazone, entfaltet ihre Flügel zur drohenden Standarte, die Farblose Mantis, ein bescheidener Vogelsteller, verkürzt sie zu kleinen Stummeln.

Im Zustande des Heißhungers, nach einigen Fasttagen, wird die Graue Wanderheuschrecke, die so groß oder gar noch größer ist als die Gottesanbeterin, bis auf die zu dürren Flügel vollständig verschlungen. Zwei Stunden genügen, um das gewaltige Stück Wild aufzufressen. Doch sind derartige Orgien eher selten. Ich selbst habe einer solchen ein- oder zweimal beigewohnt und mich dabei immer wieder gefragt, wo das gierige Tier den Platz hernehme, um soviel Nahrung unterzubringen,

12 Fabre, Insekten beobachtend

und wieso sich zu seinen Gunsten der Grundsatz, daß der Inhalt eines Gefäßes kleiner sein müsse als das Gefäß, ins Gegenteil verkehre. Ich bewundere die hohen Fähigkeiten eines Magens, den der Nahrungsstoff nur durchläuft – sogleich verdaut, geschmolzen und verschwunden.

Das gebräuchlichste Menü unter meiner Drahtglocke besteht aus Feldheuschrecken von verschiedener Größe und Art. Es ist aufschlußreich, zuzusehen, wie die Mantis ihre Heuschrecke verzehrt, die sie zwischen ihren beiden Fangarmen festhält. Die kleine spitze Schnauze scheint für eine derartige Schlemmermahlzeit wenig geeignet, aber das ganze Stück verschwindet, wie gesagt mit Ausnahme der Flügel, von denen nur die ein wenig fleischige Ansatzstelle noch verwendet wird. Die Beine, die lederartigen Hülldecken, alles muß dran glauben. Manchmal wird die Keule, eine der beiden dicken Hinterschenkel der Heuschrecke, am dünneren Ende ergriffen und an den Mund geführt, wo ihn die Gottesanbeterin, mit Befriedigung offenbar, kostet und knabbert. Es scheint, als ob die käche Keule der Heuschrecke für sie ein ausgesuchter Leckerbissen sei, so wie etwa für uns eine Hammelkeule.

Das Beutestück wird immer beim Nacken in Angriff genommen. Während der eine der Fangarme den angespießten Patienten um die Mitte des Körpers herum festhält, drückt der andere den Kopf herunter, so daß der Hals hervorklafft. In diese vom Chitinpanzer nicht bedeckte Stelle wühlt und beißt sich die Schnauze der Mantis beharrlich hinein. Im Genick entsteht eine weite Wunde. Die stürmischen Bewegungen ermatten, die Beute wird ein regungsloser Kadaver, von dem sich das fleischfressende Insekt nun die Stücke nach Belieben auswählt.

Dieser Biß in den Nacken bildet zu sehr die Regel, als daß dafür nicht ein bestimmter Grund vorliegen müßte. Erlauben wir uns eine kleine Abschweifung, die uns darüber Aufschluß geben wird. Im Juni finde ich häufig auf den Lavendelbüschen meines Gartens zwei kleine, zierliche Krabbenspinnen (Thomisus onustus Wack. und Thomisus rotundatus Wack.). Die eine, weiß seidig glänzend, mit grau und rosarot beringten Beinen, die andere, tiefschwarze, hat rote Streifen um den Hinterleib und trägt in der Mitte einen blattförmigen Flecken. Das sind zwei anmutige Angehörige der Spinnenarten, die sich seitlich fortbewegen, nach der Art der Krabben. Sie können sich auch keine Fangnetze spinnen, weil sie das bißchen Seide, das sie besitzen, ausschließlich für das Flaumsäcklein benötigen, in dem sie ihre Eier aufbewahren. Ihre Jagdtaktik besteht deshalb darin, sich auf den Blumenkelchen in den Hinterhalt zu legen und sich unversehens auf das hier nach Honig suchende Insekt zu werfen.

Ihr beliebtestes Wild ist unsere Haus- oder Honigbiene (Apis mellificia L.). Oft bin ich ihr mit ihrem Fang begegnet, manchmal hat sie das Beutetier im Genick, manchmal an irgendeinem Punkt des Körpers erwischt, sogar ganz am Ende des Flügels. Auf alle Fälle war die Biene tot, mit hängenden Flügeln und herausgestreckter Zunge. Die in den Nacken des Opfers geschlagenen Gifthäkchen der Spinne gaben mir zu denken; ich erkannte darin eine überraschende Ähnlichkeit mit der Praxis der Gottesanbeterin, wenn sie ihre Heuschrecke zu fressen beginnt. Zugleich tauchte die Frage auf: Wieso vermag sich die schwache und an jeder Stelle ihres Körpers verwundbare Spinne einer Beute wie jener der Biene zu bemächtigen, die doch so viel flinker und stärker ist als sie und außerdem noch mit einem Stachel bewaffnet, dessen Stiche tödlich sind?

Das Mißverhältnis zwischen dem Angreifer und dem Angegriffenen hinsichtlich körperlicher Kraft und Wirksamkeit der Waffen ist so groß, daß ein Kampf unmöglich scheint, wenn kein Netz, keine Seidenschlinge den furchtbaren Gefangenen fesselt und schnürt. Der Gegensatz könnte nicht größer sein, als wenn es dem Schaf einfiele, dem Wolf an die Kehle zu springen. Und trotzdem findet dieser verwegene Angriff statt, und der Schwächere bleibt Sieger, wie die zahlreichen während Stunden von Krabbenspinnen ausgesogenen Kadaver von Bienen beweisen. Diese verhältnismäßige Schwäche muß durch eine besondere Kunst wettgemacht werden; diese Araneiden müssen über eine Kampfart verfügen, die ihnen das scheinbar Unmögliche möglich macht.

Die Ereignisse an den Rändern der Lavendelbüsche abzuwarten, würde mich viel nutzlose Zeit kosten. Es ist besser, ich treffe selbst alle Vorbereitungen für den Zweikampf. Ich bringe eine Krabbenspinne unter eine Drahtglocke, dazu einen Lavendelbusch, den ich mit ein paar Tröpfchen Honig befeuchtet habe. Drei oder vier lebende Bienen vervollständigen meine Voliere.

Diese machen sich nichts aus der gefährlichen Nachbarschaft. Sie fliegen im Käfig umher; von Zeit zu Zeit nehmen sie von den mit Honig befeuchteten Blüten ein Schlückchen, kaum einen halben Zentimeter von der Spinne entfernt. Sie scheinen von der Gefahr überhaupt nichts zu ahnen. Die Erfahrung undenklicher Zeiten hat sie von ihrem furchtbaren Mörder nichts gelehrt. Die Krabbenspinne ihrerseits verhält sich völlig unbeweglich auf einem Hälmchen in der Nähe des Honigs. Die vier vorderen Beine, die etwas länger sind als die hinteren, hat sie ausgestreckt, ein bißchen emporgehoben, zum Angriff bereit.

Eine Biene kommt, um ein wenig Honig zu schlürfen; das ist der richtige Augenblick. Die Spinne schnellt vor und faßt die Ahnungslose mit dem Haken am Flügelende, während ihre Füße sie ungeschickt umklammern. Einige Sekunden lang wehrt sich die Biene nach Leibeskräften wider den ihr auf dem Rücken sitzenden Angreifer, wo sie ihm mit dem Stachel nichts anhaben kann. Lange jedoch kann dieses Ringen Körper an Körper nicht dauern, ohne daß es der Umklammerten gelänge, sich zu befreien. So läßt denn die Spinne den Flügel plötzlich los und erhascht mit einem raschen Sprung die Beute genau am Nacken. Sobald sich ihre Klauen dort eingeschlagen haben, ist der Kampf zu Ende. Die Biene ist wie vom Blitz getroffen. Von ihrer wirbelnden Lebhaftigkeit bleibt nichts mehr übrig als ein

schwaches Zittern der äußersten Beinglieder, dann endet auch dieses.
Ihre Beute immer noch am Nacken haltend, beginnt die Krabbenspinne sogleich mit ihrer Mahlzeit, die nicht aus dem Körper, der intakt bleibt, besteht, sondern aus dem langsam geschlürften Blut. Ist der Hals versiegt, wird eine andere Stelle angezapft, am Hinterleib, am Brustteil, wie es sich gerade ergibt. So erklärt es sich auch, weshalb ich bei meinen Beobachtungen im Freien die Krabbenspinne das eine Mal antraf, wenn sie ihre Zähne in den Nacken, das andere Mal in irgendeine andere Körperstelle der Biene geschlagen hatte. Im ersten Falle war die Beute soeben erlegt worden, und der Jäger wurde in der Anfangsstellung angetroffen; im zweiten Fall war die Beute schon älter, und die Araneide hatte die Genickwunde verlassen, um irgendeine andere saftreiche Stelle anzubeißen.
Indem er so seine Kieferklauen einmal da, einmal dort ansetzt, saugt sich der kleine Vielfraß behäbig mit dem Blut seines Opfers voll. Ich habe Mahlzeiten beobachtet, die ununterbrochen sieben Stunden dauerten, und auch dann war es nur meine Wißbegierde, die die Spinne veranlaßte, ihre Beute fahrenzulassen. Das für die Spinne wertlose Überbleibsel des Bienenkadavers bleibt völlig unversehrt. Keine Spur von zerkautem Fleisch, keine Wunde findet sich vor. Der Biene wurde einfach alles Blut entzogen und sonst nichts.
Mein verstorbener Freund Bull packte einen Gegner, den es zu entwaffnen galt, an der Nackenhaut. Bei der Hunderasse ist diese Methode allgemein im Gebrauch. Eine knurrende, schäumende, weit geöffnete, zum Biß bereite Schnauze – die einfachste Überlegung führt dazu, man müsse sich des Nackens bemächtigen, um ihn unschädlich zu machen. Im Kampf mit der Biene verfolgt die Spinne nicht das gleiche Ziel. Was hat sie von ihrer Erbeuteten zu befürchten? Ihren Stachel vor allem, den furchtbaren Dolch, dessen leisester Stich sie erledigen würde.
Aber der beschäftigt sie gar nicht. Die Hinterseite des Halses

will sie erreichen, einzig diese Stelle, nie eine andere, solange das Beutetier nicht tot ist. Doch will sie damit in keiner Weise den Hund nachahmen und den Kopf des Gegners unbeweglich machen, der für sie sowieso nicht besonders gefährlich ist. Ihr eigentliches Ziel wird uns durch das blitzartige Ende der Biene enthüllt. Beim ersten Biß in den Nacken setzt der Tod des Beutetiers ein. Die Gehirnzentren müssen also verletzt und vergiftet werden, soll die Lebensflamme augenblicklich verlöschen. So wird ein Kampf vermieden, der auf die Länge zweifellos zu Ungunsten des Angreifers enden müßte. Die Biene hat für sich den Stachel und die Kraft; die zarte, zierliche Krabbenspinne besitzt die verfeinerte Wissenschaft des Tötens.

Kehren wir nun zu unserer Gottesanbeterin zurück, die ebenfalls einige Kenntnisse darüber besitzt, wie der Tod des Opfers rasch herbeizuführen sei, eine Kunst, in der die kleine Spinne glänzt, die so gewandt ihre Biene erdrosselt. Eine kräftige Grille wird erobert, manchmal eine große Heuschrecke. Es wäre nun geboten, daß man das Nahrungsmittel in Ruhe verzehren könnte, ohne dabei fortwährend durch die Stöße einer Beute gestört zu werden, die keineswegs mit dem Vorhaben einverstanden ist. Einer gestörten Mahlzeit fehlt der Geschmack. Das wichtigste Verteidigungsmittel des Opfers sind die kräftigen Hinterbeine, die gezackt sind wie eine Säge, sie könnten den dicken Hinterleib der Mantis aufschlitzen. Was ist da zu tun, um sie unschädlich zu machen, wie auch die Vorderbeine, die zwar weniger gefährlich, aber mit ihrem verzweifelten Zappeln doch sehr lästig sind?

Es ginge wohl zur Not an, ein Bein nach dem anderen abzutrennen; das wäre ein etwas langwieriges und nicht ganz ungefährliches Verfahren. Die Mantis hat etwas Besseres gefunden. Sie kennt die anatomischen Geheimnisse des Nackens. Indem sie das erbeutete Tier sogleich auf der Hinterseite des ungeschützten Halses angreift, beißt sie ihm die Nervenknoten im Nacken durch und bindet so die Hauptquelle der Muskelenergie ab. Die Lähmung stellt sich ein, zwar nicht plötzlich und

vollständig – denn die große Heuschrecke hat nicht die zarte und zerbrechliche Lebenskraft der Biene – aber immerhin schon merklich nach den ersten Bissen. Bald klingen die Stöße und die Zuckungen ab, endlich hören alle Bewegungen auf, so daß die Jagdbeute, wie groß sie auch sein mag, in aller Ruhe verzehrt werden kann.
Unter den jagenden Insekten unterschied ich schon früher jene, die lähmen, und jene, die töten, beide gleich erschreckend in der Anwendung ihrer anatomischen Kenntnisse. Heute muß ich den Tötenden die Krabbenspinne beifügen, Meisterin des Stiches in das Genick, sowie die Gottesanbeterin, die, um ihr großes Wild bequem verspeisen zu können, ihm zuerst die Nervenknoten des Nackens durchbeißt.

Die großen Heuschrecken, die Fabre als Beutetiere der Mantis opfert, sind südliche Formen, die nördlich der Alpen nur in recht warmen Gebieten vorkommen. Das gilt für Decticus albifrons sowohl wie für Tryxalis nasuta, die Schnabelschrecke, und auch für die Sattelschrecke Ephippigera vitium.
Vielleicht bedarf die Bemerkung, daß dieser Ephippiger »mit der Zimbel knarrt und am Ende seines Bäuchleins einen Säbel trägt« eines Zusatzes. Ephippigera ist eine der Heuschrecken, bei denen auch die Weibchen zirpen, während bei vielen Arten nur die männlichen Tiere Lauterzeuger sind. Das Tonorgan bilden die Vorderflügel durch eine sonderbare Asymmetrie: am rechten Flügel liegt die Zimbel, der linke bildet einen feinen Geigenbogen. Der »Säbel« kommt nur dem Weibchen zu: es ist der lange Legeapparat, mit dem die Eier in den Boden versenkt werden. Die Vorderflügel sind kurz, die hinteren fehlen. Die Gattung gehört zur Verwandtschaft des großen grünen Heupferds, der Locusta, die sehr lange Fühler trägt. Auch Decticus zählt zu dieser Gruppe, während Tryxalis den Feldheuschrecken mit kurzen Fühlern nahesteht.

XII
DAS LIEBESLEBEN DER MANTIS

Das wenige, das wir bisher über die Lebensgewohnheiten der Mantis erfahren haben, stand keineswegs im Einklang mit dem Namen, den ihr der Volksmund verliehen hat. In der Gottesanbeterin erwartete man ein sanftes, friedliches Insekt zu finden, statt dessen sieht man sich einem Kannibalen gegenüber, einem blutrünstigen Vampir, der das Gehirn seiner durch Entsetzen demoralisierten Beutetiere verspeist. Aber das ist noch nicht einmal das schlimmste. In den Beziehungen zu ihresgleichen werden wir bei der Mantis Gepflogenheiten von solcher Grausamkeit begegnen, wie wir sie nicht einmal bei den Spinnen antreffen, die doch in dieser Hinsicht berüchtigt sind.
Um die Zahl der auf meinem großen Tisch aufgestellten Drahtglocken zu verringern, bringe ich in einzelnen Volieren mehrere Weibchen unter, bis zu einem Dutzend manchmal. Was den Raum anbelangt, ist das gemeinsame Logis durchaus annehmbar. Es hat mehr als genügend Platz für die Gefangenen, die übrigens mit ihren dicken Bäuchen die Bewegung nicht lieben. An das Drahtgitter der Glocke geklammert, geben sie sich unbeweglich dem Geschäfte der Verdauung hin oder erwarten das Auftauchen eines Beutetieres, nicht anders als in der Freiheit, im Gestrüpp.
Dieses Zusammenleben hat auch seine Gefahren. Ich weiß, wenn das Heu in der Raufe fehlt, schlagen sich die Esel, die sonst so Friedfertigen. Meine Kostgänger, die weniger verträglich sind, könnten, wenn sie Hunger haben, sehr wohl gehässig werden und sich untereinander bekämpfen. Deshalb versorge ich die Drahtglocken reichlich mit Heuschrecken, zweimal im Tage. Wenn ein Bürgerkrieg ausbricht, so gilt also Hungersnot nicht als Vorwand.

Zuerst geht die Sache gar nicht schlecht. Die Bewohner leben in Frieden, jede Mantis erhascht und verzehrt, was ihr in den Weg kommt, ohne mit den Nachbarinnen Händel zu bekommen. Allein diese Periode friedlichen Einvernehmens ist von kurzer Dauer. Die Leiber schwellen an, die Eierstöcke bringen ihre Schnüre von Eiern zur Reife, der Augenblick der Hochzeit und der Eiablage rückt heran. Eine Art eifersüchtiger Wut bricht nun unter den Mantis aus, obgleich kein einziges Männchen anwesend ist, auf das man die weiblichen Eifersüchteleien zurückführen könnte. Die drängenden Eierstöcke verderben die ganze Schar und bringen sie in ein rasendes Verlangen, sich gegenseitig zu verschlingen. Drohungen, Handgemenge, kannibalische Feste folgen einander. Die Gespensterstellung erscheint wieder, das Zischen der Flügel, die furchtbare Bewegung ausgestreckter und erhobener Enterhaken. Selbst vor der Aschfarbenen Heuschrecke oder dem Weißstirnigen Dektikus könnten die Bekundungen der Feindschaft nicht größer sein.
Ohne irgendeinen wahrnehmbaren Grund stehen sich zwei Nachbarinnen plötzlich in Kampfstellung gegenüber. Sie drehen den Kopf nach links und rechts, scheinen sich mit ihren Blicken herauszufordern und zu beleidigen. Das »Puff-puff«-Geräusch der durch den Hinterleib geriebenen Flügel bedeutet das Zeichen zum Angriff. Soll das Duell auf die erste Schramme beschränkt bleiben, ohne ernstere Folgen, öffnen sich die zusammengefalteten Fangbeine wie die Blätter eines Buches, legen sich zur Seite und rahmen so den langen Vorderleib ein. Eine prächtige Haltung, doch nicht so schreckenerregend wie bei einem Kampf auf Leben und Tod.
Plötzlich stößt die eine den Enterhaken vor und harpuniert die Rivalin, aber ebenso schnell wird er wieder in die Ausgangsstellung zurückgezogen. Die Gegnerin tut dasselbe. Die ganze Fechterei erinnert ein wenig an zwei Katzen, die sich mit den Pfoten ohrfeigen. Beim ersten Kratzer auf dem weichen Wanst, oder auch ohne Verletzung, erklärt sich die eine der beiden als besiegt und zieht sich zurück. Die andere faltet ihr Kriegs-

banner zusammen und denkt wieder an den Heuschreckenfang, ruhig scheinbar, doch immer bereit, von neuem zu zanken.
Häufig aber nimmt der Streit eine tragische Wendung. Dann wird die Stellung, die für einen Zweikampf ohne Gnade charakteristisch ist, eingenommen. Die Fangbeine werden entfaltet und in die Luft gestreckt. Wehe der Besiegten! Die andere zwingt sie zwischen ihre Schraubstöcke und beginnt sogleich sie zu verspeisen, wobei sie natürlich am Nacken anfängt. Der widerwärtige Schmaus geht genau so behaglich vor sich, als handle es sich dabei um eine Heuschrecke. Die Mantis verzehrt ihre Schwester als eine erlaubte Speise; niemand in der Umgebung hat dagegen etwas einzuwenden, und jede möchte es genau so tun, bei der ersten besten Gelegenheit.
Diese grausamen Tiere! Man sagt, die Wölfe fräßen sich nicht untereinander. Die Gottesanbeterin kennt keine solchen Skrupel; sie verzehrt ihresgleichen, selbst wenn um sie herum ihr Lieblingswild, die Heuschrecke, im Überfluß vorhanden ist. Das läßt sich nur noch mit dem Kannibalismus, dieser Verirrung des Menschengeschlechts, vergleichen.
Aber diese Gelüste, diese Kindbettbegierden der trächtigen Weibchen, können einen noch widerwärtigeren Grad erreichen. Wohnen wir der Paarung bei, aber sondern wir die einzelnen Paare in verschiedenen Glocken voneinander ab, um jede Störung durch eine größere Gesellschaft zu vermeiden. Jedes Pärchen bekommt sein eigenes ungestörtes Heim. Vergessen wir die Mundvorräte nicht, an denen jetzt kein Mangel herrscht, so daß nachher nicht etwa der Hunger als Entschuldigungsgrund angeführt werden kann.
Der August nähert sich seinem Ende. Das Männchen, ein zarter Liebhaber, hält den Augenblick für günstig. Es macht seiner mächtigen Gefährtin Augen, wendet den Kopf nach ihrer Seite hin, biegt den Hals und wirft sich in die Brust. Seine kleine spitze Fratze gleicht beinahe einem leidenschaftlichen Gesicht. In dieser Haltung betrachtet es lange Zeit die Begehrte. Diese

verharrt bewegungslos, wie in völliger Gleichgültigkeit. Der Freier jedoch hat ein Zeichen der Einwilligung wahrgenommen, ein Zeichen, in dessen Geheimnis ich nicht eingeweiht bin. Er nähert sich und entfaltet plötzlich die Flügel, die krampfhaft zittern und schwirren. Das ist seine Liebeserklärung. Der kümmerliche Liebhaber hüpft auf den Rücken der Korpulenten, klammert sich an, so gut er kann, setzt sich fest. Gewöhnlich dauern die Präludien lange; endlich wird die Begattung vollzogen, die gleichfalls sehr lange währt, manchmal fünf bis sechs Stunden.
Nichts Wahrnehmbares geht vor zwischen den beiden regungslos miteinander Verbundenen. Endlich trennen sie sich, doch nur, um sich auf eine noch intimere Weise miteinander zu vereinigen. Wenn der arme Wicht von der Schönen als Befruchter ihrer Eierstöcke geliebt wird, so wird er von ihr aber auch als wohlschmeckendes Wild geschätzt. Tatsächlich wird er im Laufe des Tages oder spätestens am folgenden von seiner Gefährtin gepackt, von ihr in der üblichen Weise ins Genick gebissen und dann ganz ordnungsgemäß in kleinen Bissen verzehrt; nur die Flügel verschmäht sie. Das ist nun nicht mehr die Eifersucht unter den Insassinnen eines Harems, sondern einfach schlimmste Freßsucht.
Ich war begierig zu erfahren, wie wohl ein zweites Männchen aufgenommen würde. Das Ergebnis meiner Untersuchung ist skandalös. In sehr vielen Fällen kann die Gottesanbeterin weder an Umarmungen noch an Gattenschmäusen genug bekommen. Nach einer Ruhepause von unterschiedlicher Dauer, seien die Eier abgelegt oder nicht, ist ein zweites Männchen genehm und wird dann wie das erste verzehrt. Ein drittes folgt ihm nach, tut seine Schuldigkeit und verschwindet, aufgefressen. Ein viertes erleidet dasselbe Schicksal. In einem Zeitraum von zwei Wochen sehe ich die selbe Mantis bis sieben Männchen verbrauchen. Allen gibt sie sich hin, aber alle bezahlen ihren Hochzeitsrausch mit dem Leben.
Solche Gelage sind häufig, mit Abstufungen; auch gibt es Aus-

nahmen. An sehr heißen Tagen, wenn die Luft elektrisch geladen ist, wenn eine starke atmosphärische Spannung herrscht, sind sie die allgemeine Regel. Dann hat die Mantis ihre Nerven. Unter den Drahtglocken, die mit verschiedenen Weibchen bevölkert sind, verspeisen sie sich gegenseitig mehr als sonst; unter den Glocken mit den einzelnen Paaren werden die Männchen nach der Begattung mehr denn je wie eine gewöhnliche Beute behandelt.

Als Entschuldigung für diese ehelichen Abscheulichkeiten möchte ich nur zu gerne sagen können: In der Freiheit verhält sich die Mantis nicht so; das Männchen, nachdem es seine Funktion erfüllt hat, findet Zeit, sich aus dem Staube zu machen, zu fliehen vor dem schrecklichen Weibe, da dieses ihm doch selbst in meinen Käfigen eine Frist gewährt, die manchmal bis zum nächsten Tage dauert. Was sich nun tatsächlich im freien Buschwerk, im Gras und Gebüsch abspielt, weiß ich nicht; der Zufall, diese spärlich fließende Hilfsquelle, hat mich niemals über das Liebesleben der Gottesanbeterinnen in der freien Natur unterrichten können. Ich muß mich auf jene Ereignisse beschränken, die sich unter meinen Drahtglocken abspielen, in denen meine Gefangenen so viel Sonne genießen, so gut genährt sind und so viel Wohnraum zur Verfügung haben, daß sie sich darin wohl zu befinden scheinen und keinerlei Heimweh verspüren. Was sie hier tun, tun sie wohl also auch in normalen Verhältnissen.

Nun, manche Vorkommnisse nötigen mich sogar, die Entschuldigung von einer dem Männchen gewährten Frist, um sich in Sicherheit bringen zu können, fallenzulassen. Ich überraschte eines meiner isolierten Paare in folgender gräßlicher Situation. Das Männchen hält während seiner vitalen Funktion das Weibchen eng umschlungen. Aber das unglückselige Insekt hat keinen Kopf mehr; es hat keinen Hals und fast keinen Vorderleib mehr. Das Weibchen aber, mit der über die Schulter zurückgedrehten Schnauze, fährt ganz gemütlich damit fort, die Reste des süßen Liebhabers zu verzehren. Und dieser

männliche, fest an es angeklammerte Stumpf fährt in seiner Verrichtung fort.
Die Liebe ist stärker als der Tod, hat man gesagt. Wortwörtlich genommen, hat wohl nie ein Aphorismus eine glänzendere Bestätigung gefunden. Ein Enthaupteter, ein bis zur Leibesmitte Amputierter, ein Kadaver beharrt dabei, Leben zu spenden. Er wird damit aufhören, wenn der Hinterleib, der Sitz der Zeugungsorgane, angefressen wird.
Den Freier auffressen, wenn die Hochzeit vollzogen ist, diesen erschöpften Zwerg, der jetzt zu nichts mehr nütze ist, das kann man bei dem in Gefühlssachen wenig zimperlichen Insekt allenfalls noch begreifen – ihn aber während des Aktes anzuknabbern, das übersteigt denn doch alles, was man sich an Greueln vorstellen kann. Ich habe es gesehen, mit eigenen Augen, und ich habe mich von meiner Überraschung noch nicht erholt.
Konnte dieses Männchen fliehen und sich in Sicherheit bringen, das da während der Paarung erhascht wurde? Sicher nicht. Es bleibt kein anderer Schluß als der: die Liebe der Mantis ist tragisch, so sehr oder vielleicht noch darüber hinaus, wie jene der Spinnen. Der beschränkte Raum der Käfige begünstigte die Abschlachtung der Männchen, das will ich nicht in Abrede stellen, aber die Ursache ist doch anderswo zu suchen.
Vielleicht ist dies eine Reminiszenz aus geologischen Zeitaltern, aus der Steinkohlezeit, als das Insekt in unvorstellbaren Brünsten sich durchzusetzen, abzuzeichnen begann. Die Orthopteren, die Geradflügler, zu denen die Mantis gehören, sind die Erstgeborenen in der entomologischen Welt. Plump, noch unvollständig in der Metamorphose, schweiften sie bereits zahlreich zwischen den Baumfarnen umher, als es noch keine Insekten mit feinerem Verwandlungsmechanismus gab, wie Schmetterlinge, Scarabäen, Fliegen, Bienen. In jener drängenden Zeit des Werdens durch Vernichten waren die Sitten wohl nicht sanft, und in der Mantis, als einem schwachen Erschei-

nungsbild der Urzeit, hat sich vielleicht etwas von jenen Liebessitten erhalten.
Das Verzehren des Männchens als Wildbret ist auch bei anderen Mitgliedern der Familie der Mantis im Schwang. Fast möchte ich sagen bei allen. Die kleine Farblose Mantis (Ameles decolor Charp.), so niedlich, so friedfertig anzusehen unter meinen Drahtglocken, die trotz der großen Bevölkerung in der Voliere niemals mit ihren Nachbarinnen Streit bekommt, schnappt nach ihrem Männchen und verzehrt es mit derselben grausamen Begierde, wie es die Mantis religiosa mit dem ihrigen tut. Ich mühe mich auf meinen Exkursionen ab, meinem Frauengemach die unumgängliche Ergänzung zu verschaffen. Kaum habe ich mein so wohlgeflügeltes, flinkes Männchen nur unter die Glocke gebracht, so wird es meistens sogleich von einem Weibchen, das seiner Beihilfe nicht mehr bedarf, gepackt und verschlungen. Sobald die Eierstöcke befriedigt, befruchtet sind, haben die Weibchen beider Mantisarten eine Abscheu vor den Männchen, oder, besser, sie sehen in ihnen nur noch ein ausgezeichnetes Stück Wildbret.

Die Instinkte, welche die weibliche Mantis dazu bringen, nach der Begattung den Partner zu verzehren, finden sich auch bei vielen Spinnen. Fabre selbst hat dieses Verhalten bei Spinnen geschildert, wo das männliche Tier oft verspeist wird, wenn es nicht rasch genug flieht. Auch die Hochzeit der Skorpione endet sehr oft mit derselben rituellen Mahlzeit; Fabre findet auch hier wieder die Worte, die der Darstellung uralter Bräuche angemessen wären (es ist vom Skorpion die Rede): »Der Leichenschmaus, obwohl häufig, ist nicht streng notwendig; das Verspeisen hängt ein wenig vom Magenzustand ab. Ich habe welche gesehen, die, den hochzeitlichen Bissen verachtend, nur lässig den Kopf des Toten gekostet und darauf den Kadaver zum Abfall geworfen haben, ohne ihn weiter zu berühren. Ich habe Furien gesehen, die den Verendeten mit erhobenen Armen trugen, ihn den ganzen Morgen herumführten, vor aller Augen, wie eine Trophäe, um ihn schließlich intakt den Ameisen zu überlassen, diesen unermüdlichen Metzgern.« (Souv. ent., Bd. IX, S. 345.)

XIII
DAS NESTWUNDER DER GOTTESANBETERIN

Zeigen wir nun dieses Insekt mit dem tragischen Liebesleben unter einem freundlicheren Gesichtswinkel. Sein Nest stellt ein Wunder dar. In der wissenschaftlichen Sprache nennt man es Ovothek, Eierschachtel. Ich werde mit dieser eigenartigen Bezeichnung keinen Mißbrauch treiben. Solange man das »Nest des Finken« nicht als »Eierschachtel des Finken« bezeichnet, warum soll ich dann gezwungen sein, von einer Schachtel zu reden, wenn es sich um die Gottesanbeterin handelt? Daß das dann vielleicht gelehrter aussähe, möglich, aber darum geht es mir nicht.

Überall an Sonnenlagen findet man das Nest der Mantis religiosa, der Gottesanbeterin, auf Steinen, auf Holz, auf den Stämmen der Rebe, an den Reisern kleiner Bäume, auf trockenen Laubstengeln, auf Erzeugnissen menschlicher Tätigkeit, Backsteinen, Säcken, fortgeworfenem Schuhwerk. Alles dient als Unterlage, was so rauh ist, daß sich der Boden des Nestes daran ankleben läßt und eine zuverlässige Stütze findet.

Vier Zentimeter lang und zwei breit, dies ungefähr sind die Maße des Nestes. Es hat die hellgelbe Farbe des Weizenkorns. Entzündet, brennt der Stoff ziemlich gut und verbreitet dabei einen leichten Geruch wie nach verbrannter Seide. Das Material ist in der Tat der Seide verwandt, aber einer Art Seide, die, statt zu einem Faden versponnen, zu einer schaumigen, schwammigen Masse verarbeitet wurde. Befindet sich das Nest auf einem Zweig, dann umschließt seine Basis auch die benachbarten Reiser und paßt sich in seiner Form den Gegebenheiten der Unterlage an; ruht es auf einer ebenen Unterlage, dann schmiegt sich sein Boden ihr an und ist ebenfalls glatt. Das Nest zeigt in diesem Falle eine halb ellipsoide Form, mehr

oder weniger abgestumpft auf der einen Seite, spitz auslaufend auf der anderen, oft in einem kurzen Sporn endend.
In diesem Fall ist die obere Seite immer konvex, gewölbt, erhaben. In der Längsrichtung unterscheidet man deutlich drei Zonen. Die mittlere, schmäler als die beiden äußern, setzt sich aus paarweise angeordneten und sich wie Dachziegel deckenden Plättchen zusammen. Die Ränder dieser Plättchen sind frei und bilden so zwei Reihen von halboffenen Türen oder Spalten, durch die nach dem Ausschlüpfen die Jungen ins Freie gelangen. Bei einem kurz zuvor verlassenen Nest ist diese mittlere Zone des Nestes ganz von kleinen abgelegten Bälgen bedeckt, die im leisesten Luftzug zittern und die unter dem Einfluß der Witterung bald verschwinden. Ich nenne diesen mittleren Teil die Ausgangszone, weil sich ausschließlich längs dieses Streifens und durch die zum voraus angeordneten Ausgänge die Befreiung der Jungen vollzieht.
Überall sonst stellt ihnen die große Familienwiege eine undurchdringliche Wand entgegen. Die zwei seitlichen Zonen, die den größten Teil des halben Ellipsoides ausmachen, haben eine völlig lückenlose Oberfläche. Aus dieser zähen Masse können die kleinen, anfänglich so schwachen Mantis nicht ausbrechen; man kann dort inwendig nur viele feine Querrillen feststellen, Spuren der verschiedenen Schichten, aus denen sich das Eigelege zusammensetzt.
Schneiden wir das Nest quer durch. Man sieht dann, daß die Eier einen länglichen, sehr festen Kern bilden, der außen von einer porösen Rinde bedeckt ist, die wie festgetrockneter Schaum aussieht. Darüber erheben sich gebogene, eng beieinander und fast frei stehende Plättchen, die an die Ausgangszone reichen und dort eine doppelte Reihe kleiner, übereinanderliegender Schuppen bilden.
Die Eier sind in einer gelblichen, hornartigen Masse schichtenweise und bogenförmig eingelagert. Die Kopfseite der Eier richtet sich gegen die Ausgangszone. Diese Anordnung verrät uns die Art, wie die Jungen frei werden und ausfliegen. Die

Neugeborenen schlüpfen in den Raum zwischen zwei Plättchen, die den Kern verlängern. Sie finden dort einen schmalen Durchschlupf, den sie nur mit Schwierigkeit passieren, der aber doch genügend weit ist, und zwar infolge einer eigenartigen Anordnung, mit der wir uns noch zu beschäftigen haben werden. Auf diese Weise also gelangen sie in den mittleren Teil des Nestes. Hier, unter den eingemauerten Schuppen, öffnen sich für jede Lage der Eier zwei Ausgänge. Die eine Hälfte benützt die rechte, die andere die linke Seite. Und das wiederholt sich auf der ganzen Länge des Nestes, soweit die Lagen reichen.

Wiederholen wir also nochmals die Einzelheiten der Anordnung, die für jemanden, der das Nest nicht vor seinen Augen hat, schwierig zu verstehen sind. Der Achse des Nestes folgend, und in der Gestalt einer Dattel, ist das ganze Eierpaket schichtweise angeordnet. Eine schützende Rinde, eine Art verfestigter Schaum, umschließt den ganzen Haufen, ausgenommen den mittleren Teil, wo die schaumartige Rinde durch winzige, nebeneinander liegende Blättchen ersetzt wird. Die frei herausragenden Enden dieser Blättchen bilden die Ausgangszone; sie liegen in zwei Schuppenreihen übereinander und lassen für jede Lage Eier zwei Ausgänge frei, schmale Spalten.

Der Herstellung eines Nestes beiwohnen zu können, zu sehen, wie die Mantis es anstellt, ein derart vielgestaltiges, verwickeltes Werk zu errichten, das war der wichtigste Punkt, der Angelpunkt, das Hauptanliegen meiner Untersuchung. Nicht ohne Mühe ist es mir gelungen, denn die Eiablage erfolgt immer zu einem unvorhergesehenen Zeitpunkt und fast stets in der Nacht. Nach zahlreichen nutzlosen Wartezeiten begünstigte mich endlich das Glück. Am 5. September, gegen vier Uhr des Abends, entschloß sich eine meiner Kostgängerinnen, die am 29. August befruchtet worden war, vor meinen Augen ihre Eier zu legen.

Bevor wir diesem Werk beiwohnen eine Bemerkung: alle Nester, die in der Voliere errichtet wurden – und es sind deren viele – wurden ausnahmslos am Drahtgewebe der Glocke angelegt. Ich hatte den Gottesanbeterinnen einige rohe Steine, einige Büschel Thymian zur Verfügung gestellt, die beide im Freien meistens als Unterlage für die Nester gewählt werden. Allein meine Gefangenen zogen es vor, das Drahtnetz zu benützen, das, weil der ursprünglich weiche, plastische Baustoff in die Maschen eindringt, dem Bau einen vollkommenen Halt verleiht.

Unter natürlichen Voraussetzungen haben die Nester kein Schutzdach über sich; sie müssen die Härte des Winters, den Regen, die Winde, den Frost, den Schnee aushalten, ohne daß sie sich loslösen. So sucht denn die eierlegende Mantis immer eine rauhe, unregelmäßige Unterlage, in die sich das Fundament des Nestes einschmiegen und auf der es haften kann. Dem Mittelmäßigen wird das Gute vorgezogen, dem Guten das Ausgezeichnete; so wohl läßt sich erklären, weshalb immer die Drahtnetze benützt werden.

Die einzige Mantis, die ich während der Eiablage beobachten konnte, vollzog diese Arbeit in verkehrter Stellung, ungefähr im Gipfel der Glocke hängend. Meine Anwesenheit, meine Lupe, meine Beobachtungen stören sie nicht im geringsten, so ist sie mit ihrem Werk beschäftigt. Ich kann die Drahtglocke hochheben, neigen, umkehren, drehen und wenden, wie ich will, ohne daß das Insekt seine Arbeit einstellt. Ich kann mit meinen Pinzetten seine langen Flügel hochheben, um zu sehen, was darunter vorgeht; das Insekt nimmt keine Notiz davon. Bis jetzt ging also alles gut: die Eierlegende rührt sich nicht vom Fleck und nimmt meine indiskreten Beobachtungen gelassen hin. Trotzdem: die Dinge gehen nicht, wie ich es gerne hätte, so rasch vollzieht sich alles, und so schwierig ist die Untersuchung.

Das Ende des Hinterleibs befindet sich fortwährend in eine Flut von Schaum getaucht, so daß man die Einzelheiten des Aktes nicht gut wahrnehmen kann. Dieser Schaum ist von schmutzigweißer Farbe, klebrig, fast ähnlich wie Seifenschaum. Im

Augenblick des Austretens haftet der Strohhalm, den ich in ihn versenke, beinahe an ihm. Zwei Minuten später jedoch ist der Schaum bereits hart und haftet nicht mehr an meinem Strohhalm. Nach ganz kurzer Zeit hat er bereits die Festigkeit eines alten Nestes.

Die Schaummasse besteht zum größten Teil aus ganz winzigen Blasen. Diese Luft, die dem Nest einen Rauminhalt verleiht, der größer ist als der Hinterleib der Mantis, kommt offensichtlich nicht aus dem Insekt, obwohl der Schaum unmittelbar an der Geschlechtsöffnung, an den Zeugungsorganen erscheint; die Luft entstammt der Atmosphäre. Die Mantis baut also vor allem mit Luft, die ja besonders geeignet ist, das Nest vor der Unbill der Witterung zu schützen. Sie sondert eine klebrige Masse ab, ähnlich jener der Seidenraupen, und daraus wird, sobald sie sich mit der äußeren Luft vermischt, der Schaum.

Sie schlägt diese Aussonderung, so wie wir Eiweiß schlagen, um es mit Luft zu füllen und zum Schäumen zu bringen. Der zu einer langen Spalte sich öffnende Hinterleib des Insekts bildet zwei breite seitliche Löffel, die sich einander in rascher Bewegung fortwährend nähern und wieder entfernen und auf diese Weise die klebrige Flüssigkeit, sobald sie austritt, schlagen. Man sieht überdies zwischen den beiden Löffeln, wenn sie sich voneinander entfernen, immer Organe nach Art eines Kolbens sich abwärts und aufwärts bewegen, doch ist es nicht möglich, die exakte Funktion dieser Organe zu erkennen, weil sie ganz in den dichten Schaum gehüllt sind.

Das Ende des zitternden Hinterleibes, dessen Klappen sich mit großer Schnelligkeit öffnen und schließen, schwingt gleichzeitig nach rechts und links und wieder von links nach rechts, wie ein Pendel. Jede dieser Schwingungen entspricht im Innern des Nestes einer Lage Eier und außen einer Querrille. Von Zeit zu Zeit taucht der Hinterleib tiefer in den Schaum hinein, so als stoße er etwas in die Masse. Zweifellos wird dabei jedesmal ein Ei gelegt; aber das geht alles so rasch und in einer für die Beobachtung so ungeeigneten Umgebung vor sich, daß ich den Ei-

leiter nicht ein einziges Mal in Tätigkeit sehen kann. Auf die Ablage der Eier kann ich nur auf Grund der Bewegungen des Hinterleibes schließen, der plötzlich tiefer in den Schaum eintaucht.
Zu gleicher Zeit wird der klebrige Saft, den die zwei seitlichen Klappen schlagen und in Schaum verwandeln, stoßweise ausgeschieden. Der Schaum breitet sich auf der Seite und auf dem Boden der Eierlagen aus, und ich sehe auch, wie er dabei durch die Maschen des Drahtnetzes dringt, so stark ist der Druck, den der Hinterleib auf ihn ausübt. Auf diese Weise wird in dem Maße, als die Eierstöcke sich leeren, die Schaumhülle aufgebaut.
Ich stelle mir vor, ohne es jedoch durch eine unmittelbare Beobachtung stützen zu können, daß für den inneren Kern, wo die Eier in einer Masse liegen, die dichter ist als die der Rinde, die Mantis ihre Absonderung so verwendet, wie sie herauskommt, ohne sie mit ihren Löffeln zu Schaum zu schlagen. So würden also die beiden Klappen nur den für die Hülle benötigten Schaum herstellen. Doch, wie gesagt, das ist unter dem durch den Schaum gebildeten Schleier sehr schwer wahrzunehmen.
Bei einem neuen Nest ist die Austrittszone mit einer mattweißen, löchrigen, fast kreideähnlichen Schicht bedeckt, die vom schmutzigen Weiß des übrigen Nestbaus deutlich absticht. Man möchte sagen, sie gleiche jener Mischung, die die Zuckerbäcker aus geschlagenem Eiweiß, Zucker und Stärkemehl herstellen, um damit ihre Erzeugnisse zu verzieren. Dieser Überzug, dieser Beschlag ist sehr brüchig und leicht zu entfernen. Darunter zeigt sich unverwechselbar die Austrittszone mit ihrer Doppelreihe frei endender Plättchen. Die Unbill des Wetters, Regen und Wind fegen früher oder später diesen Überzug fetzenweise weg; es bleibt an den alten Nestern keine Spur mehr von ihm zurück.
Im ersten Augenblick wäre man versucht, diesen schneeigen Belag als einen sich vom übrigen Baumaterial des Nestes un-

terscheidenden Stoff anzusprechen. Verwendet die Mantis tatsächlich zwei verschiedene Stoffe? Keinesfalls. Der Körperbau des Insekts bestätigt uns, daß nur ein Stoff hergestellt wird. Jenes Organ, das den Baustoff des Nestes absondert, besteht aus zwei Gruppen zylindrischer, zusammengedrückter Röhren, von denen jede etwa zwanzig Stück umfaßt. Alle sind mit der klebrigen, farblosen Flüssigkeit angefüllt, die immer gleich aussieht, von wo man sie auch hernehme. Nirgends findet man die Spur eines kreidefarbenen Erzeugnisses.

An der Art, wie das schneeige Band entsteht, erkennt man ebenfalls, daß kein neuer Stoff dazukommt. Man sieht nämlich, wie die zwei Schwanzfäden über die Oberfläche des Schaums hinwischen – gleichsam als schäumten sie den Schaum ab. Diesen zweiten Schaum, diesen Abschaum des Schaumes, nehmen sie zusammen und halten ihn auf dem Rücken des Nestes fest, wo er sich dann zu dem Streifen verfestigt, der dem zuckrigen Zierat eines Törtchens gleicht. Was übrigbleibt oder was von dem noch nicht ganz hart gewordenen Streifen abfließt, haftet an den Seiten des Nestes als ein ganz feiner Mörtel mit Luftblasen, die so klein sind, daß es der Lupe bedarf, um sie wahrzunehmen.

In einem Bach, der schmutziges, tonerdehaltiges Wasser führt, bedeckt sich die Oberfläche oft mit einem groben Schaum. Auf diesem schmutzigen Schaum bilden sich dann oft da und dort Schaumansammlungen, die ganz schön weiß sind und die sich aus kleineren Luftblasen gebildet haben. Der Unterschied der Dichtigkeit führt die Trennung herbei; der schneeweiße Schaum schwimmt auf dem schmutzigen Schlamm, von dem er herstammt. Etwas Ähnliches ereignet sich beim Bau des Nestes der Mantis. Die zwei Löffel schlagen den klebrigen Saft der Drüsen zu Schaum. Dabei steigt der am besten verarbeitete Teil, der infolge der zahlreichen kleineren Blasen reiner und leichter geworden ist, an die Oberfläche, wo die Schwanzfäden ihn zu dem weißen Band auf dem Rücken des Nestes zusammenfegen.

Bis hierher war die Beobachtung mit ein wenig Geduld möglich und ergab befriedigende Resultate. Aber sie wird unmöglich, sobald es sich um die so komplizierte Struktur jener Mittelzone handelt, wo unter der Doppelreihe eingefügter Plättchen (Lamellen) Öffnungen angebracht sind, die den Larven den Austritt ermöglichen. Das wenige, was ich erkennen konnte, beschränkt sich auf dies: das Ende des Hinterleibes, der von oben nach unten stark gespalten ist, bildet eine Art Knopfloch, dessen oberes Ende fast starr bleibt, während das andere Ende schwingt, den Schaum erzeugt und die Eier damit überschwemmt. Zweifellos ist es das obere Ende, dem die Konstruktion der mittleren Zone zufällt.
Ich kann in der Achse dieser Zone, unter dem durch die Schwanzfäden angehäuften Schaum, dieses obere Ende der knopflochartigen Öffnung erkennen. Die Schwanzfäden, der eine rechts, der andere links, begrenzen das Band. Sie betasten fortwährend dessen Ränder. Sie scheinen sich über den Fortgang des Werkes zu vergewissern. Fast möchte ich sagen, sie seien zwei lange, sensible Finger, die die delikate Operation leiten.
Wie aber kommen die zwei Reihen der Schuppen und die Spalten, die Ausgänge, die sie überdachen, zustande? Ich weiß es nicht. Ich kann es nicht einmal ahnen. Die Lösung des Problems muß ich andern überlassen.
Was ist das doch für eine wundervolle Apparatur, die in solcher Ordnung und mit solcher Schnelligkeit die hörnerne Zunge des inneren Nestes, dann den Nestkern, dann den schützenden Schaum, dann den weißen Schaum des mittleren Bandes, dann die Eier, die befruchtende Flüssigkeit ausstößt und gleichzeitig noch die übereinanderliegenden Blättchen, die ineinanderpassenden Schuppen und die Austrittsöffnungen errichtet! Es geht über unseren Verstand. Und wie leicht geht diese Arbeit vonstatten! An das Drahtnetz geklammert, in der Achse des Nestes, verharrt die Mantis regungslos. Mit keinem Blick würdigt sie das Ding, das sich da in ihrem Rücken aufbaut; kein Bein greift ein.

Das wird völlig von alleine. Es handelt sich hier nicht um ein Werk, zu dem das Wissen, die Kenntnisse des Instinktes benötigt werden; all das geht völlig mechanisch vor sich, zum voraus durch die Ausrüstung und die Einrichtung geregelt. Das Nest der Mantis von so vielfältiger Struktur ist ein Erzeugnis des Zusammenspiels von Organen, so wie unsere Fabriken auf mechanischem Wege eine Unzahl von so vollkommenen Dingen herstellen, wie es geschicktesten Händen nie gelingen würde.

Von einem anderen Gesichtspunkt aus betrachtet, ist das Nest der Gottesanbeterin noch bedeutsamer. Man findet nämlich in ihm einen der schönsten physikalischen Grundsätze, jenen von der Erhaltung der Wärme, auf ausgezeichnete Weise verwirklicht. Die Mantis ist uns in der Kenntnis der schlechten Wärmeleiter voraus.

Man verdankt dem Physiker Rumford das folgende originelle Experiment, das die schlechte Wärmeleitung der Luft nachweist. Der berühmte Gelehrte versenkte in geschlagenem Eiweiß einen gefrorenen Käse. Das Ganze wurde in einen Ofen gebracht. In ganz kurzer Zeit entstand so eine heiße »omelette soufflée«, in deren Mitte sich ein Käse befand, der so kalt war wie am Anfang. Die in den Blasen des Eiweißschaumes gefangene Luft erklärt diese Merkwürdigkeit. Als ein ausgesprochen schlechter Wärmeleiter, der sie ist, hinderte die Luft die Wärme des Ofens daran, bis zu dem in der Mitte liegenden kalten Körper zu gelangen.

Und was tut die Mantis? Genau das, was Rumford tat; sie schlägt ihr Eiweiß zu einer omelette soufflée, um die in einem Klumpen beieinanderliegenden Keimlinge zu schützen. Ihr Ziel ist allerdings umgekehrt: ihr erstarrter Schaum, ihre Schaumhülle schützt vor der Kälte, nicht vor der Hitze; der geniale Physiker hätte natürlich, indem er seinen Versuch umkehrte, mit der gleichen Schaumhülle einen warmen Körper inmitten der Kälte warm erhalten können.

Rumford kam hinter das Geheimnis des Luftkissens auf Grund

der Erfahrungen seiner Vorgänger, seiner eigenen Forschungen, seines Studiums. Um wie viele Jahrtausende ist die Mantis unserer Physik in diesem heiklen Problem der Wärme voraus? Wieso kam sie dazu, ihre Eier mit einer Schaumhülle zu umgeben, die, ohne einen anderen Schutz, auf einem Zweig, einem Stein befestigt, die Härte eines Winters schadlos überdauern?
Die anderen Mantiden in meiner Gegend, die einzigen, von denen ich in wirklicher Sachkenntnis und aus eigener Erfahrung sprechen kann, benützen die schlecht die Wärme leitende Schaumhülle oder verzichten auf sie, je nachdem ob die Eier den Winter überdauern müssen oder nicht. Die kleine graue Mantis (Ameles decolor), deren Weibchen sich von den anderen durch das fast vollständige Verschwinden der Flügel unterscheidet, erbaut ein kaum kirschsteingroßes Nest und umhüllt es gut mit einer Schaumrinde. Und warum diese geblasene Hülle? Weil das Nest der Ameles genau gleich wie jenes der Mantis religiosa auf einem Zweig, auf einem Stein, aller Unbill der Witterung ausgesetzt, den Winter überstehen muß.
Anderseits baut sich die Empusa pauperata, die so groß ist wie die Gottesanbeterin und wohl das seltsamste unter unseren Insekten, ein Nest, das so klein bleibt wie jenes der Ameles, ein äußerst bescheidenes Gebilde, das sich aus wenigen Zellen zusammensetzt, die nebeneinander, Seite an Seite, auf drei oder vier Rängen angeordnet sind. Ein Luftkissen fehlt vollständig, obgleich das Nest ohne irgendein Obdach, wie die anderen, auf einem Zweiglein oder einem Steinsplitter befestigt ist. Dieses Fehlen eines Luftkissens weist auf andere klimatische Verhältnisse hin. Wirklich öffnen sich die Eier der Empusa schon kurze Zeit nach der Ablage, noch in der warmen Jahreszeit. Da sie also der Strenge des Winters nie ausgesetzt sein werden, bedürfen sie keines anderen Schutzes als der dünnen Hülle des Behälters.
Stellen nun diese so feinen und zweckmäßigen Maßnahmen, die mit Rumfords Pfannkuchen wetteifern können, einen rein zufällig errungenen Erfolg dar, einfach eine der zahllosen Mög-

lichkeiten aus der Urne des Zufalls? Wenn dem so ist, schrekken wir vor der Anerkennung des Absurden nicht zurück und anerkennen wir, daß der blinde Zufall mit einer wunderbaren, hellsichtigen Gabe der Voraussicht ausgestattet ist.

Die Mantis religiosa beginnt die Herstellung ihres Nestes am stumpfen Teil und endet es beim spitzen Ende. Oft verlängert sich dieses zu einer Art von Vorgebirge, wozu der letzte Tropfen der eiweißähnlichen Flüssigkeit ausgezogen wird. Eine einzige Sitzung von etwa zwei Stunden Dauer, ohne die geringste Unterbrechung, ist vonnöten, um das ganze Werk zu vollbringen.

Sobald die Eiablage beendet ist, zieht sich die Mutter zurück, ausgesprochen gleichgültig. Ich erwartete, sie würde sich noch einmal dem vollendeten Werk zuwenden und der Wiege ihrer künftigen Familie etwelche zärtliche Aufmerksamkeit widmen. Doch nicht das kleinste Anzeichen von Mutterfreude kann ich wahrnehmen. Das Werk ist vollendet und geht sie nichts mehr an. Heuschrecken kommen heran; eine von ihnen hat sich sogar auf das Nest gesetzt. Die Mantis beachtet diese Zudringlichen, die allerdings harmlos sind, gar nicht. Aber würde sie sie vertreiben, wenn sie gefährlich wären und sich anschickten, das Eierkästchen aufzubrechen? Ihre Gleichgültigkeit sagt mir: nein. Was geht sie künftig dieses Nest an? Sie kennt es nicht mehr.

Ich habe von den mehrfachen Paarungen der Gottesanbeterin gesprochen und vom tragischen Ende des Männchens, das fast immer wie ein gewöhnliches Wild verspeist wird. Im Laufe von zwei Wochen habe ich das Weibchen bis zu sieben Hochzeiten abhalten sehen. Jedesmal hatte die so leicht zu tröstende Witwe ihren Gatten aufgefressen. Solche Sitten lassen mehrere Ei-Ablagen voraussehen. Das ist auch tatsächlich der Fall, wenn man sie auch nicht als eine allgemeine Regel bezeichnen kann. Unter meinen Hennen haben mir viele nur ein einziges Nest angelegt, andere zwei, alle von gleicher Größe. Die fruchtbarsten brachten es auf drei Nester, die zwei ersten

von normalem Ausmaß, das dritte etwa um die Hälfte kleiner.
Die letzte der genannten Mantis kann uns über die Zahl der Bewohner der Eierstöcke Aufschluß geben. Nach den Querrillen des Nestes fällt es nicht schwer, die Lagen zu zählen, die aber naturgemäß ungleich viel Eier enthalten, je nachdem sie im Äquator oder in einem der Enden des Nestes liegen. Die Zahl der Eier in der großen und jene in der kleineren Lage ergibt ein Mittel, aus dem man ungefähr das Total errechnen kann. Ich komme so für ein normales Nest auf vierhundert Eier. Die Mantis mit drei Nestern, deren letzteres etwa um die Hälfte kleiner war als die beiden anderen, hinterließ also tausend Keimlinge als Nachkommenschaft, jene mit zwei Nestern achthundert und die am wenigsten Fruchtbare drei- bis vierhundert. Auf alle Fälle ein prächtiger Familiennachwuchs, der bald zu einer Plage anwüchse, würde er nicht kräftig beschnitten.
Die zierliche Farblose Mantis ist viel weniger verschwenderisch. Unter meinen Drahtglocken legt sie nur einmal Eier, und ihr Nest enthält höchstens sechzig. Obschon ihr Nest im Prinzip gleich gebaut ist wie jenes der Mantis religiosa und ebenfalls in freier Luft irgendwo befestigt, unterscheidet es sich einmal durch sein kleineres Maß – zehn Millimeter lang und fünf breit – sowie durch einige Abweichungen im Aufbau. Es hat die Form eines Eselrückens. Die beiden Seiten sind gewölbt, und die Mittellinie ragt in einem leicht gezähnten Grat daraus hervor. Ein Dutzend Querrillen ungefähr entsprechen den Lagen der Eier. Hier gibt es keine Austrittszone mit eingefügten Lamellen, kein schneeweißes Band mit regelmäßigen Ausgängen. Die ganze Oberfläche, das Fundament inbegriffen, ist gleichförmig von einer glänzenden Rinde bedeckt, die ganz von feinen Luftblasen angefüllt und von rotbrauner Farbe ist. Das untere Ende ist spitzbogenförmig, das obere zieht sich unvermittelt zu einem Stumpf zusammen und läuft gegen oben in einem kurzen Sporn aus. Die Eier sind Lage für Lage in eine

nicht poröse, hornartige Masse, die sehr druckfest ist, eingelagert. Das Ganze bildet einen von der Schaumhülle eingewickelten Kern. Der Mantis religiosa gleich arbeitet die Farblose Mantis des Nachts, also unter für die Beobachtung ungünstigen Bedingungen.

Da das Nest der Gottesanbeterin sehr groß ist, von eigenartiger Gestalt und auf seinem Stein oder seinem Ast nicht übersehen werden kann, konnte es gar nicht ausbleiben, daß es die Aufmerksamkeit des Bauern in der Provence erregte. Es ist sehr bekannt hierzulande und wird »Tigno« genannt; es genießt sogar hohes Ansehen. Meine Landsleute waren jeweils baß erstaunt, wenn ich ihnen erklärte, der berühmte »Tigno« sei das Nest des gewöhnlichen »Prègo-Diéu«. Es ist sehr gut denkbar, daß diese Unwissenheit mit der nächtlichen Ei-Ablage der Mantis zusammenhängt. Im Dunkel der Nacht wurde das Insekt nie bei der Arbeit an seinem Nest gesehen, und so fehlt das Bindeglied zwischen dem Arbeiter und seinem Werk, die beide jedoch allen Dorfbewohnern bekannt sind.

Wie dem auch sei; das eigenartige Ding ist da, es zieht die Blicke an, es nimmt die Aufmerksamkeit gefangen. Also muß es für etwas gut sein, muß es besondere Eigenschaften besitzen. Stets hat so der einfache Mensch gefolgert, weil er hoffte, mit solchen Seltsamkeiten ein Mittel gefunden zu haben, sein Elend zu lindern.

Nach der allgemein ländlichen Heilmittellehre der Provence gilt der »Tigno« als bestes Mittel gegen die Frostbeulen. Die Anwendung ist sehr einfach. Man schneidet das Ding in der Mitte durch, drückt es aus und reibt den kranken Körperteil mit dem feuchten Schnitt ein. Das Spezifikum sei unfehlbar, behauptet man. Jeder, der an den geschwollenen Fingern das Jucken der Frostbeulen spürt, wendet, einer alten Überlieferung folgend, den »Tigno« an. Bringt er ihm wirklich Erleichterung?

Trotz des allgemeinen Glaubens gestatte ich mir, daran zu zweifeln, nach den nutzlosen Versuchen nämlich, die ich während des Winters 1895 an mir und einigen anderen Hausbewohnern angestellt habe, jenes Winters, der infolge seiner bitteren und andauernden Kälte unseren Händen stark zusetzte. Keiner von uns, der sich mit der berühmten Salbe behandelte, konnte daraufhin eine Abnahme der Schwellungen an seinen Fingern feststellen, keiner verspürte die geringste Verminderung des Juckschmerzes unter dem eiweißähnlichen Lack eines zerdrückten »Tigno«. Man darf annehmen, auch bei den andern sei der Mißerfolg von derselben Art, und trotzdem behält dieses Volksheilmittel seinen guten Ruf. Wahrscheinlich auf Grund des gleichen Namens, den das Heilmittel und die Krankheit tragen: auf provenzalisch nämlich bezeichnet man eine Frostbeule ebenfalls mit dem Namen »Tigno«. Wenn das Nest der Gottesanbeterin und die Frostbeule die gleiche Bezeichnung haben, sind dann die heilenden Eigenschaften des ersteren nicht offensichtlich? Auf diese Weise wird ein guter Ruf begründet.

In unserem Dorf und zweifellos weit herum wird der »Tigno« – also das Nest der Mantis in diesem Falle – auch als wunderbares Mittel gegen Zahnschmerzen angepriesen. Es genügt, ihn auf sich zu tragen, um gegen Zahnschmerz gefeit zu sein. Die alten Frauen suchen sie, wenn der Mond günstig steht; ehrfürchtig bewahren sie die Nester in einem Winkel ihres Schrankes auf; sie nähen sie in ihre Taschen ein, aus Furcht, sie zu verlieren, wenn sie ihr Schnupftuch herausziehen; sie helfen einander bei Zahnweh damit aus. »Leihe mir doch bitte deinen ›Tigno‹; ich leide Höllenqualen«, sagt die Leidende mit geschwollener Backe. Die andere beeilt sich, die Nähte aufzureißen und ihr das kostbare Ding zu übergeben. »Verliere ihn nicht etwa«, mahnt sie, »ich habe keinen anderen, und der Mond steht nicht günstig.«

Lachen wir nicht über diese seltsamen Zahnheilmittel; manche Medikamente, die mit großen Worten auf den Seiten unserer Zeitungen angeboten werden, sind auch nicht wirksamer. Solche ländliche Einfalt wird übrigens durch einige alte Bücher, in

denen die Wissenschaft jener Zeiten aufgezeichnet ist, noch übertroffen. Ein englischer Naturkundiger des 16. Jahrhunderts, der Arzt Thomas Moufet, erzählt uns, die Kinder, die sich auf dem Lande verlaufen hätten, wendeten sich an die Mantis, um den Heimweg wieder zu finden. Das befragte Insekt streckt hierauf sein Vorderbein aus und bezeichnet so die einzuschlagende Richtung; fast nie täuscht es sich, fügt der Verfasser hinzu. Diese schönen Geschichten werden mit herrlicher, unnachahmlicher Biederkeit erzählt: »Tam divina censetur bestiola, ut puero interroganti de via, extendo digito recatam monstrat atque raro vel nunquam fallat.«
Woher hat dieser leichtgläubige Gelehrte seine Geschichte? Jedenfalls nicht aus England, wo die Gottesanbeterin nicht leben kann; aber auch nicht aus der Provence, wo sich keine Spur der kindlichen Frage findet. Den Phantastereien des alten Naturforschers ziehe ich noch die erstaunlichen Eigenschaften des »Tigno« vor!

Die Herstellung des Schaumnestes der Mantis führt uns zu einem besonderen Geheimnis des Lebens: zur Formung kunstvoller Gestaltungen mittels Stoffen, die der Tierkörper durch eigene Drüsen ausscheidet. Wir staunen über den Bau vieler Vogelnester. Das Material dazu ist aber fast immer von anderen Lebewesen vorbereitet; es sind Pflanzenfasern oder Federn, auch Abfälle der menschlichen Technik. Gliedertiere dagegen bauen mit eigenem Stoff, oft mit Wachs, wie im Wabenbau der Bienen, mit Seide bei Spinnen und Schmetterlingen. Fremdstoffe dienen höchstens als Beigabe. Fabre ist diesen »Industrien« seiner Tiere mit besonderer Liebe nachgegangen, weil er immer wieder staunend erlebt hat, wie hier besondere, erblich fixierte Eigenschaften einer Drüsenabsonderung durch ererbte Eigenschaften des Körperbaus, durch sinnvolle Lage der Drüsen und Hilfsorgane und durch spezielle, oft raffinierte Verhaltensweisen zu einem Ergebnis führen, das ein »Werk« genannt werden muß. Ähnlich arbeiten die Drüsen der Geschlechtswege auch bei vielen männlichen Tieren, indem sie die Samenfäden in komplizierte Spermatophoren verpacken und so eine höhere Sicherheit für die Übertragung des kostbaren Erbgutes erreichen.

Besonders erstaunlich ist bei allen diesen Gebilden, wie durch die Eigenschaften und die Verarbeitungsweise der Stoffe komplizierte Formbildungen verwirklicht werden. Ähnliches schafft der Mensch in der neuesten Industrie der Kunststoffe: seine »Drüsen« sind die großen chemischen Fabriken, in denen er Substanzen herstellt, welche die früher verwendeten Naturstoffe, wie Holz, Metall, Stein, ersetzen und ganz neue Formmöglichkeiten bieten.

XIV
DAS AUSSCHLÜPFEN DER JUNGEN MANTIS

Mitte Juni, bei vollem Sonnenschein, gegen zehn Uhr des Morgens etwa, öffnen sich gewöhnlich die Eier der Gottesanbeterin. Der mittlere Streifen des Nestes, die Austrittszone, stellt den einzigen Teil dar, wo die Jungen ins Freie gelangen können.

Unter jedem Blättchen dieser Zone sieht man langsam einen stumpfen, durchsichtigen Höcker auftauchen, dem zwei große schwarze Punkte folgen – die Augen. Sachte gleitet das Neugeborene unter die Lamelle und ragt bis zur Hälfte frei heraus. Ist das nun die kleine Mantis in der Gestalt der Larve, die jener der ausgewachsenen so ähnlich sieht? Noch nicht. Es ist eine Übergangsform. Der Kopf schillert opalartig, ist stumpf, aufgeschwollen und pulst unter dem Andrang des Blutes. Der übrige Teil ist gelblichrot gefärbt. Unter der Haut unterscheidet man deutlich die großen schwarzen Augen, die durch den Schleier, der sie bedeckt, noch getrübt sind, die Teile des Mundwerks, noch gegen die Brust gedrückt, die an den Körper geklebten Vorder- und Hinterbeine. Abgesehen von den sehr deutlich ausgebildeten Beinen, erinnert das ganze Wesen mit seinem großen, stumpfen Kopf, seinen Augen, seiner feinen Segmentierung, seiner schiffähnlichen Form ein wenig an die frühe Gestalt der Grille, wenn sie ausschlüpft, von der ein winziger Fisch ohne Flossen ein ziemlich genaues Bild vermittelt.

Hier also haben wir ein anderes Beispiel für einen Organismus von sehr kurzer Dauer, dem lediglich die Aufgabe zufällt, ein Tierchen, dessen lange freiliegende Glieder ein unüberwindliches Hindernis darstellen würden, durch schwierige Engpässe hindurch ins Freie zu geleiten. Um aus dem engen Gang ihres

Zweiges herauszukommen, einem ganz mit holzigen Fasern gespickten Gang, der zudem noch mit bereits leeren Hüllen angefüllt ist, kommt die Grille in Windeln gewickelt auf die Welt, in der Form eines Schiffchens, das besonders zum sachten Herausgleiten sich eignet.

Die junge Mantis hat ähnliche Schwierigkeiten zu überwinden. Aus der Tiefe ihres Nestes muß sie durch gewundene enge Gänge, in denen ihre zarten, langgestreckten Glieder keinen Platz finden könnten, emporsteigen. Die hohen Stelzen, die Raubharpunen, die feinen Fühler – alles Organe, die nachher im Busch für sie von großem Nutzen sein werden – sie stellten jetzt, auf dem Weg ins Freie, ein Hindernis dar und würden die Befreiung sehr mühsam, wenn nicht gar unmöglich machen. Das Tierchen kommt deshalb ebenfalls gewickelt und in kahnförmiger Gestalt zur Welt.

Der Fall der Grille und jener der Mantis führen uns auf eine neue Ader in der unerschöpflichen Mine der Insektenkunde. Ich entnehme ihr ein Gesetz, das andere ähnliche, ein wenig überall festgestellte Tatsachen sicher bestätigen werden. Die echte Larve ist nicht das unmittelbare Erzeugnis des Eies. Wenn das Neugeborene beim Ausschlüpfen besondere Schwierigkeiten zu überwinden hat, dann geht dem echten Larvenstadium ein zusätzlicher Organismus voraus, den ich mit Primärlarve bezeichnen will, dem die Aufgabe zufällt, das Tierchen zu befreien, weil es das selbst nicht kann.

Kehren wir also wieder zu unserer Schilderung zurück. Unter den Lamellen der Austrittszone zeigen sich die Primärlarven. Ein starker Strom von Säften fließt dem Kopf zu, bläht ihn auf und verwandelt ihn in eine Art durchsichtige Hernie, in der es fortwährend pulst. Auf diese Weise wird die Apparatur des Durchbruchs vorbereitet. Gleichzeitig zittert das Tierchen unter der Schuppe, drängt sich vor, zieht sich wieder zurück. Jede dieser Bewegungen hat eine weitere Anschwellung des Kopfes zur Folge. Schließlich stemmt sich der Mittelteil des Körpers zu einem Buckel auf, der Kopf beugt sich tief gegen den Brustteil,

und die Hülle zerreißt über dem Mittelteil. Das Tierchen zieht, müht sich ab, schwankt, beugt sich, richtet sich auf. Die Beine werden aus ihren Scheiden gezogen, die Fühler – zwei lange, parallel laufende Fäden – befreien sich auf dieselbe Weise. Nur noch eine zerfasernde Schnur hält das Tierchen am Neste fest. Einige Rucke noch, und die Entbindung ist vollendet.
Jetzt erst sehen wir das Insekt in seiner echten Larve. Was zurückbleibt, ist eine Art Knäuel, ein abgetragenes Kleidungsstück, das der kleinste Lufthauch wie ein Federchen erzittern läßt.
Das ist der heftig abgelegte, zerfetzte Reiserock, ein Fetzen.
Den Augenblick des Ausschlüpfens der Farblosen Mantis habe ich verpaßt. Das wenige, was ich davon weiß, beschränkt sich auf dieses: Am Ende des Schnabels oder Höckers, der das vordere Ende des Nestes abschließt, bemerkt man einen kleinen, mattweißen Flecken, eine bröckelige Schaummasse, die leicht nachgibt. Diese winzige runde Öffnung, nur notdürftig von einem Schaumbausch verschlossen, bildet den einzigen Ausgang des Nestes, das sonst überall sehr widerstandsfähig abgeschlossen ist. Sie ersetzt die ausgedehnte geschuppte Zone, in der die Larven der Gottesanbeterin ausschlüpfen. Durch dieses kleine Porenloch müssen die jungen Ameles decolor ihren Behälter verlassen. Wie gesagt, das Glück war mir nicht hold, ich konnte dem Exodus nicht beiwohnen. Aber kurze Zeit nachdem die Familie ausgeflogen war, sah ich über der Ausgangspforte ein unförmiges Häufchen weißer Hüllen baumeln, zarte Häutchen, die der Lufthauch verwehte. Das sind die abgelegten Kleider der Jungen, die sie abstreifen, sobald sie ins Freie gelangen. Sie legen Zeugnis ab für eine vorübergehende, eine Zwischenhülle, die es den Larven ermöglicht, sich in dem Labyrinth des Nestes fortzubewegen. Auch die Farblose Mantis hat also ihre Primärlarve, ihren Primärlarvenzustand; sie ist in einem schmalen Futteral verpackt, das die Befreiung begünstigt. Der Monat Juni ist die Zeit des Ausschlüpfens.
Kehren wir nun wieder zur Gottesanbeterin zurück. Das Aus-

schlüpfen ihrer Larven findet nicht für das ganze Nest gleichzeitig statt, sondern stückweise, in einander folgenden Schwärmen, mit Intervallen zwischen ihnen von zwei oder mehr Tagen. Das spitze Ende des Nestes, das die zuletzt gelegten Eier enthält, macht den Anfang.

Diese zeitliche Umkehrung, die die letzten zuerst ans Licht bringt, vor den ersten, könnte sehr wohl ihren Grund in der Form des Nestes haben. Das auslaufende dünnere Ende, das der Wärme eines schönen Tages leichter zugänglich ist, erwacht vor dem stumpf endenden Teil des Nestes, der, da er viel größer ist, sich nicht so rasch auf die notwendige Temperatur erwärmen kann.

Trotzdem geschieht es, daß der Vorgang des Ausschlüpfens die ganze Austrittszone erfaßt, wenn auch in aufeinander folgenden Schwärmen. Es ist ein eindrucksvolles Schauspiel, dem plötzlichen Auszug von hundert jungen Mantis beizuwohnen. Kaum zeigt eines der Tierchen seine schwarzen Augen unter einer der Lamellen, so erscheinen auch die anderen schon in großer Zahl. Man würde meinen, daß sich eine Art Erschütterung von einem zum anderen fortpflanzt, daß ein Wecksignal übertragen wird, so rasch verbreitet sich der Vorgang des Ausschlüpfens in der Runde. Fast mit Sekundenschnelle ist der mittlere Streifen des Nestes mit jungen Mantis überdeckt, die sich mit heftigen Gebärden ihrer geplatzten Hüllen entledigen.

Die behenden Tierchen bleiben nur kurze Zeit auf dem Nest. Sie lassen sich zu Boden fallen oder erklimmen die benachbarten Büsche. In weniger als zwanzig Minuten ist alles vorbei. Um die gemeinsame Wiege herum wird es still, bis dann nach einigen Tagen eine neue Legion entlassen wird, und so fort, bis keine Eier mehr da sind.

So oft ich wollte, konnte ich diesen Auszügen beiwohnen, sei es im Freien im Harmas, wo ich an guten Plätzen die während der ruhigen Zeit des Winters gesammelten Nester aufstellte, sei es im Treibhaus, wo ich Einfältiger glaubte, die werdende Familie besser beschützen zu können. Unzählige Male habe ich das Ausschlüpfen beobachtet, und jedesmal wurde ich Augenzeuge einer unvergeßlichen Schlächterei. Keime kann die Mantis aus ihrem vollen Bauche zu Tausenden liefern. Doch um den gefräßigen Tieren, die die Rasse der Mantis, kaum daß sie dem Ei entschlüpft, vertilgen wollen, Herr zu werden, hat sie nie genug.

Die Ameisen geben sich besonders hitzig dem Geschäft dieser Ausrottung hin. Bei meinen reihenweise aufgestellten Nestern überrasche ich sie jeden Tag bei Besuchen, die nichts Gutes bedeuten. Ich mag mich ihrer mit sehr energischen Mitteln zu erwehren versuchen, ihre Zudringlichkeit nimmt nicht ab. Allerdings gelingt es ihnen fast nie, in das Nest selbst einzudringen, die Festung ist zu stark bewehrt – aber leckermäulig, wie sie nach dem jungen, sich bildenden Fleisch in seinem Innern sind, warten sie die günstige Gelegenheit, den Ausflug, ab.

Meiner täglichen Bewachung zum Trotz sind sie immer da, sobald die jungen Gottesanbeterinnen erscheinen. Sie packen sie am Bauch, ziehen sie aus ihren Hüllen und zerteilen sie in Stücke. Das ist ein jämmerliches Handgemenge zwischen zarten Neugeborenen, die als einzige Verteidigung mit den Gliedern herumfuchteln können, und den wilden Piraten, die in ihren Kiefern die Siegesbeute davontragen.

Im Handumdrehen ist die Abschlachtung der Unschuldigen, dieser Kindermord, vollendet. Von der großen Familie bleiben nur wenige Überlebende, zufällig Entwischte.

Der künftige Henker der Insekten, der Schrecken der Heuschrecken im Busch, der furchtbare Verzehrer lebenden Wildes, er wird, kaum geboren, von einem seiner schwächsten Genossen, von einem der Geringsten, der Ameise, gefressen. Die Familie des sehr fruchtbaren Raubtiers wird durch diesen Zwerg dezimiert. Doch dauert die Töterei nur kurze Zeit. Sobald die junge Mantis sich an der Luft ein wenig verfestigt hat und sobald sie sicher auf ihren Beinen steht, wird sie nicht mehr angegriffen. Fröhlich trippelt sie zwischen den Ameisen um-

her, die zur Seite treten, sobald sie erscheint, und sich ihr nicht mehr zu nähern wagen. Die Fangbeine drückt sie bereits gegen die Brust, wie Arme, bereit zum Boxen, und mit dieser Haltung flößt sie bereits Respekt ein.
Ein anderer Liebhaber zarten Fleisches macht sich allerdings aus dieser drohenden Haltung nichts. Das ist die kleine Eidechse an den besonnten Mauern. Von dem Wildschmaus auf irgendeine Weise in Kenntnis gesetzt, pflückt sie mit der Spitze ihrer feinen Zunge die verirrten Tierchen, die den Ameisen entronnen sind. Das sind wohl kleine Bissen, aber ganz feine, wie es scheint, wenn ich dem Augenzwinkern des »Reptils« Glauben schenken kann. Bei jedem noch so kleinen Happen schließen sich die Lider zur Hälfte, wie als ein Zeichen tiefster Befriedigung. Ich jage den Frechling davon, der unter meinen Augen seine Raubzüge ausübt. Aber er kommt wieder, und diesmal bezahlt er seine Kühnheit teuer. Ließe ich ihn gewähren, so bliebe nichts mehr für mich.
Haben wir alle? Noch nicht. Ein anderer Verheerer, der kleinste, aber nicht der ungefährlichste von allen, ist der Ameise und der Eidechse zuvorgekommen. Das ist ein ganz kleiner Hautflügler, ein Chalcidier, der mit einer langen Sonde ausgerüstet ist und der seine Eier ins frische Nest der Mantis legt. Die Brut der Gottesanbeterin erleidet dasselbe Schicksal wie jene der Grille: ein schmarotzendes Ungeziefer vergreift sich an den Keimlingen, höhlt die Eier aus. Von vielen meiner Aufzuchten erhalte ich nichts oder fast nichts. Der Chalcidier war da.
Sammeln wir ein, was die verschiedenen bekannten und unbekannten Henker noch übriggelassen haben. Die neuausgeschlüpfte Larve der Mantis ist hellfarbig, von einem ins Gelbliche laufenden Weiß. Die Kopfhernie, die Kopfgeschwulst nimmt sehr rasch ab und verschwindet. Die Körperfarbe dunkelt nach; innerhalb vierundzwanzig Stunden ist sie bereits hellbraun. Sehr beweglich, wie sie ist, erhebt die kleine Mantis bereits ihre Fangarme, öffnet und schließt sie abwechslungsweise, wendet den Kopf nach rechts und nach links, rollt den

Hinterleib ein. Eine sich bereits in voller Entwicklung befindende Larve könnte nicht munterer sein. Während einiger Minuten bleibt die Familie beieinander, in einem Knäuel, auf dem Nest, aber dann zerstreut sie sich in alle Winde, auf der Erde, im Gebüsch.

Ich bringe ein paar Dutzend der Auswanderer unter die Glokke. Womit wohl muß ich diese künftigen Jägerinnen ernähren? Mit Wild, das ist klar. Aber mit welchem? Diesen winzigen Wesen kann ich nur Atome vorsetzen. Ich serviere ihnen einen voll mit grünen Blattläusen besetzten Rosenzweig. Das dicke, zarte Läuschen, so recht der Schwäche der Tischgenossen angepaßt, wird verschmäht. Keines wird auch nur angerührt.

Ich versuche es mit Mücken, mit allen, die ich erwischen kann. Hartnäckig abgewiesen, auch sie.

Ich setze ihnen Teile von Fliegen vor, die ich da und dort an die Drahtglocke hänge. Niemand will von meinem Wildbret. Vielleicht Heuschrecken, jene Heuschrecken, die die Leidenschaft der ausgewachsenen Mantis sind? Langwierige Nachforschungen bringen mich in den Besitz des nächsten Bissens, den ich meinen Kostgängern vorsetzen will. Das Menu besteht nämlich diesmal aus einigen frisch ausgeschlüpften Spinnen. So jung sie sind, haben sie doch bereits die Größe meiner Säuglinge. Werden die jungen Mantis sie wollen? Sie wollen nicht: sie fliehen erschreckt vor diesem so winzigen Beutetier.

Was wollt ihr denn? Welch anderem Wild könntet ihr denn noch begegnen in dem Gestrüpp, wo ihr geboren werdet? Ich habe keine Ahnung. Bedürft ihr etwa einer besonderen Säuglingsdiät, vegetarisch vielleicht? Versuchen wir es mit dem Unwahrscheinlichen. Die zartesten Herzblätter des Kopfsalates werden zurückgewiesen. Zurückgewiesen werden auch die verschiedenen Kräutchen, die ich ihnen abwechslungsweise vorsetze, zurückgewiesen werden auch die Tröpfchen von Honig, die auf den Nadeln des Lavendels für sie bereitstehen. Alle meine Versuche scheitern, und meine Gefangenen gehen an Nahrungsmangel zugrunde.

Dieser Mißerfolg ist wertvoll. Er scheint auf eine vorübergehende Nahrungsweise hinzuweisen, die ich nicht aufklären konnte. Ich hatte früher einmal sehr große Sorgen mit den Larven der Ölkäfer, bevor ich herausbrachte, daß ihre erste Nahrung das Ei der Biene war, dessen Vorrat an Honig sie nachher aufzehrten. Vielleicht bedarf es auch für die jungen Mantis eines besonderen, ihrer Schwäche angepaßten Bissens. Ich kann mir das zerbrechliche Tierchen, trotz seiner entschlossenen Haltung, nicht als Wildfänger vorstellen. Wer immer auch der Angefallene sein mag, wird er sich wehren, wird er zappeln, sich verteidigen, und der Angreifer wäre nicht einmal fähig, dem Schlag eines Mückenflügels standzuhalten. Wovon also ernährt sich die junge Mantis? Es würde mich nicht wundern, wenn sich in der Frage der Ernährung im frühen Lebensalter noch sehr interessante Tatsachen zeigen sollten.
Diese alles verschmähenden und so schwer zu ernährenden Larven der Mantis sterben aber noch auf kläglichere Weise als nur durch den Hunger. Kaum geboren, werden sie die Beute der Ameise, der Eidechse und anderer Räuber, die geduldig das Ausschlüpfen des exquisiten Leckerbissens abwarten. Selbst das Ei wird nicht verschont. Ein winziges Insekt impft ihm mit seiner Sonde, durch die Mauer der festen Schaummasse hindurch, seine Eier ein und macht daraus den Sitz der eigenen Familie, die jene der Mantis bereits im Keime vernichtet. Wie viele sind berufen und wie klein ist die Zahl der Erwählten! Sie waren ihrer tausend vielleicht, von einer Mutter herstammend, die dreier Bruten fähig ist. Ein einziges Paar entrinnt der Vernichtung, ein einziges setzt die Rasse fort, da sich die Zahl von Jahr zu Jahr stets auf der gleichen Höhe erhält.
Hier nun stellt sich eine schwerwiegende Frage. Hat die Mantis ihre gegenwärtige Fruchtbarkeit stufenweise erlangt? Hat sie, in dem Maße wie die Ameise und andere ihre Nachkommenschaft dezimierten, ihre Eierstöcke mit immer mehr Keimen aufgebläht, um das Übermaß an Zerstörung durch ein Übermaß an Fruchtbarkeit auszugleichen? Die große gegen-

wärtige Eiablage, ist sie die Folge früherer Vernichtungen? Das denken tatsächlich einige Forscher, die, ohne schlüssige Beweise, geneigt sind, im Tiere noch tiefergreifende, durch die Umstände hervorgerufene Veränderungen wahrzunehmen.

Vor meinem Fenster steht, auf der Böschung des Teiches, ein prächtiger Kirschbaum. Er kam durch einen Zufall hierher, ein kräftiger Wildling, den meine Vorgänger gleichgültig gewähren ließen, der von uns aber heute mit Ehrerbietung behandelt wird, mehr seines schattenspendenden Gezweiges als seiner Früchte wegen, die von sehr mittelmäßiger Güte sind. Im April bildet er eine herrliche Kuppel von weißer Atlasseide; unter der Krone schneit es, die weißen Blütenblätter bilden einen Teppich. Bald färben sich die unendlich vielen Kirschen. Oh, mein schöner Baum, wie bist du freigebig, wie viele Körbe wirst du mit deinen Früchten füllen!

Und wirklich, welch ein Fest dort oben! Die Spatzen, die als erste von den reifen Kirschen erfahren haben, kommen in Schwärmen angeflogen und zwitschern und schnabulieren vom Morgen bis zum Abend. Die Freunde aus der Nachbarschaft, die Grünlinge und die Grasmücken, wurden benachrichtigt, stellen sich ebenfalls ein und schmausen während Wochen. Die Schmetterlinge fliegen von einer angepickten Kirsche zur andern und erlaben sich an dem köstlichen Saft. Käfer, Goldkäfer, beißen sich auf den Früchten fest und schlafen zufrieden ein. Die Wespen, die Hornissen stechen die gezuckerten Euter an, an denen sich nachher die Mücken berauschen. Eine rundliche Made, die sich im Fruchtfleisch selbst festgesetzt hat, verwandelt die saftige Wohnung in ihren eigenen Bauch und wird dick und fett. Wenn sie sich von der Tafel hinweg begibt, ist es, um sich in eine anmutige Mücke zu verwandeln.

Auf dem Boden nehmen andere Tischgenossen an der Mahlzeit teil. Eine Legion von Fußgängern erlabt sich an den gefallenen Früchten. Nachts kommen die Maulwürfe und sammeln die Steine ein, die die Asseln, die Ohrwürmer, die Ameisen und die

Schnecken von ihrem Fleisch kahlgefressen haben; sie speichern sie in ihren Bauten auf. In der Muße der Winterszeit knacken sie dann den Kirschstein auf und verzehren den Kern. Zahlloses Volk lebt vom freigebigen Kirschbaum.
Wessen bedürfte es, den Baum eines Tages zu ersetzen und die Art in einem harmonischen und gedeihlichen Gleichgewicht zu erhalten? Ein einziger Same genügte, aber Jahr für Jahr spendet er deren scheffelweise. Warum das, bitte?
Sagen wir etwa, der Kirschbaum, der zuerst sehr wenig Früchte trägt, werde immer verschwenderischer, um auf diese Weise der großen Zahl seiner Ausbeuter Herr zu werden? Würden wir von ihm wie von der Mantis sagen, die große Vernichtung rufe der großen Fruchtbarkeit?
Wer möchte sich zu solchen abenteuerlichen Behauptungen versteigen? Springt es vielmehr nicht in die Augen, daß auch der Kirschbaum eine jener Fabriken ist, in denen die Elementarstoffe in organische Stoffe, eines jener Laboratorien, in denen Totes in Lebendiges umgewandelt wird? Gewiß läßt er Kirschen reifen, um sich zu vermehren, aber dazu braucht es nur eine kleine, sehr kleine Zahl. Wenn alle Samen keimen und sich voll entwickeln würden, wäre auf der Erde schon längst kein Platz mehr – nur für den Kirschbaum allein. Der gewaltigen Zahl seiner Früchte fällt eine ganz andere Rolle zu. Sie dienen einer Menge von Lebewesen als Nahrung, die, nicht wie die Pflanze, jener Umwandlungschemie, jenes Stoffwandels fähig sind, der aus dem Ungenießbaren das Eßbare macht.
Die Materie bedarf, damit sie der höchsten Lebensäußerung fähig wird, einer langen und sehr sorgsamen Bearbeitung. Das beginnt schon in der Werkstatt des unendlich Kleinen, bei den Mikroben – von denen eine beispielsweise mit Kräften ausgerüstet, die größer sind als die Gewalt eines Blitzstrahls – den Sauerstoff mit dem Stickstoff verbindet und auf diese Weise die Nitrate möglich macht, das Hauptnahrungsmittel der Pflanzenwelt. Das beginnt an den Grenzen des Nichts, vervollkommnet sich in der Pflanze, verfeinert sich im Tier und steigt

so, von Fortschritt zu Fortschritt, auf bis zur Gehirnsubstanz. Wie viele unbekannte Arbeiter und Hilfsarbeiter haben doch, vielleicht Jahrhunderte hindurch, an der Gewinnung der Mineralien und dann an der Verfeinerung jenes Breis mitgewirkt, der nachher zum Gehirn wird, dem wunderbarsten Werkzeug der Seele, und wäre es auch nur fähig, uns sagen zu lassen: »Zwei und zwei sind vier!«

Im Zenit ihres Aufstiegs entläßt die Rakete ihre vielfarbenen Sterne. Und dann versinkt alles wieder im Dunkel. Aus diesem Rauch, diesen Gasen, diesen Oxyden könnten sich im Laufe einer sehr langen Zeit, auf dem Umweg über die Vegetation, neue Explosionsstoffe bilden. So verfährt die Materie in ihren Verwandlungen. Von einer Etappe zur anderen, von einer Verfeinerung zu einer noch größeren Verfeinerung gelingt es ihr, Höhen zu erreichen, in denen die Herrlichkeit des Gedankens blitzt. Dann, erschöpft durch die ungeheure Anstrengung, kehrt sie wieder zu jenem namenlosen Ding zurück, von dem sie ihren Anfang genommen hat, zu jenen molekularen Trümmern, die den Ursprung allen Lebens darstellen.

An der Spitze dieser Verbinder organischer Materie steht die Pflanze, die Vorgängerin des Tieres. Unmittelbar oder mittelbar ist sie, heute wie in geologischen Zeitaltern, der erste Lieferant von Wesen, die mehr Leben besitzen als sie. Im Laboratorium ihrer Zellen wird die allgemeine Speise vorbereitet oder wenigstens zerkleinert. Dann folgt das Tier, das das so Vorbereitete überarbeitet, verbessert und an andere, höher organisierte Tiere weitergibt. Aus dem zermalmten Gras wird das Fleisch des Schafs, und aus diesem wiederum entsteht das Fleisch des Menschen oder jenes des Wolfes, je nachdem, wer es war, der es verzehrte.

Unter denen, die die nährenden Atome zurechtmachen (ohne jedoch organische Materie vom Mineral her zu schaffen, wie es die Pflanzen tun), sind die fruchtbarsten die Fische, die ersten Tiere, die ein Knochengerüst aufweisen. Befragt den Kabeljau, was er mit seinen Millionen von Eiern anfange. Seine Antwort

wird dieselbe sein wie jene der Buche, mit ihren Myriaden von Bucheckern, der Eiche, mit ihren Myriaden von Eicheln.
Er ist so unermeßlich fruchtbar, um unendlich viele Hungrige zu ernähren. Er setzt das Werk seiner Vorgänger in der Urzeit fort, als die Natur, noch arm an organischem Stoff und bestrebt, ihre Vorräte an lebensfähigem Stoff, ihren Vorrat an Leben zu steigern, ihren ersten Arbeitern eine außerordentliche Fruchtbarkeit verlieh.
Wie die Fische, so stammen auch die Gottesanbeterinnen aus diesen frühen Zeitaltern. Ihre eigenartige Gestalt, ihre grausamen Lebensgewohnheiten haben uns das gelehrt. Der Reichtum ihrer Eierstöcke bestätigt es uns. In ihren Lenden hat sich noch etwas von der wilden Zeugungskraft jener Urzeiten erhalten, da sie im feuchten Schatten der Riesenfarne lebten. In einem bescheidenen, aber unbestreitbaren Maße leistet sie auch heute noch ihren Beitrag an der erhabenen Alchimie des Lebens, der belebten Dinge.
Verfolgen wir ihre Arbeit weiter. Die Wiese grünt, von der Erde genährt. Die Heuschrecke weidet auf ihr. Die Mantis ernährt sich von der Heuschrecke, schwillt von Eiern an und legt sie ab, in drei Haufen, tausend an der Zahl. Schlüpfen die Mantis aus, taucht die Ameise auf und fordert ihren ungeheuren Tribut von der Brut. Es scheint, als stiegen wir wieder hinab auf der Leiter der Entwicklung, in der Hierarchie des Tierischen. Was die Größe der Gestalt anbelangt, gewiß, aber was den verfeinerten Instinkt betrifft, sicherlich nicht. Wie ist doch, von diesem Standpunkt aus betrachtet, die Ameise der Mantis überlegen!
Übrigens ist der Kreis der Möglichkeiten noch nicht geschlossen.
Mit den jungen Ameisen, die noch in ihrem Gespinst eingeschlossen sind – gewöhnlich Ameiseneier genannt –, wird die junge Brut der Fasanen aufgezogen, Geflügel wie die Kaupaune und die Masthühner, aber teurer im Unterhalt. Groß und stark geworden, werden diese Vögel in den Wäldern aus-

gesetzt, und Leute, die sich zivilisiert nennen, finden ein außerordentliches Vergnügen daran, arme Tiere abzuschießen, die in den Fasanerien, sagen wir ganz einfach im Hühnerhof, ihren Fluchtinstinkt verloren haben. Dem Bratpoulet schneidet man einfach den Hals durch, die Fasanen, einfach eine andere Hühnerart, knallt man mit dem Aufwand einer großen Jagdveranstaltung ab. Diese sinnlose Massenabschlachtung werde ich nie begreifen.

Tartarin de Tarascon schoß auf seine Mütze, wenn er kein Wild zu Gesicht bekam. Das finde ich besser. Und noch besser finde ich die Jagd, die richtige Jagd auf einen anderen leidenschaftlichen Liebhaber von Ameisen, den Wendehals, den »Tiro-lengo« des Provenzalen, so benannt wegen der Kunstfertigkeit, mit der er seine lange und klebrige Zunge einem Zug Ameisen über den Weg legt, um sie dann, wenn sie schwarz von daran haftenden Insekten ist, rasch zurückzuziehen. Mit solchen Lekkerbissen ernährt, wird er dann auf den Herbst hin unverschämt fett; der Bürzel, die Unterseite der Flügel, die Flanken sind wie mit Butter belegt, ein Wulst zieht sich dem Hals entlang, der ganze Kopf bis zum Schnabel ist mit Fett gepolstert.

Das gibt dann einen wunderbaren Braten, klein, zugegeben, nicht größer als eine Lerche; aber, so klein er auch sein mag, ein unvergleichlicher Schmaus. Was ist da so ein Fasan dagegen, der, damit er überhaupt genossen werden kann, im Zustand beginnender Fäulnis zubereitet werden muß?

Es sei mir wenigstens einmal erlaubt, dem Verdienst der Unscheinbarsten Gerechtigkeit widerfahren zu lassen. Wenn es mir am Abend, nach dem Essen, in der Stille, der Körper für den Augenblick von allen Miseren befreit, gelingt, da und dort ein paar gute Einfälle zu pflücken, so ist es sehr gut möglich, daß die Mantis, die Heuschrecke, die Ameise und noch Unscheinbarere zu diesen Lichtblitzen des Geistes ihren Teil beigetragen haben, Lichtblitze, von denen man nicht weiß, warum, und nicht weiß, wie sie zustande gekommen sind. Auf unerforschlichen, unentwirrbaren Umwegen hat jedes auf seine

Weise sein Tröpfchen Öl zum Flämmchen des Geistes beigesteuert. Ihre Energien, langsam sich abzeichnend, von Vorgängern aufgespeichert und weitergegeben, ergießen sich schließlich in unsere Adern und kräftigen uns. Wir leben aus ihrem Sterben. Ihr Tod hat uns Leben gegeben.
Schließen wir ab. Die Mantis, unglaublich, übermäßig fruchtbar, bringt ebenfalls organischen Stoff hervor, dessen Erben die Ameisen, der Wendehals, vielleicht auch der Mensch sein werden. Sie erzeugt tausend: einige, um sich zu vermehren, die Mehrzahl aber, um nach ihren Mitteln und Kräften zum Tisch des Lebens ihren Teil beizutragen. Sie führt uns auf das alte Sinnbild zurück, die Schlange, die sich in den eigenen Schwanz beißt. Die Welt ist ein in sich selbst zurücklaufender Ring: alles endet, damit alles beginnen kann; alles stirbt, damit alles lebt.

Die junge Mantis ist beim Verlassen der Eihülle noch keine freie Larve, sondern eine Übergangsform. Das gilt für manche Insekten, und man hat solche Schlüpfstadien auch etwa als »Prolarve« bezeichnet. Die von Fabre vorgeschlagene Benennung »Primärlarve« wird heute in einem anderen Zusammenhang gebraucht – wir meinen damit eine Jugendform, die in ihrer Gestaltung sehr ursprüngliche Merkmale, Ahnenmerkmale ihrer Gruppe, aufweist. Prolarven dagegen sind Sonderbildungen, die das Ausschlüpfen erleichtern. So ist die Haut dieses allerersten Stadiums der Mantiskinder mit feinen, rückwärts gerichteten Häkchen besetzt, die bei Bewegungen des Hinterleibs nur ein Gleiten nach vorn, nicht »gegen den Strich«, gestatten, so daß jede stärkere Muskelregung den Keim aus der gesprengten Eihülle herausführt.
Die Bemerkung Fabres, er habe früher mit den Larven der Ölkäfer seine Sorgen gehabt, bezieht sich auf wichtige Forschungen an diesen Meloiden, bei denen er eine ungewöhnlich komplizierte Larvenentwicklung festgestellt hat: mehreren Larvenstadien folgt eine unbewegliche Larve, die Scheinpuppe, auf die nochmals eine freie Larvenphase eingeschaltet wird. Erst sie führt zur echten Käferpuppe, die sich dann in die Reifeform wandelt. Fabres Untersuchungen über diese »Hypermetamorphose« sind eine der wenigen unter seinen Arbeiten, die früh schon von den Fachgelehrten beachtet wurden, weil sie in einer wissenschaftlichen Zeitschrift veröffentlicht worden waren.

XV
DAS NACHTPFAUENAUGE

Das war ein denkwürdiger Abend. Ich werde ihn den Abend des Nachtpfauenauges nennen. Wer kennt ihn nicht, diesen prächtigen Schmetterling, den größten Europas, gekleidet in ein Wams von kastanienbraunem Samt mit einem Halskragen von weißem Pelz? Die vier Flügel, grau und braun gesprenkelt, von weißen, zickzackförmigen Querstreifen durchlaufen und grau gerändert, tragen in der Mitte einen runden Fleck, ein großes Auge mit schwarzem Augapfel und mehrfarbiger Iris, in der sich schwarze, weiße, braune und amarantrote Ringe aneinanderreihen.

Nicht minder bemerkenswert ist die gelbliche Raupe. Auf der Spitze der wenigen Warzen, die von einem Zaun schwarzer Wimperhaare gekrönt sind, ist eine Perle von türkisblauer Farbe eingefügt. Ihre kräftige braune Puppe, merkwürdig ihres Ausgangstrichters wegen in der Form einer Fischreuse, findet man gewöhnlich am Fuße alter Mandelbäume, an deren Rinde geklebt. Die Blätter dieser Bäume bilden ihre Nahrung.

Nun schlüpft also am 6. Mai, des Morgens, in meiner Gegenwart, auf dem Tisch meines Laboratoriums, ein Weibchen aus seiner Puppenhülle. Ich sperre den noch feuchten Schmetterling sofort unter eine Drahtglocke. Ich hatte dabei keinen bestimmten Plan, es entsprach diese Gefangenhaltung einfach einer Gewohnheit des Forschers, der immer beobachten will, was geschieht.

Ich hatte gut daran getan. Gegen neun Uhr abends, während das Haus sich schon zum Schlafen bereit machte, vernahm ich aus dem an mein Zimmer anstoßenden Gemach ein großes Gepolter. Halb angekleidet läuft, springt und trampelt, Stühle umwerfend, mein kleiner Paul wie närrisch umher. Ich höre,

13 Das Große Nachtpfauenauge (*Saturnia pyri*)

wie er nach mir ruft. »Komm rasch«, schreit er, »sieh die Schmetterlinge, so groß wie Vögel, das ganze Zimmer ist voll davon!«

Ich eile hinüber. Tatsächlich, die Begeisterung und die Übertreibungen des Knaben sind zu begreifen. Etwas in unserem Hause Beispielloses, eine Invasion von riesigen Schmetterlingen, hat stattgefunden. Vier sind bereits gefangen und in einem Vogelkäfig untergebracht. Viele andere fliegen unter der Zimmerdecke umher.

Bei diesem Anblick fällt mir das am Morgen eingesperrte Weibchen ein. »Zieh dich an, Kleiner«, sage ich zu meinem Sohn, »laß den Käfig und komm mit mir. Wir werden etwas Seltsames sehen.«

Wir steigen die Treppe hinab, um uns in mein Arbeitszimmer im rechten Flügel des Hauses zu begeben. In der Küche begegne ich der Magd, die ebenfalls ganz aus dem Häuschen ist. Mit ihrer Schürze macht sie auf große Schmetterlinge Jagd, die sie zuerst für Fledermäuse gehalten hat.

Es hat den Anschein, als habe das Nachtpfauenauge so ziemlich überall von meiner Behausung Besitz ergriffen. Wie erst wird es oben bei meiner Gefangenen, der Ursache dieses Zustroms, aussehen? Glücklicherweise war eines der beiden Fenster meines Arbeitsraumes offen geblieben. Der Weg zu ihr ist also frei.

Eine brennende Kerze in der Hand, betreten wir den Raum. Was wir da zu sehen bekommen, bleibt unvergeßlich. Mit gedämpftem Flick-flack umkreisen die Schmetterlinge in der dunklen Nacht die Drahtglocke, lassen sich auf ihr nieder, erheben sich, steigen zur Decke empor, kommen wieder. Sie stürzen sich auf die Kerzenflamme, löschen sie aus mit einem einzigen Flügelschlag, setzen sich auf unsere Schultern, klammern sich an unsere Kleider, streifen unsere Gesichter. Das ist die Höhle des Geisterbeschwörers, erfüllt vom Wirbel der Fledermäuse, und der kleine Paul drückt mir die Hand stärker, als er sonst zu tun pflegt.

Wie viele sind es? Es mögen ihrer zwanzig sein. Fügen wir diesen die Verirrten in der Küche, im Schlafzimmer der Kinder und in den anderen Räumen des Hauses hinzu, so werden wir auf vierzig kommen. Das war ein denkwürdiger Abend, dieser Abend des Nachtpfauenauges. Von überall her, und ich weiß nicht, wodurch benachrichtigt, sind vierzig Verliebte herbeigeeilt, um dem am Morgen in der Abgeschlossenheit meines Arbeitszimmers geborenen Weibchen ihre Huldigung darzubringen.

Für heute wollen wir den Schwarm der Freier nicht weiter stören. Die Kerzenflamme gefährdet die Besucher, die sich unbesonnen auf sie werfen und sich daran versengen. Morgen wollen wir das Studium nach einem vorbedachten Plan wieder aufnehmen.

Vor allem schaffen wir einmal Ordnung; sprechen wir zuerst von dem, was sich während der acht Tage meiner Beobachtungen wiederholt hat. Jedesmal kommen die Schmetterlinge einzeln, bei Nacht, zwischen acht und zehn Uhr. Das Wetter ist stürmisch, der Himmel bedeckt und die Finsternis im Freien so undurchdringlich, daß man im Garten, und nicht etwa nur unter den Bäumen, kaum die Hand vor den Augen sehen kann.

Zu dieser Dunkelheit kommt für die herbeifliegenden Schmetterlinge noch die Schwierigkeit, den Zugang zu finden. Das Haus liegt versteckt unter großen Platanen, es ist von einer breiten Allee von Flieder- und Rosensträuchern umgeben; gegen den Mistral ist es durch eine Gruppe von Fichten und Wände von Zypressen abgeschirmt. Wenige Schritte vor der Türe bilden Büsche und Sträucher nochmals einen Schutzwall. Durch dieses Gewirr von Zweigen muß das Nachtpfauenauge in tiefster Dunkelheit hin und her kreuzen, um ans Ziel seiner Pilgerfahrt zu gelangen.

Unter solchen Bedingungen würde es nicht einmal die Schleiereule wagen, ihre Höhle im Olivenbaum zu verlassen. Der Schmetterling, der mit seinem aus Facetten zusammengesetzten Sehapparat besser ausgerüstet ist als der Nachtvogel

mit seinen großen Augen, fliegt ohne zu zögern auf sein Ziel los, kommt durch und stößt nirgendswo an. So gut findet er sich auf dem vielfach gewundenen Anflugweg zurecht, daß er vollkommen frisch ankommt, die großen Flügel unverletzt, ohne die kleinste Ritze. Das tiefe Dunkel enthält für ihn noch genügend Licht.
Aber selbst wenn man annimmt, er könne noch gewisse unbekannte Lichtstrahlen wahrnehmen, die für unsere Netzhaut unsichtbar sind, so kann es doch nicht eine solche außergewöhnliche Sehkraft sein, die den Schmetterling unterrichtet und herleitet. Sowohl die Entfernung als auch die Abschirmungen stehen einer solchen Annahme unbedingt entgegen. Die durch das Licht vermittelten Angaben sind so deutlich – von täuschenden Brechungen abgesehen, die hier nicht in Betracht kommen –, daß man im allgemeinen gerade auf den gesehenen sichtbaren Gegenstand zugeht. Nun aber täuscht sich das Nachtpfauenauge manchmal, nicht in der einzuschlagenden Richtung, aber in bezug auf die bestimmte Stelle, an der die Ereignisse, die es anziehen, sich abspielen. Ich habe schon erzählt, wie das Kinderzimmer, das auf einer anderen Seite als mein Laboratorium liegt, ganz von Schmetterlingen angefüllt war, bevor wir es mit einem Licht betraten; dabei war ja das Laboratorium das eigentliche Ziel der Besucher. Diese Schmetterlinge also waren in die Irre gegangen, genau so wie die Unschlüssigen in der Küche. Allerdings wäre es im letzteren Falle möglich, daß das Licht einer Lampe – unwiderstehliche Verlockung für alle Nachtfalter – die Schuld an der Ablenkung der Herbeigeeilten trägt.
Berücksichtigen wir also nur die finsteren Orte. Auch dort sind die Verirrten nicht selten. Ich finde diese sozusagen überall in der Nähe des Ortes, den es zu erreichen galt. Als sich die Gefangene in meinem Arbeitszimmer befand, kamen nicht alle Schmetterlinge durch das offene Fenster, der geradeste und sicherste Weg, um zu ihr zu gelangen, drei oder vier Schritte von diesem Fenster entfernt, wo sie sich unter der Glasglocke auf-

hielt. Viele drangen von unten her in das Haus, flogen im Flur umher, kamen die Treppe empor, verfingen sich dann allerdings in einer Sackgasse, weil oben eine Türe den Eingang versperrte.

Diese Tatsachen besagen also, daß die zum Hochzeitsfest Geladenen nicht geradewegs auf ihr Ziel losgehen, wie sie es tun würden, wenn Lichtstrahlen, gleichviel, ob uns bekannt oder unbekannt, sie leiteten. Etwas anderes benachrichtigt sie offenbar in der Ferne und führt sie in die Nähe des bestimmten Ortes. Dann aber bleiben sie sich selbst, ihren eigenen Nachforschungen und Unentschlossenheiten überlassen, bevor sie das, was sie suchen, endlich entdecken. Ungefähr auf diese Weise werden auch wir durch unseren Gehör- und Geruchsinn geleitet, nämlich ungenau, wenn es sich darum handelt, den Ursprungsort eines Tones oder eines Geruchs festzustellen.

Welches sind die Informationsorgane, die den großen Schmetterling zur Zeit der Brunst durch die Nacht leiten? Man möchte vermuten, es seien die breit gefiederten Fühler der Männchen, mit denen sie den Raum abzutasten scheinen. Sind diese prächtigen Federbüsche bloßes Schmuckwerk, oder kommt ihnen gleichzeitig eine Rolle in der Wahrnehmung von Ausstrahlungen zu, die den Verliebten leiten? Ein überzeugender Versuch scheint leicht zu sein. Unternehmen wir ihn.

Am Morgen nach der Invasion finde ich in meinem Arbeitszimmer noch acht von den Besuchern des gestrigen Abends. Sie sitzen bewegungslos an den Querstäben des zweiten Fensters, das geschlossen geblieben war. Die anderen sind, nachdem sie gegen zehn Uhr des Abends herum ihr Ballett beendet hatten, auf demselben Weg, auf dem sie gekommen waren, wieder davongeflogen, das heißt durch das andere Fenster, das Tag und Nacht geöffnet bleibt. Diese acht Beharrlichen, diese hier Gebliebenen, das ist gerade das, was ich für meinen Versuch benötige.

Mit einer ganz feinen Schere schneide ich ihnen, ohne sie sonst weiter zu berühren, die Fühler dicht an der Ansatzstelle ab. Die

also Amputierten lassen sich durch die Operation nicht anfechten. Keiner bewegt sich, kaum, daß ihre Flügel ein wenig schlagen; es scheint ihnen durch meine Verletzung kein ernstlicher Schaden zugefügt worden zu sein. Da die also ihrer Fühler Beraubten keinen Schmerz verspüren, lassen sie sich gut für meine Absichten verwenden. Still und unbeweglich verbringen sie ihren Tag an den Stäben des Fensterkreuzes.
Es bleiben noch einige andere Anordnungen zu treffen. Vor allem muß der Raum gewechselt werden; die Amputierten dürfen natürlich, wenn sie ihren nächtlichen Flug beginnen, das Weibchen nicht sehen, soll der Erfolg ihres Suchens gewürdigt werden. Ich ziehe deshalb mit der Drahtglocke und der Gefangenen aus; ich stelle sie auf der anderen Seite des Hauses auf den Boden, etwa fünfzig Meter von meinem Arbeitszimmer entfernt.
Nach Einbruch der Nacht sehe ich mich noch einmal nach meinen acht Operierten um. Sechs sind durch das offene Fenster davongeflogen; zwei sind zurückgeblieben, aber sie liegen auf dem Boden und haben nicht mehr die Kraft, sich umzudrehen, wenn ich sie auf den Rücken lege. Das sind Erschöpfte, Sterbende. Doch trägt daran mein chirurgischer Eingriff keine Schuld. Auch ohne meine Schere wird sich, wie wir später sehen werden, dieser rasche Kräftezerfall unweigerlich immer einstellen.
Sechs Schmetterlinge, muntere noch, sind davongeflogen. Werden sie den Köder von neuem anfliegen, der sie gestern lockte? Werden sie, ihrer Fühler beraubt, die Drahtglocke zu finden wissen, die ich nun, ziemlich weit von der ursprünglichen Stelle entfernt, aufgestellt habe?
Die Glocke steht im Dunkeln, fast im Freien. Von Zeit zu Zeit begebe ich mich zu ihr, mit einer Laterne und einem Schmetterlingsnetz. Die Besucher werden gefangen, kontrolliert, in einen Katalog eingetragen und sofort in ein benachbartes Zimmer entlassen, dessen Türe ich schließe. Diese schrittweise Aussonderung erlaubt mir eine genaue Zählung, so daß ich

nicht befürchten muß, den gleichen Schmetterling zweimal gezählt zu haben. Außerdem gefährdet das provisorische, große und unmöblierte Gefängnis die Eingeschlossenen in keiner Weise; sie haben es dort ruhig und allen nötigen Raum. Auch im weiteren Verlauf der Untersuchung werde ich dieselbe Vorsichtsmaßregel treffen.
Nach halb elf Uhr kommt keiner mehr. Die Sitzung ist geschlossen. Im ganzen wurden fünfundzwanzig Männchen gefangen, von denen ein einziges seiner Fühler beraubt ist. Von den sechs gestern Operierten, die noch kräftig genug waren, mein Arbeitszimmer zu verlassen und ins Freie zu fliegen, ist ein einziger zu meiner Drahtglocke zurückgekehrt. Ein dürftiges Ergebnis, dem ich kein Vertrauen schenke hinsichtlich der Frage, ob den Fühlern die Rolle eines Leitorgans zufällt oder nicht. Wir müssen den Versuch auf breiterer Grundlage wiederholen.
Am andern Morgen besuche ich meine Gefangenen im Zimmer. Was ich sehe, ist nicht ermutigend. Viele liegen auf dem Boden, beinahe schon starr. Aber wenn ich sie aufhebe, geben manche von ihnen noch ein Lebenszeichen von sich. Was ist von diesen Lahmen noch zu erwarten? Vielleicht kommen sie, wenn die Liebesstunde schlägt, wieder zu Kräften.
Die vierundzwanzig Neuen erleiden die Operation, nämlich die Amputation ihrer Fühler. Der alte Entthronte wird ausgeschieden, so nahe am Sterben, wie er schon ist. Schließlich lasse ich die Türe des Raumes für den Rest des Tages geöffnet. Es soll hinausfliegen, wer will, es soll sich zum abendlichen Feste begeben, wer kann. Um die Ausfliegenden von neuem der Suchprüfung zu unterziehen, wird der Standort der Drahtglocke abermals verändert. Ich stelle sie in einen Wohnraum, zu ebener Erde, im gegenüberliegenden Flügel. Natürlich bleibt der Zugang zu ihr offen.
Von den vierundzwanzig Amputierten sind es nur sechzehn, die ins Freie hinausfliegen. Acht waren dessen nicht mehr fähig. Innert kurzer Zeit werden sie dort, wo sie sind, sterben.

Von den sechzehn, die ausgeflogen sind, wie viele werden es sein, die abends wieder zur Drahtglocke zurückkehren? Nicht ein einziger! Die Ausbeute dieser Nachtwache verringert sich auf sieben, alles neue, alle mit Fühlern. Dieses Ergebnis scheint darauf hinzuweisen, daß die Amputation der Fühler doch nicht harmlos ist. Ziehen wir aber noch keine Schlüsse, solange ein ernster Zweifel besteht.
»Schön sehe ich aus! Werde ich mich so vor den anderen Hunden noch zeigen können?« sagte Mouflard, die junge Dogge, der die Leute mitleidslos die Ohren gestutzt hatten. Sollten meine Schmetterlinge die gleichen Besorgnisse haben wie Meister Mouflard? Wagen sie es, ihres schönen Federbusches beraubt, nicht mehr, inmitten ihrer Rivalen zu erscheinen und der Gefangenen den Hof zu machen? Sind sie verwirrt, fehlt ihnen ein Führungsorgan? Oder ist es nicht eher die Erschöpfung, hervorgerufen durch ein Warten, dessen Länge die Dauer einer eintägigen Brunstzeit übersteigt? Der Versuch wird die Antwort geben.
Am vierten Abend erbeute ich vierzehn Schmetterlinge, alles neu zugeflogene, und ich sperre sie alle in ein Zimmer, in dem sie die Nacht zubringen. Am folgenden Morgen mache ich mir ihre Unbeweglichkeit während des Tages zunutze und schneide ihnen auf der Mitte ihres Brustschildes etwas von der Behaarung weg. Diese unbedeutende Tonsur belästigt das Insekt in keiner Weise, ganz leicht löst sich das seidene Pelzchen. Sie beraubt das Tierchen auch keines Organs, das ihm später, bei der Aufsuchung der Drahtglocke, notwendig sein könnte. Für die Geschorenen ist es nichts, für mich wird es der Beweis sein, ob die Zugeflogenen ihren Besuch wiederholen.
Dieses Mal gibt es keine Kraftlosen, keine des Ausschwärmens Unfähigen unter ihnen. Sobald die Nacht gekommen ist, machen sich die vierzehn Geschorenen auf den Weg. Natürlich habe ich auch diesmal den Standort der Glocke verändert. In zwei Stunden fange ich zwanzig Schmetterlinge, unter denen sich zwei Geschorene befinden, nicht mehr. Von den Ampu-

tierten des vorangegangenen Tages erscheint kein einziger wieder; ihre Brunstzeit ist endgültig vorüber.
Von den vierzehn durch Wegschneiden einiger Pelzhaare Gezeichneten kommen nur zwei wieder. Warum bleiben die zwölf anderen aus, obgleich sie doch ihr angebliches Führungsorgan besitzen, die befiederten Fühler? Auf all dies weiß ich nur eine Antwort zu geben: das Nachtpfauenauge wird durch das leidenschaftliche Begehren der Paarungszeit sehr rasch aufgerieben.
Für die Hochzeit, das alleinige Ziel seines Daseins, ist der Schmetterling mit einer wunderbaren und einzigartigen Gabe ausgestattet. Auf weite Entfernung, durch alle Finsternisse hindurch und über alle Hindernisse hinweg weiß er das ersehnte Weibchen zu entdecken. Aber nur wenige Stunden stehen ihm für sein Suchen und für sein Fest zur Verfügung. Vermag er diese Zeit nicht zu nützen, so ist alles zu Ende: der so genaue Kompaß gerät in Unordnung, das helle Leuchtfeuer erlischt. Was hat das Leben nun noch für einen Zweck? Stoisch, ergeben, zieht er sich in den Winkel zurück und schläft seinen letzten Schlaf, am Ende seiner Illusionen wie auch seiner Mühsale.
Das Nachtpfauenauge ist nur Schmetterling, um sich fortzupflanzen; Nahrungsaufnahme ist ihm unbekannt. Während so viele seiner fröhlichen Genossen von Blume zu Blume flattern, die Spirale ihres Saugrüssels entrollen und in die süßen Blütenkronen tauchen, kann er, ein unvergleichlicher Hungerkünstler, der ganz von der Fron seines Magens befreit ist, sich mit nichts stärken und erlaben. Seine Mundwerkzeuge sind nämlich kaum angedeutet, bloße Trugbilder, Attrappen, keine wirklichen, zum Gebrauch bestimmten Organe.
Kein Schluck Nektar gelangt in seinen Magen: das wäre ein wunderbarer Vorzug, bedingte er nicht eine kurze Lebensdauer. Soll sie nicht verlöschen, bedarf die Lampe ihres Tropfens Öl. Das Nachtpfauenauge verzichtet darauf, aber gleichzeitig muß es damit auf ein langes Leben verzichten. Zwei oder

drei Abende, genau das, was gerade zur Vereinigung des Paares notwendig ist, und das ist alles. Schon hat das Dasein des großen Schmetterlings sich vollendet.
Was bedeuten denn also die ihrer Fühler Beraubten, die nicht mehr zurückkommen? Sagen sie aus, der Verlust ihrer Fühler habe sie unfähig gemacht, die Drahtglocke mit der Gefangenen wiederzufinden? Keineswegs. Wie die Tonsurierten, die gar keine Verletzung erlitten, sagen sie einfach aus, daß ihre Zeit abgelaufen war. Ihrer Fühler beraubt oder nicht: altershalber sind sie aus dem Dienst geschieden, und die Tatsache ihrer Abwesenheit hat keinen wissenschaftlichen Wert. Mangels genügender Versuchszeit ist die Rolle ihrer Fühler unabgeklärt geblieben.
Meine Gefangene unter der Glocke hält sich acht Tage lang. Sie lockt jeden Abend, einmal hierhin, einmal dorthin, wie ich es wünsche, einen mehr oder minder großen Schwarm von Besuchern an. Ich fange sie vorweg mit dem Netz und sperre sie in einen geschlossenen Wohnraum, in dem sie die Nacht verbringen. Anderntags werden sie gezeichnet vermittels der Tonsur auf dem Brustschild.
Die Gesamtzahl der an diesen acht Tagen zugeflogenen Schmetterlinge beträgt hundertfünfzig, eine verblüffend große Zahl, wenn ich bedenke, welche Nachforschungen ich in den nächsten zwei Jahren anstellen mußte, um das zur Fortsetzung dieser Studie notwendige Material aufzutreiben. Wenn auch in meiner näheren Umgebung die Kokons des Nachtpfauenauges nicht unauffindbar sind, so sind sie doch selten, denn die alten Mandelbäume, der übliche Aufenthaltsort der Raupen, kommen nicht häufig vor. Während zweier Winter habe ich alle diese altersschwachen Bäume besucht und untersucht, habe ich unter dem Gewirr harter, dürrer Grashalme am Fuße ihres Stammes nach den Puppen gesucht, und wie oft bin ich mit leeren Händen nach Hause gekommen! Meine hundertfünfzig Schmetterlinge kommen also von weit her, von sehr weit her, vielleicht aus zwei Kilometern in der Runde und noch mehr.

Wie aber bekamen sie Kenntnis von den Dingen, die sich in meinem Arbeitszimmer ereigneten?
Drei Informationsmittel kommen in Betracht: das Licht, der Schall, der Geruch. Kann man hier von Sehen sprechen? Daß der Blick die herbeigeflogenen Schmetterlinge leite, sobald sie einmal durch das geöffnete Fenster ins Zimmer gelangt sind, dürfen wir annehmen. Aber was geschieht vorher, im Unbekannten des Draußen? Ihnen das sagenhafte Auge des Luchses zuzumuten, der durch die Mauern hindurch sieht, genügt noch keineswegs; man müßte außerdem eine Sehkraft annehmen, die des Wunders fähig wäre, kilometerweit zu reichen. Solche unglaublichen Annahmen kann man nicht ernst nehmen; man übergeht sie.
Auch der Schall fällt außer Betracht. Das dickbäuchige Geschöpf, das die Männchen von so weit heranlockt, ist vollständig stumm, das feinste Gehör vermag kein Geräusch wahrzunehmen. Daß es von Schwingungen, von erregtem Zittern durchschauert sei, die man vermittels eines sehr feinen Mikrophons wahrnehmen könnte, das kann man sich zur Not noch vorstellen. Aber vergessen wir nicht, daß der Besucher schon in sehr großen Entfernungen unterrichtet worden sein muß. Die Akustik fällt unter diesen Umständen aus. Man müßte geradezu der Stille schuld an der weit hinausreichenden Aufregung geben.
Bleibt der Geruch. Im Bereich unserer Sinne wären es tatsächlich die duftenden Ausdünstungen, die, besser als alles andere, das Herbeieilen der Männchen erklären könnten, die ja zumeist erst nach einigem Umherirren den Köder finden, der sie angelockt hat. Dürfen wir dabei an Ausströmungen denken, die wir Duft nennen, Ausscheidungen von äußerster Feinheit, die wir gar nicht mehr wahrnehmen können und die trotzdem imstande sind, auf ein feineres Riechorgan als das unsrige einzuwirken? Es bedarf nur eines ganz einfachen Versuchs. Wir müssen diese Ausströmungen zudecken, maskieren, unter einem anderen, scharfen, anhaltenden, anhaftenden und auf-

dringlichen Geruch. Auf diese Weise würde die zarte Duftwelle völlig ausgelöscht.
Ich schütte also zum voraus Naphthalin in das Gemach, in das die Männchen am Abend gelockt werden sollten. Außerdem stelle ich unter die Glasglocke, neben das Weibchen, eine große Schale, die mit dem selben Stoff gefüllt ist. Ist die Besuchsstunde gekommen, so braucht man nur die Schwelle des Zimmers zu betreten, und man spürt sogleich deutlich den Geruch einer Gasfabrik. Mein Kunstgriff hat keinerlei Wirkung. Die Schmetterlinge treffen wie gewöhnlich ein, durchfliegen die wie mit Teer geschwängerte Luft und gehen auf die Drahtglocke los, genau wie in einem geruchlosen Raum.
Mein Vertrauen in das Riechen als Orientierungsmittel ist erschüttert. Außerdem kann ich meine Versuche nicht mehr fortsetzen, denn am neunten Tage geht meine Gefangene ein, verzehrt und aufgebraucht in nutzlosem Warten und nachdem sie ihre unbefruchteten Eier auf dem Drahtnetz der Glocke abgelegt hat. So bleibt mir also nichts anderes übrig, als bis zum nächsten Jahr zu warten.
Diesmal aber sehe ich mich vor; ich decke mich ein, damit ich meine alten Versuche, so oft ich will, wiederholen und neue, die ich mir ausgedacht habe, ausführen kann. Also gehen wir ohne Säumen ans Werk.
Im Sommer handle ich Raupen ein, einen Sou das Stück. Dieses Geschäft paßt einigen Buben aus der Nachbarschaft, die meine Lieferanten werden. Jeden Donnerstag, wenn sie von der Konjugation der scheußlichen Verben befreit sind, machen sie sich auf die Jagd, finden hie und da die fette Raupe und bringen sie mir, angeklammert an der Spitze eines Steckens. Die armen Kleinen getrauen sich nicht, sie zu berühren, und sie sind verblüfft ob meiner Kühnheit, wenn ich sie mit den Fingern ergreife, nicht anders, als sie es mit der ihnen vertrauten Seidenraupe zu tun pflegen.
Aufgezogen mit Zweigen des Mandelbaumes, liefert mir meine Menagerie schon nach wenigen Tagen prächtige Ko-

kons. Fleißiges Suchen am Fuß des Nährbaums während des Winters erlaubt es mir, meine Sammlung zu vervollständigen; Freunde, die an meinen Studien Anteil nehmen, stehen mir bei. Auf Grund dieser Mühen, vieler Gänge, geschäftlicher Unterhandlungen und mancher mir im Gestrüpp zugezogenen Schramme werde ich Besitzer einer schönen Kollektion von Puppen des Nachtpfauenauges, unter denen zwölf Stück, größer und schwerer als die anderen, Weibchen sind.

Aber ich hatte Verdruß. Der Mai kam, ein launischer Monat, der meine mühsamen Vorbereitungen zunichte machte. Der Mistral heult, zerfetzt die jungen Blätter der Platanen, der Boden ist von ihnen bedeckt. Dezemberkälte herrscht. Am Abend muß man wieder Feuer machen, und wir holen nochmals die Winterkleider hervor.

Meine Schmetterlinge haben sehr gelitten. Sie schlüpfen mit großen Verspätungen aus; viele sind sehr matt. Um meine Glocken herum, unter denen die Weibchen warten – heute die, morgen jene, in der Reihenfolge ihrer Geburt – befinden sich wenig oder keine von draußen kommenden Männchen, obwohl es solche ganz in der Nähe gibt. Denn alle die Schmetterlinge mit dem großen Federbusch, die aus meiner Aufzucht stammen, werden, sobald sie ausgeschlüpft und untersucht worden sind, im Garten ausgesetzt. Seien sie nun weit weg oder ganz in der Nähe, nur ganz wenige kommen herbei, und ohne Begeisterung. Für einen Augenblick fliegen sie ins Zimmer, und dann verschwinden sie wieder auf Nimmerwiedersehen. Die Verliebten haben sich abgekühlt.

Es mag auch sein, daß die tiefe Temperatur den Ausdünstungen, die dem Männchen die Botschaft bringen, hinderlich ist, während die Wärme ihre Verbreitung begünstigt, wie ja dies bei den Düften tatsächlich der Fall ist. Wie dem auch sei, dieses Jahr ist für mich verloren. Oh, wie sind doch die Forschungsversuche mühsam, die von der Wiederkehr und der Laune einer kurzen Jahreszeit abhängen!

Ich beginne ein drittes Mal. Ich päpple Raupen auf, ich ziehe hinaus und sammle Puppen. Als der Mai wiederkehrt, bin ich gut und hinreichend versorgt. Die Jahreszeit ist so schön, wie ich sie mir nur wünschen kann. Ich erlebe von neuem jenen Zustrom der Nachtpfauenaugen, der auf mich einen so tiefen Eindruck gemacht hatte, jene unvergeßliche Invasion, die den Ursprung meiner Untersuchungen bildete.

Jeden Abend, in Rotten von zwölf, zwanzig und mehr, treffen die Besucher pünktlich ein. Das Weibchen, eine mächtige, dickbäuchige Matrone, hat sich an das Drahtgitter geklammert. Keine Bewegung ist an ihr wahrzunehmen, nicht das leiseste Zucken der Flügel. Man könnte meinen, alles, was nun vor sich gehe, sei ihr gleichgültig. Selbst für die empfindlichsten Nasen meines Hausstandes ist nicht die geringste Spur eines Geruches wahrzunehmen, aber auch nicht das leiseste Geräusch können die feinsten herbeigerufenen Öhrchen vernehmen. Regungslos, gesammelt wartet das Weibchen.

Die Männchen lassen sich zu zweien, zu dreien oder mehr auf der Kuppel der Glocke nieder, eilen hastig über sie hinweg, nach allen Richtungen peitschen sie mit den Flügelenden, ständig erregt, wie sie sind. Rivalenkämpfe kommen keine vor. Ohne irgendein Anzeichen von Eifersucht auf die anderen Freier versucht ein jeder, in das Innere der Glocke zu gelangen. Sind sie ihrer fruchtlosen Bemühungen überdrüssig, fliegen sie auf und mengen sich in den wirbelnden Rundtanz der anderen. Einige Verzweifelte stürzen durch das offene Fenster davon, neue Ankömmlinge ersetzen sie. Auf der Kuppel der Glocke währen die Annäherungsversuche ohne Unterlaß bis gegen zehn Uhr abends, immer wieder aufgegeben, immer wieder von neuem begonnen.

Jeden Abend erhält die Glocke einen anderen Platz. Ich stelle sie auf die nördliche, auf die südliche Seite des Hauses, ins Erdgeschoß, ins erste Stockwerk, in den rechten Flügel des Gebäudes oder in fünfzig Meter Entfernung davon, in den linken, ins Freie oder schließe sie in einem Zimmer ein. Alle diese raschen Veränderungen haben den Zweck, wenn immer möglich die suchenden Männchen zu verwirren und von ihrem Ziel abzubringen; aber sie haben keine Wirkung auf sie. Mit meinen Täuschungsversuchen verliere ich meine Zeit und meine Kniffe.

Der Ortssinn spielt keine Rolle. Beispielsweise hatte ich des Abends zuvor das Weibchen in einem bestimmten Zimmer des Hauses aufgestellt. Die Männchen mit ihren Federbüschen flogen ein paar Stunden lang um die Begehrte herum, einige von ihnen sogar die ganze Nacht. Am folgenden Tag, bei Sonnenuntergang, wie ich die Glocke wegnehme, ist keines mehr anwesend; wenn sie auch ein kurzes Leben haben, so können die jungen Männchen doch zwei- oder dreimal ihre nächtlichen Expeditionen ausführen. Wohin also werden sie sich zuerst begeben, diese eintägigen Veteranen?

Über den Ort des Stelldicheins vom vorigen Tag sind sie genau unterrichtet. Man würde also glauben, daß sie sich seiner erinnern und zu ihm zurückkehren; dann, wenn sie nichts fänden, würden sie ihre Nachforschungen anderswo fortsetzen. Aber gegen meine Erwartung ist dies durchaus nicht der Fall. Niemand erscheint an dem so viel besuchten Orte des letzten Abends, und sei es auch nur zu einer ganz kurzen Visite. Ohne daß man ihn aufsucht, um ihn auszukundschaften, wie es doch das Gedächtnis erheischen sollte, weiß man, daß der Platz verwaist ist. Ein zuverlässigerer Führer als das Gedächtnis ruft die Männchen an einen anderen Ort.

Bis jetzt wurde das Weibchen offen unter seiner Drahtglocke stehengelassen. Die Besucher, die selbst in dunkler Nacht noch sehen, konnten es also in dem fahlen Lichtschein, der für uns bereits tiefste Finsternis darstellt, noch erblicken. Was aber wird geschehen, wenn ich das Weibchen in einen völlig undurchsichtigen Behälter einschließe? Wird ein solches Behältnis die die Männchen benachrichtigenden Ausstrahlungen des Weibchens aufhalten, verunmöglichen oder nicht?

Die heutige Physik kennt die drahtlose Telegraphie vermittels der nach Hertz benannten elektrischen Wellen. Sollte sie das

Nachtpfauenauge schon längst verwenden? Besitzt das frisch ausgeschlüpfte Weibchen, um die ganze Umgebung zu alarmieren, um die Freier auf kilometerweite Entfernung zu benachrichtigen, über elektrische oder magnetische Schwingungen, bekannte oder unbekannte, die der eine Schirm aufhängt und der andere durchläßt? Mit einem Wort, verfügt es über eine drahtlose Telegraphie? Ich würde das nicht als unmöglich ansehen, benützen doch die Insekten täglich andere, ebenso erstaunliche Erfindungen.

Ich bringe also mein Weibchen in Kästchen unter, die aus verschiedenem Material hergestellt sind: Blech, Holz, Karton. Alle sind völlig undurchlässig, verschlossen und sogar luftdicht verkittet. Ich verwende auch eine Glasglocke, die auf einer isolierenden Glasplatte ruht.

Nun, unter den Bedingungen einer solch unerbittlichen Abschließung erscheint kein Männchen, nicht ein einziges, so günstig, so verlockend der stille und milde Abend auch ist. Von welcher Beschaffenheit das Behältnis auch sein mag – aus Metall, Glas, Holz oder Karton – sobald es dicht verschlossen ist, bildet es ein unüberwindliches Hindernis für die Ausstrahlungen des Weibchens.

Eine zwei Finger dicke Schicht von Watte zeitigt dasselbe Resultat. Ich bringe das Weibchen in ein weites Glasgefäß, über dessen Öffnung ich als Deckel eine Schicht Watte binde. Das genügt, um das Geheimnis meines Laboratoriums zu behüten. Kein Männchen erscheint.

Bedienen wir uns nun im Gegenteil halb geschlossener, halb offener Kästchen; bringen wir die Weibchen in einem Schrank unter. Trotz diesem zusätzlichen Versteck kommen die Freier so zahlreich an wie an den Abenden, da die Glasglocke offen auf dem Tisch stand. Ich habe besonders einen Abend in Erinnerung, da ich die Gefangene in einer Zylinderhutschachtel auf den Boden eines verschlossenen Schrankes stellte. Die Ankömmlinge kamen an die Türen, klopften daran mit ihren Flügeln, wollten hinein. Vorüberziehende Pilger, von weiß der

Himmel woher, über weite Felder gekommen, wußten sehr gut, was da drinnen war, hinter den Brettern.
So muß man wohl jede Benachrichtigung der Männchen nach Art der drahtlosen Telegraphie als unzulässig halten, denn die erstbeste Abschirmung, handle es sich um einen guten oder schlechten Leiter, unterbricht die Signale des Weibchens vollständig. Damit sie vernommen werden, muß eine Bedingung erfüllt sein: die Verbindung der Luft im Behältnis mit jener der Außenwelt. Das bringt uns der Möglichkeit, daß ein Duftstoff die Ursache sei, wieder näher, obgleich der Versuch mit dem Kampfer ihr zu widersprechen scheint.
Mein Vorrat an Puppen ist erschöpft, und das Problem bleibt ungelöst. Soll ich ein viertes Jahr darauf verwenden? Ich verzichte darauf aus folgendem Grund: ein Schmetterling, dessen Hochzeit in die Nachtstunden fällt, ist außerordentlich schwer zu beobachten, wenn man seine Paarung verfolgen will. Der Freier bedarf, um zu seinem Ziele zu gelangen, keiner Beleuchtung; aber das menschliche Auge kann ihrer bei Nacht nicht entraten. Eine brennende Kerze wird oft durch den wirbelnden Schwarm ausgelöscht. Eine Laterne würde mir diese Verfinsterungen zwar ersparen, aber ihr trübes, mit Schattenstreifen wechselndes Licht entspricht nicht den Anforderungen des gewissenhaften Forschers, der sehen, und gut sehen will.
Aber das ist nicht alles. Das Licht einer Lampe lenkt die Schmetterlinge von ihrem Ziel ab, läßt sie ihr eigentliches Geschäft vergessen und stellt den Erfolg eines ganzen Abends in Frage. Kaum im Zimmer, stürzen sie sogleich kopflos der Flamme zu, verbrennen sich dort die Flaumbehaarung, und dann sind sie, durch die Verbrennung verwirrt, in ihrem Verhalten nicht mehr vollgültig zu nehmen. Werden sie durch einen Zylinder um die Flamme herum ferngehalten, so lassen sie sich dicht daneben nieder und rühren sich nicht mehr, wie gebannt.
Eines Abends hatte ich ein Weibchen im Eßzimmer auf den Tisch gestellt, dem offenen Fenster gegenüber. Eine Petrol-

lampe mit einem breiten Schirm aus weißem Email hing von der Decke herab. Von den Angekommenen setzten sich zwei auf die Kuppel der Drahtglocke und bemühten sich sehr um die Gefangene, sieben andere, nachdem sie so im Vorbeigehen das Weibchen begrüßt hatten, wendeten sich der Lampe zu, kreisten ein wenig herum, um sich dann, wie behext durch den Glanz des opalfarbenen Lichtkegels, auf dem Reflektor niederzulassen. Schon hoben die Kinder die Hände, um nach ihnen zu greifen. »Laßt sie, laßt sie! Seien wir gastfreundlich; stören wir die Pilger nicht, die zum Fest des Lichtes gekommen sind!«
Keiner der sieben rührte sich mehr, den ganzen Abend über. Selbst am folgenden Morgen fand ich sie noch dort. Der Lichtrausch hatte den Liebesrausch verdrängt.
Wenn man es mit solchen leidenschaftlichen Flammenanbetern zu tun hat, wird der genaue und lang andauernde Versuch unmöglich, sobald der Beobachter einer Beleuchtung bedarf. Ich verzichte deshalb auf das Nachtpfauenauge und seine nächtliche Hochzeit. Ich benötige einen Schmetterling mit anderen Lebensgewohnheiten, aber geschickt wie dieses, den Ort des Stelldicheins zu finden, aber bei Tag.
Bevor ich jedoch weiterfahre mit einem Schmetterling, der diese Bedingung erfüllt, will ich die chronologische Ordnung meiner Darstellung unterbrechen und einige Worte über einen verlieren, der zuletzt gekommen ist, als meine Untersuchung bereits abgeschlossen war. Es handelt sich um das Kleine Nachtpfauenauge (Attacus pavonia minor L.).
Man hatte mir, ich weiß nicht genau woher, eine Puppe gebracht, die von einer weiten Hülle aus weißer Seide umgeben war. Auf diesem Futteral mit groben, unregelmäßigen Falten löste sich mit Leichtigkeit eine Puppe von gleicher Form wie jene des Nachtpfauenauges, doch kleiner. Das Vorderende des Kokons – mit Hilfe freier und zusammenlaufender Fäden als Reuse ausgebildet, die den Eingang verwehrte, aber den Ausschlupf ohne Zertrümmerung des Behältnisses ermöglichte – verriet mir, daß es sich um einen Artgenossen des Nacht-

pfauenauges handeln mußte; das Seidengewebe trug die Marke des Spinners.

Und wirklich, Ende März, am Vormittag des Palmsonntags, schenkt mir die Puppe mit der Reuse ein Weibchen des Kleinen Nachtpfauenauges (Attacus pavonia minor), das sofort unter einer Drahtglocke in meinem Arbeitszimmer eingesperrt wird. Ich öffne das Fenster, damit sich die Nachricht von diesem Ereignis im Lande draußen verbreite; Besucher, sofern solche sich einfinden, sollen freien Zugang haben. Die Gefangene klammert sich am Drahtgitter fest und bewegt sich eine Woche lang nicht von der Stelle.

Sie ist prächtig, meine Gefangene, in ihrem braunen, von geschwungenen Linien durchwirkten Samtkleid. Um den Hals trägt sie einen weißen Pelz; am Ende der oberen Flügel leuchten karminrote Flecken, alle vier Flügel haben je ein großes Auge, um das sich, konzentrisch angeordnet, halbmondförmige schwarze, weiße, rote und gelbockrige Kreislein legen. Das entspricht ungefähr, weniger gedämpft in der Färbung, dem Schmuck des Nachtpfauenauges. Drei- oder viermal in meinem Leben bin ich diesem Schmetterling begegnet, der durch seine Größe und seine Tracht so auffällt. Die Puppe kenne ich seit gestern, doch das Männchen habe ich noch nie gesehen. Aus den Büchern nur weiß ich, daß es um die Hälfte kleiner ist als das Weibchen, von lebhafterer und blumigerer Färbung, orangegelb auf den unteren Flügeln. Wird der elegante Unbekannte auftauchen, der geschmückte Hochzeiter, den ich noch nicht kenne, so selten scheint er in unserer Gegend zu sein? Wird ihn in den fernen Hecken die Nachricht der Braut erreichen, die auf dem Tisch meines Arbeitszimmers auf ihn wartet? Ich wage es, darauf zu zählen, und ich behalte recht. Hier kommt er schon angeflogen, und früher noch, als ich dachte.

Punkt zwölf Uhr am Mittag – wir sind gerade dabei, uns zu Tisch zu setzen – kommt der kleine Paul, der sich der zu erwartenden Ereignisse wegen verspätet hat, mit glühenden Wangen angerannt. Zwischen seinen Fingern flattert ein hübscher

Schmetterling; er hat ihn soeben vor meinem Arbeitszimmer gefangen. Er zeigt ihn mir fragenden Blicks.
»Hallo«, sage ich, »das ist gerade der Pilger, den wir erwarten. Falten wir unsere Servietten wieder zusammen und gehen wir sehen, was geschieht. Wir essen dann später.«
Angesichts der wunderbaren Dinge, die sich ereignen, vergessen wir das Mittagessen überhaupt. Mit unbegreiflicher Pünktlichkeit folgen die Hochzeiter der Einladung der Gefangenen. Auf gewundenem Flugweg kommen sie heran, einer nach dem anderen. Alle kommen sie aus nördlicher Richtung. Diese Einzelheit hat ihre Bedeutung. Wir haben in der Tat eine Woche hinter uns, während der der Winter nochmals in voller Härte wiederkehrte. Die Bise wehte stürmisch, und sie war für manche frühe Blüte des Mandelbaumes tödlich, offenbar handelte es sich um einen jener Wetterstürze, die hierzulande gewöhnlich dem Frühling vorangehen. Heute ist die Temperatur plötzlich milde geworden, aber der Wind weht noch immer von Norden.
Nun aber kommen während dieser ersten Sitzung alle Schmetterlinge durch den nördlichen Eingang in den Raum; sie folgten dem Luftstrom, kein einziger flog ihm entgegen. Gebrauchten sie als Kompaß einen Geruchssinn, der nach Art des unseren beschaffen ist, würden sie geführt von in der Atmosphäre befindlichen, duftgeladenen Atomen, so müßten sie aus der entgegengesetzten Richtung ankommen. Kämen sie aus dem Süden, könnte man annehmen, sie seien von Ausdünstungen des Weibchens unterrichtet worden, die der Wind ihnen entgegengetragen hatte. Da sie aber zur Zeit dieses heftigen Mistrals, der die ganze Luft vor sich herfegt, von Norden kommen, wie sollte man da annehmen, daß sie auf große Entfernung etwas wahrgenommen haben, das wir Geruch nennen? So ein Gegenstrom von duftgeladenen Molekülen, im Sturm der Lüfte, scheint mir undenkbar.
Zwei Stunden lang kommen und gehen, fliegen die Besucher vor meinem Arbeitszimmer umher, im strahlenden Sonnen-

schein. Die meisten suchen lange, erforschen die Mauer, flattern dicht über den Boden hin. Wenn man sieht, wie sie zögern, würde man sagen, daß sie die genaue Stelle, an der sich der Köder befindet, der sie anzieht, nicht finden können. Ohne sich zu irren, aus weiter Ferne herbeigeeilt, scheinen sie, einmal an Ort und Stelle angelangt, nur noch mangelhaft orientiert. Trotzdem dringen sie alle früher oder später ins Zimmer und begrüßen meine Gefangene, ohne jedoch lange bei ihr zu verweilen. Um zwei Uhr ist alles vorüber. Zehn Schmetterlinge hatten sich eingefunden.

Eine volle Woche, jedesmal gegen Mittag, wenn die Sonne am höchsten stand, kamen die Schmetterlinge, doch waren es immer weniger. Im ganzen werden es etwa vierzig an der Zahl gewesen sein. Ich halte es für überflüssig, Experimente zu wiederholen, die zu dem, was ich schon weiß, nichts Neues hinzufügen können, und ich begnüge mich damit, zwei Tatsachen festzuhalten. Erstens: das Kleine Nachtpfauenauge ist ein Tagfalter, das heißt, es feiert seine Hochzeit zur gleißenden Mittagszeit. Es hat das volle Sonnenlicht nötig. Das Nachtpfauenauge hingegen, dem der Attacus pavonia minor in seiner ausgewachsenen Gestalt und in der Herstellung der Puppenhülle so nahe steht, bedarf zu seiner Hochzeit des Dunkels der ersten Nachtstunden. Soll, wer will und kann, diese seltsame Gegensätzlichkeit der Lebensgewohnheiten erklären.

Zweitens: ein starker Luftstrom, der die Geruchspartikel davonträgt, hindert die Schmetterlinge, die in der Windrichtung herankommen, nicht daran, den Ort, von dem die Gerüche herkommen, zu erreichen.

Um mit meinen Versuchen weiterzufahren, bedarf ich eines Schmetterlings, der seine Hochzeit am Tag abhält; nicht des Kleinen Nachtpfauenauges, das erst auftauchte, als ich es nichts mehr zu fragen hatte, aber irgendeines anderen, der mich sein Hochzeitsfest miterleben läßt. Werde ich ihn finden?

14 Harmas. Großer Saal mit den Sammlungen

»Wer kennt ihn nicht!« – dieser Ausruf Fabres am Anfang gilt vor allem für die Gebiete südlich der Alpen, wo das Nachtpfauenauge zu Hause ist. Im Tessin kommt es vor, nördlich der Alpen nur als Seltenheit dann und wann.

Neuere Experimente haben eine Frage entschieden, die Fabre noch in der Schwebe gelassen hat: es sind in der Tat Duftwirkungen, vom Weibchen ausgehend, welche die männlichen Nachtpfauenaugen anlocken. Der Naphthalingeruch, den Fabre verwendet hat, verdeckt für den Falter den weiblichen Lockstoff nicht – auch Tabakrauch oder Industriegerüche vermögen dies nicht. In einzelnen Fällen ist eine Anziehung auf etwa zwei Kilometer mit Sicherheit beobachtet worden.

Die weiblichen Lockstoffe vermögen die Männchen in größerer Entfernung noch nicht zu lenken; sie steigern aber die Erregung und lösen damit Suchflüge aus. Die Orientierung wird erst durch Luftströmungen ermöglicht, für welche die männlichen Falter besonders empfindlich sind und in denen sie stets gegen die Strömung fliegen. Schließlich gelangen sie durch diese erste Lenkung in die Nähe der Reizquelle: nun gibt die steigende Konzentration des Duftes dem Flug die entscheidende Richtung.

Die weiblichen Nachtpfauenaugen erzeugen anziehende Substanz durch Drüsen am Ende ihres Hinterleibs, das sie in rhythmischem Puls von etwa sechzig Stößen in der Minute ausstrecken.

Die abschließende Bemerkung Fabres weist auf seine Untersuchungen am Eichenspinner (Lasiocampa quercus) hin, deren Männchen ihre duftenden Weibchen am hellen Tag anfliegen. Diesem Falter gilt ein ganzes Kapitel der »Souvenirs«.

NACHWORT

Das Bild der Mantis ist für manche Künstler unserer Zeit zu einem Gleichnis verborgener Triebe geworden, das Bild des weiblichen Insekts, das fromm wie eine Betende zu erscheinen vermag und doch unter der Macht eines unheimlichen Instinktes nach der Hochzeit den männlichen Partner auffrißt! Ob Germaine Richier in plastischer Gestaltung das Weib als ein solches gespenstiges Triebwesen darstellt oder der Maler André Masson, ob Labisse oder Augusto Giacometti dieses Symbol abwandeln – alle diese Darstellungen sind moderne Weihgeschenke der Kunst, die einer schrecklichen unbekannten Göttin gelten.
Das »Unbewußte« ist diese Gottheit – das bewußtlose Geschehen, dem wir als einer das Leben in mächtigem Zwang regierenden Ordnung begegnen. In einer Zeit, welche die Macht solcher unbewußten Ordnungen in unserem Tun und Lassen erkannt hat, konnte es nicht ausbleiben, daß die ererbten Verhaltensweisen der Tiere, insbesondere die der Insekten mit ihrer erstaunlichen Regelung wichtiger Lebensfragen, noch mehr als früher schon beachtet worden sind. Daß aber gerade die Mantis als Gleichnis dieser unheimlichen Wirklichkeit gewählt worden ist, das hat einen Grund, der vielen kaum gegenwärtig ist, welche diese Werke der Maler und Bildhauer auf sich wirken lassen. Es ist kein Zufall, daß diese Symbolik von Frankreich ausgegangen ist und daß ihre stärkste Wirkung nicht weit über den Sprachbereich des Französischen hinausreicht.
Das Symbol des männermordenden Insekts ist in Frankreich durch das Werk geformt worden, aus dem dieses Buch einen Ausschnitt bringt, durch das Werk eines Mannes, dem die Gabe verliehen war, das geheimnisvolle Leben der Insekten mit der Hingabe eines Forschers zu ergründen und es mit dichteri-

scher Sprachgewalt zu schildern: durch die »Souvenirs entomologiques« von Jean-Henri Fabre. Das Wissen um das Erstaunliche des Insektenlebens ist im französischen Sprachbereich durch die zehn Bände der »Souvenirs« weit verbreitet worden. Die Bilder aus dieser fremden Welt haben Gestaltende und Denker in Frankreich tief beeinflußt, noch bevor diese außerordentlichen Bücher langsam über die Sprachgrenze hinaus zu wirken begannen.

Dichter wie Maurice Maeterlinck und Edmond Rostand haben diesen Einfluß bezeugt. Die Teilnahme, die Frankreich dem wohlgestalteten Kunstwerk entgegenbringt, hat die »Souvenirs entomologiques« zu großer Wirkung im geistigen Leben der Nation gebracht. Auf diesem Boden konnte eine philosophische Diskussion entstehen, die wie jüngst das Werk von Roger Caillois die besondere Lebensform des Menschen mit dem instinktiven Gebaren der Insekten vergleicht und hinter den Verschiedenheiten mit seinen »diagonalen Wissenschaften« den Parallelen des Geschehens und ihren verborgenen Gründen nachspürt.

Die Hochwertung der bewußtlos geschehenden Ordnungen hat vielfach zu einer Art Personifikation des Unbewußten geführt, die von den Philosophen wie von den Biologen nicht allein mit Mißtrauen verfolgt, sondern mit Recht als ein Mißbrauch abgelehnt wird – als ein Mißbrauch, der ein ebenso gefährlicher Selbstbetrug ist wie die Einführung einer »Lebenskraft«, deren Wirkung einst alles zugeschrieben wurde, was die Forschung nicht zu erklären vermochte.

Vielleicht hilft uns die Ablehnung, mit der heute die Wissenden der Personifikation des »Unbewußten« begegnen, auch zum Verständnis der Haltung J.-H. Fabres, der oft sehr oberflächlich als ein Erzfeind der Abstammungslehre betrachtet wird. Wir müssen doch, bevor wir seine Einstellung als ein beschränktes Festhalten an überwundenen Denkarten abtun, zuerst die Größe des Naturbildes auf uns wirken lassen, das im Laufe eines Forscherlebens sich immer gewaltiger vor seinem

Blick auftat und in dessen Zentrum gerade das bewußtlose Wirken im lebendigen Geschehen steht.
Der hohe Rang der Lebensordnungen, die Fabre erforschte, die Strenge, mit der das instinktive Verhalten und die ihm dienenden Gestaltungen von einer Generation zur andern sich vererben, die sinnvolle Fügung aller Geschehnisse des Insektenlebens, das wie von einem tieferen, von einem unbewußten Wissen gelenkt wird – das war der große Gegenstand seines Forschens. Für ihn hat sich der verborgene Grund dieser Ordnungen aber nicht zu einem »Unbewußten« geformt, das dann als ein erklärender Faktor verwendet wird. Für Fabre waren alle die erstaunlichen Äußerungen dieses Insektenlebens das sichtbare, das offenbare Werk einer Schöpfermacht, deren Wirken unsere Vorstellung nicht zu fassen vermag. Vor ihm war eine Ordnung von solcher Größe, daß er einem Fragenden wohl antworten durfte, er glaube nicht an Gott – er sehe ihn! So groß war das Wunder, das er jeden Tag seines Lebens erforscht hat, daß er jeder Versuchung entrückt war, sich die Entstehung solcher hohen Ordnungsweisen als das Zusammenspiel zufälliger erblicher Varianten im Erbgeschehen mit der Auslese zu erklären. Für ihn war aber auch nicht ein »Unbewußtes« in den Organismen am Werk, das die hohe Ordnung dieses Tierlebens bewirkte – dieses Wirken war ihm ein Geheimnis, dessen faßbare Teile er immer genauer darzustellen gesucht hat. Offenbares Geheimnis – das war für Fabre das Geschehen, das er zu beschreiben suchte, dessen Darsteller er geworden ist.
Eine solche Auffassung der lebendigen Gestalten – früher noch mächtig in den Menschen – war bereits zu seiner Zeit für Ungezählte von einer anderen verdrängt worden. Und viele Naturforscher ganz besonders arbeiteten in der Überzeugung, die im Lebendigen wirkenden Mächte seien dem Verstande zugängliche Wirkweisen. Diese Gesinnung hat zum heutigen Umgang mit der Natur geführt, dem wir bewundernswerte Leistungen des Geistes verdanken. Aber mehren sich nicht jeden Tag die Stimmen, die den unentwegten Optimismus nicht

mehr teilen, der diesen Zugriff bejubelt? Vielen steht mit Schrecken die Möglichkeit vor Augen, daß wir daran sind, uns selber zugrunde zu richten. Angesichts der Bedrohung durch die schrankenlose, auf Herrschaft gerichtete Auswertung der Einsicht in Naturvorgänge erleben wir vielleicht die Größe der Gesinnung tiefer und befreiender, die aus der Naturansicht J.-H. Fabres spricht und von der seine ehrfürchtige Art des Umgangs mit dem Lebendigen zeugt.
Nur wer redlich dem Walten dieser Gesinnung im Leben des großen Insektenforschers nachspürt, wird begreifen, aus welcher Grundstimmung seine Ablehnung der Laboratorien und vieler ihrer technischen Möglichkeiten der Naturforschung stammt. Wir werden in dieser Haltung die Größe gewahr, statt in ihr Schrullen eines verärgerten Einsiedlers, eines Abwegigen sehen zu wollen. Und wir Naturforscher werden dem Entomologen aus der Provence auch dann wahre Größe zuerkennen, wenn wir selbst uns für andere Wege im Umgang mit der Natur entschieden haben.

Die »Souvenirs entomologiques« haben den Ruhm des Mannes begründet, den Darwin – selber ein unermüdlicher, vielseitiger Erforscher des Tier- und Pflanzenlebens – den unübertroffenen Beobachter genannt hat.
Diese weite Geltung hat denn auch viel Neid erregt; sie hat Kritik hervorgerufen, die um so gehässiger wurde, als es nach der Auffassung der Verärgerten ein Idol zu zerstören galt. Wir dürfen diese Angriffe nicht einfach mit Stillschweigen übergehen; wie manches, was mit guten Gründen an Fabre ausgesetzt worden ist, gehören sie mit zum lebendigen Bild dieses eigenwilligen schöpferischen Geistes!
Selbstverständlich sind schon zu Lebzeiten des Forschers von Sérignan Irrtümer in seinem Werk gefunden worden, und das halbe Jahrhundert seit seinem Tod hat manche Revision von Einzelheiten gebracht. Bei einem Lebenswerk, dessen Publikation sich über vierzig Jahre erstreckt hat und einen so großen

Bereich umfaßt, sollte uns das nicht verwundern. In den Anmerkungen habe ich da und dort auf spätere Korrekturen an Fabres Darstellung hingewiesen. Doch ist es nicht das Ziel dieses Buches, eine Klärung des wissenschaftlichen Sachverhaltes zu erreichen – wir wollen zu einem außerordentlichen Lebenswerk hinführen.

Die Kritiker greifen aber auch anderes an: hier rügen sie die ungenaue systematische Bestimmung mancher Arten, dort werfen sie ihm die Mißachtung der Arbeiten anderer Insektenforscher vor, welche den gleichen Problemen wie Fabre nachgegangen sind. Und sie zeihen den Entomologen von Sérignan einer überheblichen, ungerechten Einstellung zu allem, was man zuweilen die offizielle oder die akademische Wissenschaft nennt. Auch die in Fabres Werk oft wiederholte Klage über seine mißlichen materiellen Verhältnisse wird getadelt. Sie soll ganz ungerecht sein, und man rechnet ihm vor, daß die drückende Lage, von der er immer wieder berichtet, vor allem die Folge seiner Unfähigkeit zum Haushalten gewesen sei!

Diesen Rügen spürt man oft genug den Neid, die Mißgunst an, die ein bedeutendes Lebenswerk zu verkleinern suchen. Wir wollen aber manche der getadelten Eigenheiten sehr ernst nehmen.

Einordnung in geltende ständische Hierarchien, etwa jene der akademischen Welt, wäre gewiß auch einem Fabre, der heute unter uns erschiene, so unmöglich, wie sie ihm zu seinen Lebzeiten gewesen ist. Und dem heutigen Ruf nach dem »Teamwork«, das die höchste Wirksamkeit, den raschen Vorwärtsgang der Erkenntnis zum Ziel hat – diesem Ruf zur Einreihung in die leistungssteigernde Gruppe hätte Fabre gewiß nie Folge geleistet. Wir müssen ihn in seiner Eigenwilligkeit gelten lassen, müssen sein unbändiges Bedürfnis nach einer selbstgewählten und ganz von ihm gestalteten Lebensform voll anerkennen, wie wir das einem echten Künstler auch zubilligen würden. Denselben Lebensregeln seiner Eigenständigkeit folgt

Fabre auch in der Durchführung seiner wissenschaftlichen Arbeit; er stellt sie nicht unter die Gesetze der Diskussion, die sich in der Naturforschung herausgebildet haben.
Wir dürfen auch den Weg, den sich Fabre für die Darstellung seines Forschens gewählt hat, nicht mit zu einfachen Formeln zu erklären suchen. Die »Souvenirs entomologiques« sind die Lösung eines Einzelgängers, der sein Eigenstes wahren und doch leben wollte. Aber sie sind deshalb nicht eine Notlösung, sondern ein Werk, das aus mächtigen schöpferischen Impulsen entstanden ist, entstehen mußte. Die Gestaltungsmacht dieser Lebensbilder, die so viele Menschen ergriffen hat und immer wieder ergreifen wird, forderte eine Form, die sich nicht in den Zwang der üblichen wissenschaftlichen Darstellung einengen ließ. Und gerade das mußte Fabre dem Gebaren der Naturforscher seiner Zeit noch mehr entfremden.
Die »Souvenirs« folgen nicht den Spielregeln der Forschung. Diese Feststellung will das große Werk nicht etwa der Kritik entziehen. Wer aber eine solche unternimmt, muß daran denken, welche besondere Ausdrucksform ein wissenschaftliches Erkenntnisstreben in diesem einzigartigen Lebenswerk gefunden hat.
Man hat Fabre von der Seite der Wissenschaft oft die Vermenschlichung des Tierlebens vorgeworfen. Nur ein völliges Unverständnis kann einen solchen Einwand vorbringen. Das ganze Werk Fabres ist ein einziger Nachweis der Besonderheit der Insektenwelt, ein einziges Dokument der Lenkung dieses Tierlebens durch ererbte Instinkte – eines der größten Zeugnisse vom Nichtmenschlichen – vom Unmenschlichen, möchte man sagen, wenn das Wort nicht allzu sehr gerade Menschliches bezeichnen würde.
Fabre hat diese fremde Welt in ihrer Vielgestalt als ein eigenartiges Gegenstück zu unserer Menschenwelt erfahren; er hat in dieser Sonderwelt gelebt, als wäre ein neuer Gulliver zu einem unverständlichen, erstaunlichen Volk auf eine ferne Insel oder gar auf einen fremden Planeten geraten. Diese andere Welt er-

schließt er unserem Erleben, indem er sie in unserer Menschensprache vor Augen stellt.
Ich meine den Vergleich mit Gullivers Reisen sehr ernst. Denn in Fabre lebt auch ein Sozialkritiker; wie sollte er da nicht das farben- und gestaltenreiche Leben der Insekten benützen, um seine Meinungen über unsere eigene Daseinsführung zu sagen. Nicht umsonst hat Fabres Schilderung auf Dichter und Künstler so stark gewirkt. Man muß erkennen, daß die starken Kräfte der Imagination, die uns in manchen Werken Pieter Brueghels und in denen des Hieronymus Bosch begegnen, auch in diesem lebhaften Forschergeist aufgerufen wurden, der sich ein Leben lang in eine Welt vertieft hat, die allen Naturforschern als eine der höchsten Äußerungen des tierischen Lebens erscheint.
Wer aber mit offenem Sinn die Darstellungen Fabres auf sich wirken läßt, wird durch alle diese Bilder von Menschlichem hindurch das andere dieser kleinen Welt erleben. Und wenn wir beim Lesen der »Souvenirs« erfahren, daß uns diese fremde Welt auch auf verborgenere Gründe unseres eigenen Daseins verweist, so zeigt sich, daß Fabres Werk nicht einfach das Insekt vermenschlicht, sondern an tiefe Geheimnisse unseres eigenen Daseins mahnt.
Es gilt aber noch etwas anderes zu sehen, wenn man die Berichte Fabres mit den vielen Arbeiten dieses Forschungsfeldes der Insektenkunde vergleicht.
Fabre erlebte und erforschte die Lebensgeschichte einzelner Insektentypen und anderer Gliederfüßer als Beispiele der Vollkommenheit, in der eine Tierart durch ererbte, im Keim angelegte Lebensform in eine enge, aber wohlgeordnete Weltbeziehung gestellt ist. Seine Berichte bauen auf einer sorgfältigen und unermüdlichen Beobachtung auf – sie entspringen zugleich aber auch der Überzeugung von der durch den Schöpfungsplan fixierten Eigenart jeder tierischen Lebensform. So sucht und findet er vor allem das artgemäß Konstante, das Unabänderliche der Instinkthandlungen.

Aus einer verwandten Gesinnung hat auch Jakob von Uexküll geforscht und seinen so fruchtbaren Begriff der »Umwelt« gefunden, in die das Tier gebunden ist, und den andern des »Funktionskreises«, der geheimnisvollen Beziehung, die durch Sinnesorgane und Werkstrukturen das Lebewesen mit der äußeren Welt verbindet. Wie sehr sich auch das Weltbild J.-H. Fabres von dem J. v. Uexkülls unterscheiden mochte, für beide Forscher stand die harmonische Eingliederung der Organismen in ihr Milieu im Mittelpunkt, und sie suchten diese Ordnungsweisen im einzelnen zu erkennen.
In unserer Zeit wird die biologische Forschung immer stärker dominiert von der Überzeugung, diese harmonische Beziehung von Milieu und Lebensform, das Zweckmäßige, diy Anpassung der Organismen sei allmählich geworden, geworden durch die immer erneute Bildung vieler Abweichungen von bereits Bestehendem und durch die Umweltfaktoren, welche unter diesen Varianten stete Auslese halten. So mußte es kommen, daß auch in der Beobachtung des Insektenlebens auf einmal die vielen Varianten und nicht nur das Konstante wichtig wurden. Auf sie kam es nun an, und auf sie richtete sich jetzt das Augenmerk der Forscher. Einem solchen Wechsel der Auffassung mußte Fabres Betonung der Stabilität, des Unabänderlichen, Festgelegten im Instinktablauf als überlebt vorkommen, sogar als ungenau, ja als Irrtum, als konservativer Starrsinn, der jede wahre Einsicht verhindere.
Wir sind indessen der verborgenen Wirklichkeit wohl näher, wenn wir einsehen, daß der Organismus nach wie vor als ein ungelöstes Problem vor uns ist – ja, daß sein Wesen und seine Herkunft möglicherweise ein ewiges Geheimnis bleiben werden und daß unser Forschen jederzeit sehr verschiedener Blickrichtungen bedarf, um das in einer bestimmten Zeit jeweils Sagbare aus dem Geheimnisgrunde ans Licht zu bringen.
So hat denn in unseren Tagen die Entwicklungstheorie ihre Stunde und hilft uns, neue Möglichkeiten für das Verstehen der Lebensformen durchzuproben. Wir werden aber darüber nicht

vergessen, daß auch die Konstanz der Vererbung, die Bewahrung des Bestehenden eine Tatsache ist, und werden so auch der Denkart Fabres ihr Recht zugestehen müssen.

Offenbares Geheimnis – so haben wir die Erscheinung der Lebensformen genannt, um das hervorzuheben, was für Fabre das Wesentliche war.

Es ist vielleicht gut, daran zu erinnern, daß keine Abstammungstheorie bisher eine Möglichkeit zeigt, das Entstehen einer erlebten Innenwelt zu deuten, das Erleben von Farbe und Form oder etwa das Denken zu erklären. Auch die raffinierteste Technik der Gegenwart, die denkende Apparate baut, vermag nicht mehr als den Nachweis, daß der Prozeß des Erlebens Vorgänge aufweist, welche apparativ nachgeahmt werden können. Das Geheimnis der Innerlichkeit ist heute so verborgen wie je, und so ist auch das der Gestaltung, in der die erlebenden Wesen sich dem aufnehmenden Sinn darstellen.

Wenn wir dies hervorheben, so wird dadurch keineswegs bestritten, daß die Entwicklungslehre Wahrheiten ans Licht der Beachtung gebracht hat. Es sind aber einzelne Wahrheiten, und welchen Teil der verborgenen Wirklichkeit sie tatsächlich abbilden, kann niemand sagen.

»Der Ozean hat seine Flut und seine Ebbe; das Leben, auch ein Meer, noch unergründlicher als das der Wasser, hat die seinigen.« Es ist der alternde Fabre, der dies schreibt. Aber »das Heiligtum der Ursprünge wird uns nicht aufgetan«. Das ist die Überzeugung, von der das Lebenswerk dieses unermüdlich weiter Forschenden ausgeht.

Fabre hat von der Natur und den instinktiv geordneten Abläufen ein erbarmungsloses Bild gezeichnet, in dem der Daseinskampf und die Macht der Triebe in ihrer Unheimlichkeit vor uns sind. Was Hieronymus Bosch in seinem Garten der Lüste und in seiner Höllenschau ausgemalt hat und was uns nach dem Schrecken der Weltkriege wieder neu so starke Gegenwart geworden ist, J.-H. Fabre hat diesen Garten der Lüste und diese

Welt des Leidens durchforscht und geschildert – er ist nicht umsonst zum unfreiwilligen Schöpfer von mächtigen Symbolen des ritualen Hochzeitsmordes geworden. Was die Seelenanalyse eine Zeitlang an Herrschaft des Sexuellen zu entdecken wähnte, das hat Fabre längst ergründet in jener Insektenwelt, die zu erforschen ihm aufgetragen war.
Aber wie groß ist doch in seinen Berichten all das Dunkle, das Grauenvolle, das Mörderische, Gierige und Hungrige in ein viel weiteres Ganzes eingebettet, in dem auch die hieratische Größe und die verborgene Aufbauarbeit einer Käfer- oder Falterpuppe ihre Stätte hat, so gut wie die männermordende Mantis.
Kein Wunder, daß Künstler und Dichter, die das Lebendige in seinen hellen, strahlenden Seiten wie auch in den abgründigen, finsteren Aspekten sehen, in der Welt der Insekten, wie Fabre sie gezeichnet hat, eine Quelle entdeckt haben, die sie zu neuen kühnen Darstellungen begeistern konnte.
Fabre führt uns immer wieder vor Augen, daß die Lebensäußerungen der Insekten von Art zu Art so typisch verschieden sind wie deren Gestalten. Die »Souvenirs« ergänzen das gestaltliche Artbild zu einer vollen Lebensgeschichte jeder Form. So spezifisch wie Gestalt und Färbung, so bestimmt ist für jede Raubwespenart auch die Jagdmethode und die Art der Beute. Und erst der Vergleich dieser Unterschiede der Lebensweise von einer Art zur andern gibt das volle Bild einer solchen Insektengruppe. Mit dieser Wendung, die das Gebaren ins Zentrum der Beachtung rückt, hat Fabre einer neuen Forschungsrichtung den Weg bereiten helfen, die erst seit drei Jahrzehnten zur vollen Geltung gelangt ist. Noch bevor das Wort in Gebrauch kam, das heute diesen Zweig der Biologie benennt, hat J.-H. Fabre solche Verhaltensforschung getrieben. Er hat viele instinktive Phänomene so vielseitig ergründet und so eindrucksstark dargestellt, daß sie zum allgemeinen Bestand der Lebensforschung, zu vielbeachteten Beispielen geworden sind. Die Methoden der Verhaltensforschung haben sich seither gewan-

delt, ebenso manche ihrer Ziele – doch baut sie an vielen Orten, wo sie in das Leben der Insekten eindringt, auf der gewaltigen Sammlung von Biographien auf, die in den »Souvenirs« zusammengetragen sind.
J.-H. Fabres Werk ist aber mehr als das; es ist mehr als ein Wegbereiter für die weiterschreitende Forschung. Wie gut erinnere ich mich des ersten mächtigen Eindrucks, den seine Darstellung des fremden Lebens der Insekten mir in jungen Jahren gemacht hat, in einer Zeit, da ich den wissenschaftlichen Wert dieser Forschungen gar nicht habe beurteilen können. Das Glück jener Tage wünsche ich allen, die unsere Auslese aus den »Souvenirs« heute lesen, das Glück der Entdeckung einer fremden Welt und das nicht geringere des Teilhabens am erfüllten Leben eines großen Menschen.

Adolf Portmann

15 Letztes Foto von Fabre 1914

J.-H. FABRE
BIOGRAPHISCHE ZEITTAFEL

1823 geboren in Saint-Léons-du-Lévézou.

1830 Schüler seines Paten Pierre Ricard.

1833 Umzug der Familie nach Rodez; Schüler am Collège Royal.

1837 Umzug der Familie nach Toulouse. Schüler des Seminars de l'Esquile.

1840 Umzug der Familie nach Montpellier. J.-H. Fabre verläßt die Familie. Muß den Schulbesuch aufgeben, um sein Brot zu verdienen. Besteht die Prüfung zur Erlangung eines Stipendiums am Lehrerseminar von Avignon.

1842 Besteht die Abschlußprüfung. Wird Primarlehrer in Carpentras.

1844 Verheiratet sich mit Marie Villard, Lehrerin in Carpentras. Fünf Kinder entsprießen dieser Ehe.

1848 Besteht in Montpellier das Bakkalaureat in Mathematik und Physik.

1849 Physiklehrer am Lyzeum in Ajaccio (Korsika).

1853 Professur am Lyzeum von Avignon.

1855 Besteht in Toulouse das Lizentiat der Naturwissenschaften.

1855 Dissertation an der Naturwissenschaftlichen Fakultät in Paris: »Recherches sur l'anatomie des organes reproducteurs et sur le développement des Myriapodes.« Publikation in den »Annales des Sciences naturelles«, quatrième série. »Observations sur les mœurs du çérceris, etc.« (s. Kap. V)

1856 Preis für Experimentelle Physiologie durch das Institut de France.

1859 Darwin zitiert Fabre in der »Entstehung der Arten«. Bekanntschaft mit Stuart Mill, Pasteur; 1868 bis 1870 war Stéphan Mallarmé sein Kollege am Lyzeum.

1866 Erhält den Prix Gegner.

1867 Kaiser Napoleon III. vorgestellt durch den Erziehungsminister Victor Duruy. Légion d'honneur.

1868 Hält in Avignon naturwissenschaftliche Laienvorträge.

1870 Dank einem Darlehen von Stuart Mill kann sich Fabre nach Orange zurückziehen, um als freier naturwissenschaftlicher Forscher und Schriftsteller zu leben. Publiziert zahlreiche populärwissenschaftliche Werke und Schulbücher.

1879 Publikation des ersten Bandes der »Souvenirs entomologiques«. Verliert seinen Lieblingssohn Jules.

1880 Seine Ersparnisse erlauben ihm den Erwerb des Harmas von Sérignan, wo er sich nun ausschließlich der Entomologie widmet. Verliert seine Frau.

1882 Publikation des zweiten Bandes der »Souvenirs entomologiques«.

1883 Verheiratet sich wieder. Drei Kinder entsprießen dieser Ehe.

1886 Publikation des dritten Bandes der »Souvenirs entomologiques«.

1891 Publikation des vierten Bandes der »Souvenirs entomologiques«.

1897 Publikation des fünften Bandes der »Souvenirs entomologiques«.

1900 Publikation des sechsten Bandes der »Souvenirs entomologiques«.

1901 Publikation des siebten Bandes der »Souvenirs entomologiques«.

1903 Publikation des achten Bandes der »Souvenirs entomologiques«.

1905 Publikation des neunten Bandes der »Souvenirs entomologiques«.

1907 Publikation des zehnten Bandes der »Souvenirs entomologiques«.

1910 Empfängt zahlreiche offizielle Ehrungen und wird berühmt.

1915 Tod.

VORGÄNGER UND ZEITGENOSSEN IN FABRES ARBEITSFELD

René Antoine Ferchault de Réaumur (1683-1757), den wir als den Erfinder eines Alkoholthermometers mit einer Skala von 80 Grad kennen, war auch ein bedeutender Erforscher des Insektenlebens.

François Huber (1750-1831) aus Genf, der trotz früher völliger Blindheit mit Hilfe eines ausgezeichneten Mitarbeiters, François Burnens, eines Waadtländers, zu einem bedeutenden Erforscher des Bienenlebens geworden ist.

Pierre Huber (1777-1840), der Sohn von François Huber, der durch grundlegende Ameisenstudien bekannt geworden ist.

Jean-Marie-Léon Dufour (1780-1865), ein französischer Militärarzt, hat durch sein entomologisches Werk Fabre entscheidend angeregt.

Charles Ferton (1856-1921), ein französischer Offizier, hat (besonders intensiv seit 1895) als sehr sorgfältiger Beobachter das Leben der Hautflügler erforscht.

Günter Olberg: Das Verhalten der solitären Wespen Mitteleuropas. Berlin 1959 (DVW).

Hanns von Lengerken: Die Brutfürsorge- und Brutpflegeinstinkte der Käfer. Leipzig 1954 (AVG).

Die Abbildungen wurden der Ausgabe: *J.-H. Fabre, Souvenirs entomologiques, Édition définitive illustrée. Paris 1951* entnommen. Nr. 2, 9, 12, 14 u. 15 stellte uns freundlicherweise Kurt Guggenheim zur Verfügung.

Literatur aus Frankreich, England, Amerika u.a.

Honoré de Balzac. Das Mädchen mit den Goldaugen
Aus dem Französischen von Ernst Hardt. Vorwort Hugo von Hofmannsthal. Illustrationen Marcus Behmer. it 60

Charles Baudelaire. Die Blumen des Bösen
Übertragen von Carlo Schmid. it 120

»Beaumarchais«. Die Figaro-Trilogie
Deutsch von Gerda Scheffel. Nachwort von Norbert Miller. Mit zeitgenössischen Illustrationen. it 228

William Blake. Lieder der Unschuld und Erfahrung
Nach einem handkolorierten Exemplar des British Museum. Herausgegeben und mit einem Nachwort versehen von W. Hofmann. Deutsch von W. Wilhelm. it 116

Emily Brontë. Die Sturmhöhe
Aus dem Englischen von Grete Rambach. it 141

Chateaubriand. Das Leben des Abbé de Rancé
Herausgegeben und aus dem Französischen übersetzt von Emil Lerch. Mit einem Vorwort von Roland Barthes und zeitgenössischen Bildern. it 240

James Fenimore Cooper. Der Wildtöter. Der letzte Mohikaner
Bearbeitung der Übersetzung von E. Kolb durch Rudolf Drescher. Mit Illustrationen von D. E. Darley. it 179/180

Honoré Daumier. Robert-Macaire – Der unsterbliche Betrüger
Drei Physiologien. Aus dem Französischen von Mario Spiro. Herausgegeben und mit einem Nachwort versehen von Karl Riha. Illustrationen von Daumier. it 249

Daniel Defoe. Robinson Crusoe
Mit Illustrationen von Ludwig Richter. it 41

Charles Dickens. Oliver Twist
Aus dem Englischen von Reinhard Kilbel. Mit einem Nachwort von Rudolf Marx und 24 Illustrationen von George Cruikshank. Vollständige Ausgabe. it 242

Literatur aus Frankreich, England, Amerika u.a.

Denis Diderot. Die Nonne
Mit einem Nachwort von Robert Mauzi. Der Text dieser Ausgabe beruht auf der ersten deutschen Übersetzung von 1797. it 31

Alexandre Dumas. Geschichte eines Nußknackers
Mit Illustrationen von Bertall. Herausgegeben und bearbeitet von Josef Heinzelmann. it 291

Alexandre Dumas. Der Graf von Monte Christo
Mit Illustrationen von Pavel Brom und Dagmar Bromova. Zwei Bände. it 266

Gustave Flaubert. Ein schlichtes Herz
Drei Novellen. Umschlagmotiv und Initialen von Heinrich Vogeler. it 110

Gustave Flaubert. Lehrjahre des Gefühls
Mit einem Essay und einer Bibliographie von Erich Köhler. it 276

Gustave Flaubert. Madame Bovary
Revidierte Übersetzung aus dem Französischen von Arthur Schurig. it 167

Gogol. Der Mantel und andere Erzählungen
Aus dem Russischen von Ruth Fritze-Hanschmann. Mit einem Nachwort von Eugen und Frank Häusler. Illustrationen von András Karakas. it 241

Victor Hugo. Notre-Dame von Paris
Aus dem Französischen übertragen von Else von Schorn. Mit einem Nachwort von Herbert Kühn. Mit Illustrationen. it 298

Jens Peter Jacobsen. Niels Lyhne
Mit Illustrationen von Heinrich Vogeler. Nachwort von Fritz Paul. Aus dem Dänischen von Anke Mann. it 44

Jens Peter Jacobsen. Die Pest in Bergamo
und andere Novellen. Aus dem Dänischen von Mathilde Mann, Anka Matthiesen, Erich von Mendelssohn und Raphael Meyer. Mit Illustrationen von H. Vogeler. it 265

Literatur aus Frankreich, England, Amerika u.a.

Choderlos de Laclos. Schlimme Liebschaften
Ein Briefroman mit 14 zeitgenössischen Illustrationen. Übertragen und eingeleitet von Heinrich Mann. it 12

Charles und Mary Lamb. Shakespeare Novellen
Mit 21 Stichen einer Ausgabe von 1837. Auf Grund einer älteren Übersetzung bearbeitet von E. Schücking. it 268

Sir Thomas Mallory. Die Geschichten von König Artus und den Rittern seiner Tafelrunde
Übertragen von Helmut Findeisen auf Grund der Lachmannschen Übersetzung. Mit einem Nachwort von Walter Martin und Illustrationen von Aubrey Beardsley. Drei Bände in Kassette. it 239

Guy de Maupassant. Bel-Ami
Aus dem Französischen von Josef Halperin. Mit zeitgenössischen Illustrationen. it 280.

Guy de Maupassant. Das Haus Tellier
und andere Erzählungen. Aus dem Französischen von Karl Friese und Helmut Bartuschek. Ausgewählt von W. Berthel. Mit zeitgenössischen Illustrationen. it 248

Guy de Maupassant. Pariser Abenteuer
und andere Erzählungen. Ausgewählt von Werner Berthel. Mit zeitgenössischen Illustrationen. Aus dem Französischen von H. Bartuschek und K. Friese it 106

Herman Melville. Moby Dick oder der Wal
Aus dem Amerikanischen von Hans und Alice Seiffert. Nachwort von Rudolf Sühnel. Zwei Bände. it 233

Mirabeau. Der gelüftete Vorhang oder Lauras Erziehung
Aus dem Französischen von Eva Moldenhauer. Nachbemerkung von Norbert Miller. it 32

Michel de Montaigne. Essais
Herausgegeben und mit einem Nachwort versehen von Ralph-Rainer Wuthenow. Revidierte Fassung der Übertragung von Johann Joachim Bode. it 220

Literatur aus Frankreich, England, Amerika u.a.

Jan Potocki. Die Handschrift von Saragossa
Herausgegeben von Roger Caillois. Aus dem Französischen von Louise Eisler-Fischer. Aus dem Polnischen von Maryla Reifenberg. Mit Bildern von Goya. Zwei Bände. it 139

François Rabelais. Gargantua und Pantagruel
Herausgegeben von Horst und Edith Heintze. Erläutert von Horst Heintze und Rolf Müller. Mit Illustrationen von Gustave Doré. Zwei Bände. it 77

William Shakespeare. Einundzwanzig Sonette
Deutsch von Paul Celan. Nachwort H. Viebrock. it 132

Walter Scott. Im Auftrag des Königs
Die gefährlichen Abenteuer des Quentin Durward. Mit einem Nachwort von Traude Dienel. Mit Illustrationen aus dem 19. Jahrhundert. it 188

Stendhal. Rot und Schwarz
Vollständige Ausgabe. Übersetzt von Walter Widmer. Mit einem Nachwort von Uwe Japp. it 213

Stendhal. Über die Liebe
Vollständige Ausgabe. Aus dem Französischen und mit einer Einführung von Walter Hoyer. it 124

Laurence Sterne. Yoricks Reise des Herzens
Durch Frankreich und Italien. Mit zwölf Holzschnitten nach Tony Johanot. Mit einem Nachwort von Helmut Findeisen. it 277

Robert Louis Stevenson. Die Schatzinsel
Mit Illustrationen von Georges Roux. it 65

Jonathan Swift. Gullivers Reisen
Mit Illustrationen von Grandville und einem Vorwort von Hermann Hesse. Aus dem Englischen übersetzt von Franz Kottenkamp. it 58

Jonathan Swift. Ein bescheidener Vorschlag, wie man verhindern kann, daß die Kinder der Armen ihren Eltern oder dem Lande zur Last fallen
und andere Satiren. Mit einem Essay von Martin Walser: Die notwendigen Schritte. it 131

insel taschenbücher
Alphabetisches Verzeichnis

Defoe: Robinson Crusoe it 41
Denkspiele it 76
Dickens: Oliver Twist it 242
Die Erzählungen aus den Tausendundein Nächten
(12 Bände in Kassette) it 224
Die großen Detektive it 101
Diderot: Die Nonne it 31
Eichendorff: Aus dem Leben eines Taugenichts it 202
Eisherz und Edeljaspis it 123
Fabeln und Lieder der Aufklärung it 208
Der Familienschatz it 34
Ein Fisch mit Namen Fasch it 222
Fabre: Das offenbare Geheimnis it 269
Flaubert: Ein schlichtes Herz it 110
Flaubert: Lehrjahre des Gefühls it 276
Fontane: Der Stechlin it 152
Fontane: Effi Briest it 138
Fontane: Unwiederbringlich it 286
le Fort. Leben und Werk im Bild it 195
Caspar David Friedrich: Auge und Landschaft it 62
Manuel Gassers Köchel-Verzeichnis it 96
Gasser: Tante Melanie it 192
Gebete der Menschheit it 238
Das Geburtstagsbuch it 155
Geschichten der Liebe aus 1001 Nächten it 38
Gespräche mit Marx und Engels (2 Bände) it 19/20
Goethe: Dichtung und Wahrheit
(3 Bände in Kassette) it 149/it 150/it 151
Goethe: Die Leiden des jungen Werther it 25
Goethe: Die Wahlverwandtschaften it 1
Goethe: Faust (1. Teil) it 50
Goethe: Faust (2. Teil) it 100
Goethe: Hermann und Dorothea it 225
Goethe: Italienische Reise it 175
Goethe: Liebesgedichte it 275
Goethe: Maximen und Reflexionen it 200
Goethe: Reineke Fuchs it 125
Goethe – Schiller: Briefwechsel (2 Bände) it 250
Goethe: Tagebuch der italienischen Reise it 176
Goethe: West-östlicher Divan it 75
Gogh: Briefe it 177
Gogol: Der Mantel it 241
Grandville: Bilder aus dem Staats- und Familienleben
der Tiere (2 Bände) it 214
Grimmelshausen: Courasche it 211

Klinger: Leben und Werk in Daten und Bildern it 204
Knigge: Über den Umgang mit Menschen it 273
Konfuzius: Materialien it 87
Konfuzius und der Räuber Zhi it 278
Kropotkin: Memoiren eines Revolutionärs it 21
Laclos: Schlimme Liebschaften it 12
Lamb: Shakespeare Novellen it 268
Das große Lalula it 91
Das Buch der Liebe it 82
Lévi-Strauss: Der Weg der Masken it 288
Liebe Mutter it 230 (in Kassette)
Lieber Vater it 231
Lichtenberg: Aphorismen it 165
Linné: Lappländische Reise it 102
Longus: Daphnis und Chloë it 136
Lorca: Die dramatischen Dichtungen it 3
Der Löwe und die Maus it 187
Majakowski: Werke I it 16 Werke II it 53 Werke III it 79
Malory: König Artus (3 Bände) it 239
Marc Aurel: Wege zu sich selbst it 190
Märchen deutscher Dichter it 13
Maupassant: Bel-Ami it 280
Maupassant: Das Haus Tellier it 248
Maupassant: Pariser Abenteuer it 106
Mäusegeschichten it 173
Melville: Moby Dick it 233
Michelangelo: Handzeichnungen und
Dichtungen it 147
Michelangelo. Leben und Werk it 148
Minnesinger it 88
Mirabeau: Der gelüftete Vorhang it 32
Montaigne: Essays it 220
Mordillo: Das Giraffenbuch it 37
Mordillo: Das Giraffenbuch 2 it 71
Mordillo: Träumereien it 108
Morgenstern: Alle Galgenlieder it 6
Mörike: Die Historie von der schönen Lau it 72
Mozart: Briefe it 128
Musäus: Rübezahl it 73
Mutter Gans it 28
Die Nibelungen it 14
Nietzsche: Also sprach Zarathustra it 145
Novalis. Dokumente seines Lebens it 178
Orbeliani: Die Weisheit der Lüge it 81
Orbis Pictus it 9